MANUEL

D'AGRICULTURE PRATIQUE,

A L'USAGE

DES DÉPARTEMENTS

DU SUD-OUEST.

PAR LE COMTE LOUIS DE VILLENEUVE,

MEMBRE CORRESPONDANT DE LA SOCIÉTÉ D'AGRICULTURE DE LA SEINE, DU
GRAND CONSEIL D'AGRICULTURE, DU COMMERCE ET DE L'INDUSTRIE,
DE LA SOCIÉTÉ D'AGRICULTURE DE LA HAUTE-GARONNE,
ET D'UN GRAND NOMBRE DE SOCIÉTÉS
D'AGRICULTURE.

> L'agriculture est la plus morale des occupations:
> la population agricole est la plus paisible, celle qui
> honore le plus la société; l'homme qui cultive la
> terre, est encore celui qui sait le mieux la défendre.
>
> M. DUPIN.

TOME PREMIER.

TOULOUSE,

CHEZ SENAC, LIBRAIRE,

PLACE ROUAIX, 7.

—

1843.

MANUEL

D'AGRICULTURE PRATIQUE,

IMPRIMERIE DE VEUVE DIEULAFOY,
rue des Chapeliers, 13.

MANUEL

D'AGRICULTURE PRATIQUE,

A L'USAGE

DES DÉPARTEMENTS

DU SUD-OUEST.

PAR LE COMTE LOUIS DE VILLENEUVE,

MEMBRE CORRESPONDANT DE LA SOCIÉTÉ D'AGRICULTURE DE LA SEINE, DU
GRAND CONSEIL D'AGRICULTURE, DU COMMERCE ET DE L'INDUSTRIE,
DE LA SOCIÉTÉ D'AGRICULTURE DE LA HAUTE-GARONNE,
ET D'UN GRAND NOMBRE DE SOCIÉTÉS
D'AGRICULTURE.

> L'agriculture est la plus morale des occupations :
> la population agricole est la plus paisible, celle qui
> honore le plus la société ; l'homme qui cultive la
> terre, est encore celui qui sait le mieux la défendre.
>
> M. DUPIN.

TOME PREMIER.

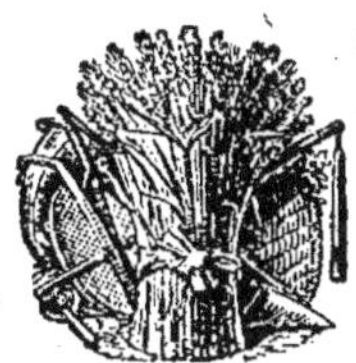

TOULOUSE,

CHEZ SENAC, LIBRAIRE,

PLACE ROUAIX, 7.

1843.

MANUEL
D'AGRICULTURE,

A L'USAGE

DES DÉPARTEMENTS DU SUD-OUEST.

Est-il un soin plus doux, un temps mieux occupé ;
C'est là qu'en ses désirs, le sage est peu trompé,
Autour de ses jardins, de ses flottantes gerbes,
De ses riches vergers, de ses troupeaux superbes,
L'espoir au front riant, se promène avec lui :
Il voit ces jeunes ceps embrasser leur appui ;
Sur le fruit qui mûrit, sur la fleur près d'éclore,
Il court interroger le lever de l'aurore,
. . . .
. . . .
Et toujours entouré de dons et de promesses,
Il sème, attend, recueille, où compte ses richesses.

DELILLE.

IMPORTANCE DE L'AGRICULTURE.

Quoique l'agriculture soit la base essentielle de la richesse de la France, on a semblé méconnaître cette grande vérité, en ne lui donnant que de faibles encouragements et en l'accablant d'impôts sous le nom d'impôts fonciers, impôts indirects et centimes additionnels, qui ont presque doublé les charges des agriculteurs. L'industrie manufacturière, au contraire, a été encouragée de toutes les manières ; on a même établi une sorte de rivalité entre *ces deux industries* qui se doivent cependant un secours mutuel.

En effet, l'agriculture fournit à l'industrie manufacturière, les deux tiers des matières premières qu'elle emploie, et au commerce les quatre cinquièmes des objets de ses spéculations, elle paye au cultivateur l'intérêt de sa propriété, elle fournit à l'aisance, même au *luxe*, de quatre millions de cultivateurs aisés; elle soutient, elle affermit et n'ébranle jamais les empires.

L'industrie manufacturière la seconde et l'encourage; elle ajoute une valeur d'un tiers à toutes les richesses que produit l'agriculture, mais elle n'emploie que le dixième de la population.

Le commerce placé entre ces deux industries, agent de l'une et de l'autre, ajoute à la circulation, à la valeur et à l'abondance des produits, enfin l'agriculture donne la vie aux États, les fabriques *créent* le luxe, le commerce et la richesse.

Uu état territorial comme la France, pourrait exister sans manufactures, comme sous la première race de nos rois, et ne le pourrait pas sàns l'agriculture.

M. Chaptal, dans son ouvrage sur l'industrie française, fixe le capital de l'agriculture à 37 milliards 500 millions, et son produit à 4 milliards 300 millions.

Le produit brut de l'industrie manufacturière est d'un milliard, deux cent dix-huit millions, et le produit net de cent quatre vingt-deux millions, celui de l'agriculture est de 1,344 millions.

Ainsi l'agriculture produisant sept fois plus que l'industrie, on ne conçoit pas pourquoi les capitalistes préfèrent placer leurs capitaux dans des entreprises hasardeuses, au lieu de les employer dans des spéculations agricoles. Il est vrai que l'honorable M. Charles Dupin, a proclamé à la tribune, que les capitaux employés à l'agriculture sont ceux qui donnent le moins de profit; heureusement pour nous, cette opinion n'est pas fondée, et M. Chaptal va nous en donner la preuve : selon lui il existe en France, 35 millions 200 mille bêtes à laine, estimées 220 millions, dans ce nombre nous n'avons que 766 mille mérinos, estimés 23 millions, et 3 millions 600 mille métis, estimés 43 millions. M. Chaptal établit que le revenu net de ce capital de 220 millions, produit 65 pour cent, sans compter l'engrais, d'une si grande importance pour augmenter nos produits. Il serait difficile de citer une spéculation plus avantageuse.

Dans les aperçus que je viens de présenter sur les deux industries, il n'est pas question du commerce qui ne crée rien, mais qui transporte et échange avec accroissement de valeur et comme il s'exerce sur les produits des deux industries, il en résulte que le commerce est quatre fois plus intéressé à la prospérité agricole qu'à celle de l'industrie manufacturière.

Un autre avantage de l'agriculture, c'est qu'elle distribue mieux les richesses, elle crée peu de fortunes colossales il est vrai, mais elle emploie et elle nourrit dix fois plus d'individus. En résultat, des propriétaires hasardeux peuvent diminuer leur fortune en se livrant à des spéculations mal combinées, mais il est rare qu'elles amènent leur ruine complète, *comme il est si commun dans les entreprises industrielles.*

Il n'en est pas de même pour les manufactures ; il faut mettre en dehors de grands capitaux, acheter des machines dont la valeur diminue chaque année, souvent une nouvelle découverte, un changement à la mode, réduisent de grandes usines à un revenu d'un et demi à deux pour cent des capitaux employés, je puis servir d'exemple sous ce rapport.

L'agriculture, nous dit M. Marschal, célèbre agronome allemand est le plus important et le plus difficile, non seulement de tous les arts mécaniques, mais encore « de tous les arts et de toutes les scien-
» ces qui sont du domaine de l'homme, en effet,
» l'agriculteur est un manufacturier des produits
» agricoles, il a pour but de produire le plus de
» matières appropriées à tous les besoins, ce besoin
» de matières premières se fait sentir pour tous les
» arts, toutes les industries, pour le négociant,
» comme pour le fabricant et le commerçant. L'agri-
» culture produit et fournit à l'homme toutes les
» choses indispensables à la vie ; aux arts et aux
» industries, toutes les matières premières. L'agri-
» culteur est l'homme le plus utile à la société, puis-
» que sans lui on ne pourrait subsister ; il est fabri-
» cant, négociant, commerçant, tout à la fois. »

Honneur donc à la plus noble et la plus utile des professions !

L'agriculture étant la première de nos industries, nous devons tendre à augmenter *ses produits*, sur-tout avec l'accroissement de la population : c'est le but de cet ouvrage, puisse-t-il être accueilli avec indulgence et faire quelque bien, se serait terminer ma longue carrière agricole d'une manière honorable.

NOTIONS PRÉLIMINAIRES.

> Oui, l'agriculture fait les bons citoyens, et pourquoi? C'est qu'elle fait la famille, c'est qu'elle fait le patriotisme.
>
> LAMARTINE.

§ Ier.

MOTIFS QUI ONT DONNÉ LIEU A CET OUVRAGE.

Parvenu à l'age de 73 ans, après avoir servi mon pays comme officier de marine pendant dix-huit ans, j'ai échangé l'épée de marin, contre la charrue du cultivateur. Pendant quarante-un ans, je me suis livré avec passion, à la culture de mon domaine, lisant tous les ouvrages sur l'agriculture, m'empressant d'adopter les nouvelles découvertes de tout genre et toujours avec l'espoir du succès, il en est résulté que dans ma longue carrière j'ai fait bien des fautes, j'ai vécu d'illusions et éprouvé un grand nombre de mécomptes.

En 1817, je fis paraître un essai de manuel d'agriculture, sous les auspices de la société d'agriculture de la Haute-Garonne. Cet ouvrage fut accueilli avec bienveillance (1). En 1835, je publiai une suite à mon

(1) L'année 1819, fut marquée par la publication d'un *Manuel d'Agriculture*, cet ouvrage dans lequel M. le comte Louis de Villeneuve a renfermé ses observations de dix-neuf années, peut aujourd'hui paraître incomplet, eu égard au développement de la science, mais en le rapportant à cette époque, il doit être considéré comme une très belle page de l'histoire agronomique de l'arrondissement de Castres (Tarn).   Anacharsis COMBES, *avocat*.

manuel, sous le titre d'*Illusions et Mécomptes d'un vieux Agriculteur*. Je me proposais de prémunir les jeunes agronomes contre ces spéculations dont le succès paraît toujours certain dans un âge où l'avenir est si plein d'espérances. Ces deux ouvrages pouvaient bien indiquer des méthodes et des vues utiles, mais se trouvant en arrière des progrès que l'agriculture a faits depuis vingt ans, ils ne pouvaient présenter aux propriétaires du Sud-Ouest un manuel d'agriculture complet, en rapport avec notre climat, la qualité de nos terres et l'état actuel de la science. Sans doute, les nouveaux traités rédigés par de savants agronomes, surtout la Maison Rustique du XIX siècle, et les cours d'agriculture ne laissent rien à désirer, pour faire connaître les principes et les méthodes des diverses branches de l'agriculture, mais on n'y trouve pas l'application pratique au sol et au climat, c'est toujours les départements du Nord que ces ouvrages ont en vue; et comme le mode de culture employé dans ces départements doit être très différent de celui du Sud-Ouest, il en résulte que nos cultivateurs hésitent à adopter les nouvelles découvertes préconisées dans le Nord. Ces inconvénients m'avaient fait penser que l'on pourrait donner une grande activité à l'agriculture du royaume et faire adopter facilement les nouvelles découvertes, en divisant la France en 8 régions agricoles. Dans chaque chef-lieu de chaque région, il y aurait une société d'agriculture qui correspondrait à un comité établi dans chaque département. Les sociétés d'agriculture correspondraient avec la société centrale de Paris et avec le conseil supérieur d'agriculture *auprès du ministre ;* chaque année huit inspecteurs choisis dans la société centrale de Paris parcourraient chacun une division, réuniraient la société d'agriculture et les comices, prendraient connaissance de leurs besoins ou de leurs progrès. Il y aurait dans chaque département sous la direction du comice, une ferme d'expérience et un inspecteur rendrait compte périodiquement de l'état de ces fermes.

Chaque ferme d'expérience serait établie au moyen d'un domaine de 50 hectares assez proche de la ville où se trouverait soit le comice soit la société d'agriculture. Le montant de la ferme et les frais d'exploitation seraient payés par une subvention de 10,000 fr., pris sur les fonds votés par les chambres, pour l'agriculture ; et par la vente des produits. Mais en supposant l'exécution de ce projet d'amélioration de l'agriculture du royaume, il faudrait pour chaque région un manuel d'agriculture pratique, se coordonnant avec le climat et la qualité des terres de chaque région. Les principes et les méthodes contenus dans ce manuel devraient être basés sur cet adage.

Expérience passe science.

C'est là la tâche pénible que je me suis imposée, je pourrais ainsi publier un ouvrage utile qui ne serait fondé ni sur des hypothèses ni sur de vains systèmes, mais bien sur une expérience pratique de quarante années, pendant lesquelles j'ai pu compter quelques succès. Ce manuel dans la forme la plus simple, à la portée de tous les cultivateurs, épargnant aux uns la peine des recherches, aux autres le dégoût de la science, quelquefois fatigante pour eux, fournirait à tous des méthodes d'une facile exécution et deviendrait peut-être le manuel d'agriculture pratique du Sud-Ouest de la France.

Cet ouvrage pour lequel je réclame l'indulgence des agronomes, ne peut convenir que sous quelques rapports à la région Sud-Est qui comprend l'ancien Bas-Languedoc et la Provence, leur système de culture doit être tout différent du nôtre, à cause des longues sécheresses qu'ils éprouvent dans l'été et de la chaleur extraordinaire du climat, ce qui rend les récoltes des céréales très casuelles. Ce grave inconvénient les a même forcés à faire de la vigne leur principale culture et peut-être y a t-il eu excès dans cette conversion d'excellentes terres pour le blé en plantation de vignes ; jusqu'à présent, il y a eu dans le Bas-Languedoc facilité de vendre cette récolte, surtout depuis que les propriétaires convertissent leur vin en eau-de-vie, dont ils sont presque certains de se défaire avantageusement, aussi font-ils peu de cas de la qualité du vin, c'est la quantité qu'il leur faut, et d'après ce calcul, ils arrachent les vieilles vignes pour les remplacer par de jeunes plants choisis qui produisent beaucoup plus. (1)

Les propriétaires du Bas-Languedoc ont donc adopté le genre de culture qui leur convient ; pour nous,

(1) Depuis deux ans, la vente des eaux-de-vie est en baisse, faute d'exportation.

nous devons adopter un système tout différent ; le blé doit être l'objet principal, les vignes l'accessoire.

Au lieu de ces vastes plaines du Bas-Languedoc, et du Roussillon, notre Sud-Ouest est coupé de chaînes de côteaux, tantôt parallèles aux Pyrénées tantôt se divergeant nord et sud, formant entre eux de riches vallons, de belles prairies, arrosées par des ruisseaux, malheureusement réduits à des filets d'eau, par la sécheresse de nos étés. Cette grande variété du sol et du climat a dû exiger de nous l'essai de nouveaux systèmes de culture, par conséquent plus de frais et plus d'instruction. Ces réflexions prouvent de quelle utilité serait un manuel d'agriculture pratique, pour chaque région, manuel approprié au climat et à la qualité des terres, et dont la base principale serait l'expérience. Mais avec la vivacité de nos imaginations et notre engoûment pour tout ce qui est nouveau, nous avons quelque peine à croire à l'expérience ; cependant soit dans la politique soit dans l'agriculture soit dans les nouvelles découvertes, il faut toujours en appeler à l'expérience, elle seule répond à tout et la théorie paraît alors souvent une illusion. (1)

(1) Les mémoires de la Société centrale d'agriculture de Paris, la Maison Rustique, les annales de Roville et de Grignon ; les excellents journaux des sociétés d'agriculture de la Haute-Garonne, de l'Ariége, de l'Allier, du Gard, etc., et les ouvrages des agronomes allemands et anglais, m'ont fourni une série de principes, de méthodes et d'expériences, que j'ai tâché de coordonner avec notre climat et les diverses variétés de nos terres. Si cet ouvrage peut opérer quelque bien, ce sera à ces savants agronomes que le mérite doit en appartenir.

QUELQUES NOTIONS

SUR LA VÉGÉTATION DES PLANTES.

—

L'atmosphère se décompose en trois gaz principaux : l'oxigène, l'azote et l'acide carbonique. L'oxigène fait partie, sous mille formes, de la substance des animaux et des végétaux ; il alimente la respiration des uns, il préside à la germination et au développement des autres, il est un des agents les plus actifs de la vie. L'azote est un gaz simple comme l'oxigène, mais ses effets sur la végétation sont moins prononcés. Le gaz acide carbonique est le résultat de la combinaison de l'oxigène avec le carbone ou élément du charbon : ce gaz est impropre à la respiration des animaux ; mais, sous l'influence de la lumière, il est décomposé par les organes des plantes qui retiennent son carbone et émettent en grande partie l'oxigène.

Les plantes aspirent par leurs feuilles la partie de l'air atmosphérique, qui n'est pas adapté à la vie animale, et rendent à l'atmosphère, en échange, cet air vital, si nécessaire à notre existence, et que la respiration des animaux transforme en azote.

Ainsi, par la marche la plus simple et la plus admirable, la décomposition chimique opérée dans les poumons des animaux, produit pour les plantes un aliment dont l'air atmosphérique est le dépôt, et les plantes, en revanche, décomposent l'air nuisible et créent l'air vital.

L'analyse chimique des végétaux, prouve qu'ils sont composés de soufre, de sels volatils, d'eau, de terre et d'air ; ces principes agissent les uns sur les autres par une sorte de puissance d'attraction mutuelle.

L'air, par ses particules actives, donne de la vigueur à la sève, la vivifie, et, en se mêlant avec les autres principes qui attirent et réagissent, elles font naître une douce chaleur et un mouvement favorable, qui échangent la sève en particules appropriées à la nutrition.

Dans les végétaux, les principes se trouvent combinés et proportionnés pour leur perfection ; on trouve en général plus d'huile dans les parties exaltées des végétaux ; l'odeur agréable des fleurs et le goût relevé du fruit, sont dus à une quantité très subtile d'huiles, qui, sans doute, contiennent elles-mêmes beaucoup d'air et de soufre.

L'huile est un préservatif excellent contre le froid, aussi la sève des arbres du nord en contient-elle beaucoup : c'est cette même huile qui conserve les feuilles sur les plantes toujours vertes. Le fluide électrique est le principal mobile de la végétation et de l'accroissement des végétaux ; la chaleur influe d'une manière très immédiate sur les odeurs des fleurs et sur la saveur des fruits.

§ II.

QUELQUES PRINCIPES GÉNÉRAUX.

Nous établirons d'abord en principe, que la culture qui convient le mieux à notre climat, aux diverses qualités de nos terres et à notre position topographique, est celle des céréales;

Que tout notre système agricole doit être dirigé vers le moyen de faire produire à nos terres le plus de grains possible; nous excepterons cependant les côteaux, propres à la culture de la vigne, et les pays de montagnes, essentiellement destinés à la culture des bois et à l'entretien de nombreux troupeaux. J'indiquerai le genre de culture qui leur convient.

Pour atteindre le but de faire produire beaucoup de blé, il faut se procurer beaucoup d'engrais, en entretenant un grand nombre de bestiaux, et par conséquent, cultiver les fourrages artificiels soit comme ressource pour la nourriture des bestiaux soit comme amendement. Les engrais considérables exigent une grande avance de paille. On se la procure aisément, en adoptant le système d'écobuer les vieux prés, qui, donnant le moyen de retirer de la paille en abondance, facilite a formation d'engrais considérables.

Nous établirons encore en principe, que les plantes, fourrages à racines pivotantes, amendent plus ou moins la terre, en raison directe de la quantité de racines et de débris qu'elles laissent sur le sol.

Que plus les fourrages artificiels garnissent la surface de la terre, plus leur effet améliorant est considérable, et plus les récoltes des céréales sont nettes;

Que le sainfoin, ou esparcette, est le fourrage artificiel qui prospère le mieux, dans les terres maigres marneuses, *terre-forts* et *caussonels ;* les trèfles, sur les terres argileuses', *boulbènes* fortes et sablonneuses; et la luzerne, sur la terre *bâtarde ;* pourvu qu'elle ait du fonds;

Qu'il est impossible d'établir un système général de culture qui convienne aux diverses localités de nos départements, et que la suppression totale des jachères (voir le chapitre des *Jachères*) n'est guère praticable, à cause de la sécheresse de nos étés ;

Que, par cette même raison, et à cause d'un grand nombre d'accidents inhérents à notre climat et à nos terres, il est impossible d'indiquer un assolement qui puisse servir de règle fixe pour toutes les localités ;

Qu'enfin ce ne peut être qu'avec une sorte de méfiance que nous devons adopter les cultures suivies dans le Nord, à cause de la sécheresse de notre climat. Dans ce nombre de culture, celle des turneps, des carottes, des choux, de la sulla et de la chicorée sauvage, peut seulement réussir dans quelques localités dont le sol est frais et susceptible d'irrigation, et qu'en dernier résultat, ce n'est que sur des faits et des méthodes consacrés par l'expérience, que nous pouvons adopter un système de culture qui ne nous expose pas à des mécomptes.

—

NOTICE SUR LE DOMAINE D'HAUTERIVE.

—

Ce domaine, situé dans la commune de Castres, département du Tarn, à une demi-lieue de la Montagne-Noire, est composé de trois métairies, où l'on sème 120 hectolitres de grains, blé, méteil et seigle. Le sol est composé de boulbènes fortes et douces, de terre-forts et terres bâtardes : il est, par conséquent, susceptible de plusieurs genres de culture. (1)

Je vais prendre pour exemple la plus médiocre métairie par le fonds. On y sème de 50 à 55 hecto-tres de blé, méteil et seigle. Un simple tableau comparatif de la culture de ce domaine, en 1806, et de son produit en 1832, fera connaître les améliorations qui ont eu lieu.

(1) Le château d'Hauterive est très ancien. Il est établi sur une rivière et entouré de grands fossés. Il fut conquis par Simon de Montfort, qui le donna en dot à sa sœur, en la mariant à Bernard d'Hautpoul. Avant cet événement, ce château appartenait à la famille d'Altariba, dont un des membres fut un saint Eprophet.

MÉTAIRIE DU MAS.

HECTOLITRES DE GRAINS semés.	ÉTAT DE LA CULTURE EN 1806.	HECTOLITRES récoltés.	HECTOLITRES DE GRAINS semés.	ÉTAT DE LA CULTURE EN 1832.	HECTOLITRES de grain.
36 hect.	de seigle.	197 hect.	30 hect.	de seigle.	290 hect.
5	de blé.	32	20	de méteil.	236
2	en maïs.	28	7	de blé.	70
demi-hect.	pommes de terre.	91 quint.		3 hectares en avoine.	156
				3 hect. en pommes de terre.	506 quint.

Le blé a donné........ 6 semences ¹/₃

Le seigle........... 5 — ¹/₂

Le blé a donné.............. 10 semences.

Le méteil................. 12 ¹/₂ —

Le seigle................ 8 —

L'avoine.................. 26 —

D'après ce tableau, on voit que le produit brut, en 1832, a presque doublé dans 26 ans, mais non le produit net, à cause du luxe de la dépense. J'ai obtenu ce résultat, en écobuant des vacants, de mauvais prés, et une prairie vieille de quelques siècles, et cependant, après de si grands défrichements, j'ai plus de fourrages que je n'en avais. Je dois cet avantage à un produit d'environ 4 hectares de luzerne, 12 de trèfle, 2 ½ de sainfoin, 1 ½ de vesces noires et 1 de farouch. J'ajouterai une considération importante, c'est que les frais de culture, pour un si grand accroissement de produits, ne sont augmentés, quant au labourage, que d'une seule paire de bœufs et de la dépense d'un valet. Ceci demande une explication. Les terres écobuées pouvant être labourées de suite après la récolte, n'exigeant d'ailleurs que peu de travail, on donne facilement une première façon; s'il survient des pluies qui empêchent de labourer les autres terres, on peut sans crainte, labourer les champs écobués, presque immédiatement après la pluie. C'est donc à l'écobuage que j'ai dû de cultiver en grains cette quantité de terres, sans une grande augmentation de frais. Il est cependant juste d'observer que cela tient à la localité où je suis, une grande partie du domaine étant composée de terreforts, que je ne sème qu'avec l'humidité; je puis alors employer aux semailles des terres boulbènes, toutes les paires de bœufs des autres métairies, et en assurer, par là, la réussite. Je réunis ensuite toutes les paires, par une semblable opération, quand il faut semer les autres espèces de terres; c'est là le grand avantage de la culture des maîtres-valets, en ce qu'elle donne la facilité de porter tous les moyens de culture sur les champs qui en ont le plus de besoin, et c'est ainsi qu'on peut exécuter avec succès les principales opérations de l'agriculture, telles que les semailles, la récolte des fourrages, les transports de terre, etc.

C'est par ces moyens réunis que je suis parvenu, dans l'espace de 40 ans, à opérer des améliorations considérables. Je me permettrai de citer, dans le nombre, 110 demi-hectares de terre-forts et 15 de boulbènes, défoncées à 16 pouces, d'après ma méthode de défoncement.

Le gazon de 6 hectares de prés, de l'épaisseur de 18 à 19 centimètres, transporté sur des terrains presque incultes, et qui, depuis, produisent de belles récoltes ; 45 mille mètres de fossés couverts et empierrés, ont rendu mes champs plus productifs, en les préservant du séjour des eaux.

Tous les fossés vieux, élargis par le temps, ont été empierrés et recouverts de la terre de fossés neufs, ouverts à peu de distance des vieux.

Deux fois, les chemins de service ont été changés de direction, et les vieux mis en culture.

22 hectares de prairies vacants et luzerne, ont été écobués.

Trois grands réservoirs en terre battue, ont été construits pour l'arrosement des prés.

6 hectares de vigne ont été plantés sur de mauvais terrains, après avoir été défoncés ; et la pierre à chaux extraite, a servi aux fossés pierriers. 2,800

tombereaux de gazon d'un vieux pré, ont été transportés sur de mauvais côteaux ; des plantations très considérables de diverses espèces d'arbres, ont été faites ; le relevé des arbres de diverses essences, mais dont la majeure partie est des peupliers, chênes et saules, présente, dans le moment actuel, 19,000 pieds d'arbres, de 40 ans à 3 ans ; et enfin, un grand nombre d'autres travaux, dont on trouvera les diverses méthodes d'exécution dans le cours de cet ouvrage.

Voilà, sans doute, de grandes améliorations faites pendant 42 ans. Ont-elles été faites avec une grande économie ? C'est ce que je ne crois pas, du moins, dans le commencement. Dans les dix dernières années, les améliorations ont beaucoup diminué : à l'industrie agricole a succédé l'industrie manufacturière. J'ai construit une des plus belles usines du Midi ; j'ai dépensé des sommes considérables, que je croyais employer avantageusement : j'étais d'ailleurs entraîné par la pensée que je serais utile à la ville que j'habitais. Sous ce rapport, je n'ai eu qu'à me féliciter : mon exemple a été suivi : de nombreuses usines ont été établies ; mais la concurrence a diminué les profits, et il n'est résulté de ma vaste entreprise qu'un revenu bien au-dessous de la dépense. Voilà des mécomptes. Puissent-ils servir de leçon ! Je reviens à l'agriculture : Sans doute, j'ai obtenu des récoltes extraordinaires, malgré la médiocrité du terrain ; ces brillants succès étaient dus, peut-être, à un peu de science, mais ils ne compensent pas les grandes dépenses qu'ils m'ont occasionnées, surtout avec les accidents divers qui les ont accompagnés. Que de fois les plus belles récoltes, fruit d'un *savant* assolement, se sont évanouies! Dans l'espace de 40 ans, la grêle a deux fois détruit mes récoltes; le vent d'autan, plus à redouter que la grêle, à cause de notre proximité des gorges de la Montagne-Noire, les a endommagées plusieurs fois; les influences du brouillard, et trois automnes pluvieux, m'ont privé d'une partie de mes produits, et cependant les frais avaient été les mêmes, toujours calculés sur l'espoir d'un bon résultat.

Il faut en convenir, l'agronome ne vit que d'illusion. A peine ses blés couvrent-ils la terre d'un tapis de verdure, qu'il s'empresse de supputer le nombre de gerbes qu'il aura. Il ne saura comment consommer les fourrages qu'il va recueillir, ses betteraves seront cette année d'une grosseur prodigieuse; à l'exemple des propriétaires du Nord, il établira la fabrication du sucre qui lui donnera les moyens d'engraisser des bœufs; il augmentera ainsi ses engrais, et il aura par suite des récoltes admirables. C'est l'histoire du pot au lait.....

En retraçant les diverses crises d'une longue carrière agricole, j'ai eu en vue de prémunir des hommes faciles à s'abuser. Ainsi donc, ils n'accepteront les nouvelles découvertes qu'avec prudence, et quand l'expérience en aura démontré les avantages, ils feront la part de notre climat, en n'adoptant qu'avec sagesse et dans des localités privilégiées, la culture des turneps ou des carottes, si avantageuse en Angleterre; s'ils entreprennent quelques améliorations quand même, elles seraient préconisées dans les journaux, ce ne sera qu'après avoir bien calculé si la dépense ne serait pas au-dessus des bénéfices ; ils adopteront un assolement simple, facile à exécuter, approprié à notre climat, et à la qualité de leurs terres. Ils n'imiteront pas ces agronomes anglais dont parle *Walter-Scott*, « qui, animés d'un noble » esprit, dédaignaient de balancer le produit avec » les dépenses, et qui croyaient que la gloire d'in- » venter un assolement parfait trouvait, comme la » vertu, sa récompense en elle-même. »

Ils n'oublieront pas que l'emploi des hommes et des bestiaux doit être surveillé avec le plus grand soin : ce sont des capitaux qui doivent produire ; l'usage de laisser les bœufs de travail à l'étable, sous prétexte de courses fréquentes aux foires, est aussi une perte réelle pour les propriétaires.

Nos jeunes agronomes s'occuperont de marner leurs terres s'ils peuvent se procurer la marne à un prix peu élevé ; ils organiseront des transports de terre, la meilleure spéculation qu'on puisse faire.

Ils ne voudront pas améliorer tout à la fois : ils feront des essais avec prudence ; enfin, après avoir parcouru tous les degrés de la science agricole, ils auront la conviction que le plus grand mérite d'un agriculteur, un devoir même pour celui qui est père de famille, c'est de faire le moins de frais possible dans son système de culture, et d'éviter le luxe des constructions rurales : il faut convenir que l'agronome qui est assez heureux pour conserver longtemps ses illusions de tout genre, est l'heureux par excellence, pourvu qu'il n'essaie pas de les mettre à la place de la réalité.

Mais un conseil que je me permettrai de donner à la génération agricole qui s'avance, conseil d'une grande importance, puisque l'existence de notre belle patrie en dépend, c'est la création de nouvelles prairies. On a trop défriché depuis 20 ans ces belles prairies qui donnaient les moyens d'entretenir par la dépaissance un grand nombre de bêtes bovines et des moutons d'engrais. On a cru, en défrichant ces antiques prés, trouver une mine d'or, mais la trop grande richesse du fond et les brouillards si dangereux dans les vallons, ont détruit chaque année les récoltes.

C'est à ces défrichements nombreux des prés que nous devons la diminution des bêtes bovines et des troupeaux, même encore la différence dans les produits de l'agriculture française comparée avec celle de l'Angleterre. Ainsi, sur 100 hectares, les Anglais ne cultivent en blé que 11 hectares, un peu plus d'un dixième et 68 en pâturages, et la France en cultive 49 et 6 en prairies. Il en est résulté que l'Angleterre élève onze fois plus de bestiaux que la France, obtient onze fois plus d'engrais, et par conséquent plus de produits agricoles. C'est ainsi que l'Angleterre qui, en 1790, ne produisait en céréales que cinq semences, en produit à présent dix et douze, et la France n'est parvenu qu'à six; par suite de ce système, tous les produits du règne animal, tels que cuirs, laines, suifs, viandes, ont pu suffire à leurs fabriques, et qu'en France, nous payons à l'étranger un tribut de plus de 100 millions. Il y a donc un vice dans notre système agricole, oserai-je dire ce qu'il faudrait faire? augmenter nos pâturages en semant moins de blé, et obtenir la même quantité de céréales en augmentant nos engrais. Je ne proposerai pas, cependant, d'atteindre au chiffre de l'Angleterre, de 68 hectares sur 100. Il faut faire la part du climat humide de l'Angleterre et de la qualité des terres. Je croirai donc qu'une augmentation de pâturages de 6 hectares sur 100 suffiraient.

MANUEL

D'AGRICULTURE PRATIQUE.

—

CHAPITRE PREMIER.

Expérience passe Science.

Examen des divers modes de culture suivis dans les départements du Sud-Ouest.

Dans ces départements, les divisions territoriales forment des propriétés de moyenne étendue, connues sous les noms de *terres*, *domaines* et partie de *domaines*, qu'on appelle *métairies*. Cette grande division de la propriété, en s'opposant au système de grande culture suivi dans le Nord, a dû nécessairement amener des différences dans l'application des grands principes d'agriculture.

Notre système de culture, pour être en rapport avec notre sol, a dû s'adapter à un pays traversé de longues chaînes de côteaux, composés d'argile et de terre calcaire, et de vallons formés de *boulbènes* plus ou moins fortes. Ce sol des côteaux et des plaines, hors quelques localités composées de terre sablonneuse, a dû exiger le travail des bœufs, tandis que dans les plaines de la Beauce, celui des chevaux a dû être préféré ; de là, a dû résulter une grande différence dans le mode de culture du Nord et du Midi.

Il existe dans nos départements trois modes de culture :

1° Par maîtres-valets, gagés en argent et en grains, faisant leur ménage dans une maison appartenant au propriétaire ;

2° Par des valets nourris et gagés par le propriétaire ;

3° Par des métayers à moitié fruits.

Je dois dire que dans le Sud-Ouest la généralité de la culture se fait avec des bœufs ; dans les plaines, formées de terres boulbènes, on se sert d'attelages de mules, que l'on achète à trois ans, et qu'on vend à sept, et souvent avec un bon bénéfice. Ce mode de culture est excellent.

Nous allons examiner quels sont les avantages et les inconvénients des divers modes, et quelles sont les positions qui conviennent aux uns et aux autres.

La culture avec des maîtres-valets ayant leur ménage et vivant en famille a le grand avantage de pouvoir améliorer son bien, aussi ce mode devient de plus en plus en usage chaque année. Il paraîtrait même que le propriétaire qui veut marner, faire des transports de terre, défoncer le sol, ne peut se dispenser de l'adopter ; il ne saurait, en effet, retrouver ces avantages sur les domaines cultivés à moitié fruits. Le temps du métayer et le travail des bœufs étant à peine suffisants pour l'exploitation, obligés de tout faire par eux-mêmes, redoutant de prendre des journaliers, pouvant être renvoyés chaque année, ils ne prennent qu'un médiocre intérêt à de grandes améliorations qui exigent des avances. Ce mode de culture a donc de grands inconvénients, et néanmoins dans certaines localités il doit être préféré.

Supposons que l'on possède sur des côteaux en pentes rapides un domaine dont le sol soit de médiocre qualité, j'oserai croire qu'on en obtiendrait plus de revenu en le faisant cultiver à moitié fruits.

Telle était l'opinion d'un de nos plus habiles agronomes, de M. le marquis Davessens, qui le premier, avant 1790, avait adopté le meilleur système de culture pour la partie de Lauragais qu'il habitait. Vingt métairies composaient sa terre *Daguts* aux environs de Puilaurens, il y en avait cinq dont le fonds était de bonne qualité; il les faisait cultiver avec des *maîtres-valets;* les autres métairies étaient à moitié fruits, mais avec l'assolement obligé : blé, maïs, la moitié du tiers restant en fourrages et fèves, l'autre moitié en jachère, servant de dépaissance au troupeau. Je doute qu'on puisse trouver un assolement plus simple, plus approprié à la nature du sol et à la culture à métayer; il faut observer que dans cet assolement le blé est toujours sur culture améliorante ou sur jachère fumée; il en résulte que le grain est d'une qualité supérieure (1), et que les récoltes sont préservées de la folle avoine; cet assolement est adopté, en général, dans le Lauragais.

Quand les métairies sont composées d'excellents

____

(1) Voir l'art. Jachère.

fonds ou bien de nombreux pâturages , on peut faire des conditions avantageuses. Je citerai comme pouvant être utile aux propriétaires qui se trouveraient dans la même position que moi , l'accord que j'ai fait avec des maîtres-valets , établis sur deux de mes métairies aux environs de Puilaurens.

Toutes les récoltes sont à moitié, excepté celle de blé , dont je prends les deux tiers ; tous les frais, ainsi que les autres dépenses de culture, sont à la charge des métayers , et ils paient la moitié des impositions.

En résumé , si la terre est médiocre , si le propriétaire n'est pas son premier homme d'affaires, si sa position ne lui permet pas d'habiter continuellement à la campagne , dans ce cas , il n'y a pas à hésiter ; il vaut mieux établir la culture à moitié-fruits : dans la position que j'indique , c'est le seul moyen d'obtenir un revenu , en rapport avec la qualité médiocre du sol. Pour donner plus de poids à cette opinion , je l'appuierai de celle de M. de Lastours , aussi habile agronome qu'homme d'état distingué , et dont la longue expérience et les succès dans le Castrais , sont une grande autorité : il fait cultiver à moitié fruits vingt-quatre métairies ; seulement il exige la dîme des céréales, et le transport des gerbes dans la ferme du château , en faisant battre chaque tas séparément, il exerce ainsi un contrôle sur le produit brut de chaque métairie.

Si nous comparons les deux modes de culture comme revenu, nous trouverons un bénéfice à peu près certain , dans l'emploi du maître-valet , toutes les fois que la récolte est abondante et le prix du blé à vingt francs, et un avantage en faveur de la culture à métayer, lorsque la récolte est mauvaise, même médiocre, et le blé à quinze francs. Il est en effet aisé de voir que dans la culture avec des maîtres-valets, les frais sont les mêmes, que la récolte soit bonne ou mauvaise et tous supportés par le propriétaire ; c'est sur le produit en blé qu'il calcule pour payer les frais et établir son revenu, et c'est alors qu'un bon système de culture et des améliorations peuvent avoir de grands résultats. Supposez, par exemple, qu'il obtient dans les années ordinaires sept semences, qui, frais payés, lui donnent tel revenu net : avec une culture perfectionnée, de nombreux engrais, il parvient à faire produire neuf semences : il aura presque doublé son revenu, puisque les deux semences de plus n'ont pas augmenté les frais. On voit donc de quelle importance sont pour le propriétaire les améliorations qui pourront augmenter les produits, mais surtout faire de l'agriculture sur des bons fonds : c'est ce qui a donné lieu à l'*adage*, qu'on achète toujours trop cher les mauvais fonds et jamais trop cher les bons terrains.

Mais si au lieu de sept et neuf semences, il arrive des années où, par l'effet des intempéries du brouillard, du vent d'autan, de la grêle, il ne retire que trois et quatre semences, les frais ayant été les mêmes, il se trouve sans revenu, tandis qu'avec des métayers il n'a fait aucun frais et a en produit encore deux semences : c'est un jeu à jouer.

Je croirai donc pouvoir établir comme règle, que

lorsqu'un bien est susceptible d'amélioration, soit au moyen de la marne, soit par le transport de bonne terre et par des achats d'engrais, si sa localité éloignée des Pyrénées ne l'expose pas à de fréquents orages de grêle, si ce domaine placé sur des côteaux le préserve en partie des brouillards et que le vent d'autan n'exerce pas souvent ses ravages, il faut nécessairement adopter la culture à maître-valet. Mais si on n'est pas en partie dans la position que je viens d'indiquer, il faut ne cultiver avec des maîtres-valets que dans le cas où l'on est dans la force de l'âge et où l'on peut être son premier homme d'affaires : dans le cas contraire, il faut adopter la culture à moitié-fruits : on aura moins d'illusions, mais plus de revenu.

Dans la Gascogne, il y a des communes qui sont grêlées huit à neuf fois dans trente ans. Certes dans cette position, la culture à métayer est nécessaire ou bien il faut sacrifier une partie du revenu pour faire assurer le restant et courir la chance de n'être pas remboursé de la perte intégralement. C'est un impôt considérable, et d'ailleurs cette assurance ne vous rendra pas la paille, dont l'absence va occasionner une grande diminution dans les engrais,

Pour se convaincre de l'exactitude probable de ces observations, et ne pas croire, quelque talent qu'on ait, à des succès positifs en agriculture, il suffit d'examiner le compte-rendu de l'administration de Rosville ; il serait sans doute difficile de trouver un agronome plus instruit, plus zélé, plus dévoué à la prospérité de son pays, que M. de Dombasle, qui porte dans son administration agricole, la plus sé-

vère économie et une exactitude parfaite dans ses expériences ; et bien ! M. de Dombasle presente le tableau de neuf années.

Depuis 1824 , il résulte , que les pertes de l'exploitation rurale se sont élevées à 18,829 francs , mais
qu'elles ont été réduites à 11,889 francs pour les
profits que l'établissement a retirés de la vente des
outils aratoires de l'institut agricole (1).

Si on recherche les causes du peu de revenu qu'a
donné la ferme modèle de Rosville , malgré l'habi-
leté de M. de Dombasle , on les trouvera dans le
montant des fermages, dans les intérêts à payer dans
les essais en tout genre qu'il a été à même de faire
dans l'intérêt de la science , mais surtout dans cinq
années mauvaises, par suite des intempéries, et par
l'épidémie qui a frappé son troupeau mérinos.

Une grande partie de ces causes existant pour
nous , ce résultat entre les mains d'un agronome si
distingué , doit nous prévenir contre toutes les illusions des vives imaginations du Midi : aussi je crois ne
pouvoir mieux atteindre le but que je me suis proposé , qu'en m'appuyant sur l'expérience de ce
savant.

Écoutons M. de Dombasle parler de ses succès et
de ses revers agricoles.

« On se formerait une fausse idée de l'art agricole,
» si l'on considérait la bonne agriculture comme une
» bonne combinaison, précise, invariable que l'on
» puisse appliquer à toutes les localités. Il ne suffit

---

(1) Les dernières années ont présenté des résultats bien avantageux.

» pas d'accroître la masse des produits , ce qui est
» pourtant facile , si on veut y consacrer une grande
» dépense , mais c'est le produit net qu'il faut accroî-
» tre. »

« Les circonstances font seules le bon système de
» culture ; et vouloir réduire la bonne agriculture à
» l'adoption de tel ou tel assolement , c'est ignorer
» complétement la portée de l'art ; et cette funeste
» erreur a enfanté une incroyable multitude de mé-
» comptes et de chutes. »

« Le meilleur agriculteur est celui qui parvient à
» discerner les pratiques qui conviennent le mieux
» aux circonstances dans lesquelles on se trouve
» placés. »

CHAPITRE II.

DÉSIGNATION DES TERRES.

Il est difficile d'indiquer les variétés de nos
terres, d'une manière à donner la facilité de les
reconnaître parfaitement ; mais presque toutes se
rattachent aux trois grandes classes qui composent
en général le sol d'une grande partie des départements limitrophes de celui de la Haute-Garonne.
Elles se subdivisent en un grand nombre de variétés
qui tiennent plus ou moins de la nature des classes
principales, et la désignation des terres, est d'autant
plus importante , que le système de culture que

j'indiquerai est établi sur la connaissance que chaque propriétaire doit avoir de la nature de son sol
même de chaque champ.

Nous établirons donc trois grandes classes. La
première, connue dans nos départements, sous le
nom de *boulbènes*, est divisée en terres *boulbènes,
fortes, sablonneuses, lisses*, terres à seigle. La composition de ces terres varie entre le plus ou le moins
de sable ; la terre calcaire s'y trouve d'une manière
imperceptible, et l'humus ne s'y trouve qu'au
moyen de fréquents engrais. Les *boulbènes* un peu
fortes sont excellentes pour le blé, mais elles exigent
d'être bien ameublies par de fréquents labours et par
l'usage du rouleau à pointes, ou du rouleau squelette.
Les *boulbènes* sablonneuses sont excellentes pour le
seigle, comme elles produisent facilement de mauvaises herbes, surtout la rave sauvage, il faut bien se
garder d'y semer du blé que ces herbes étoufferaient,
tandis que le seigle prend le dessus au printemps :
ce sont donc ces sortes de terres, qui conviennent si
bien au semoir-*Hugues* (voir *Semoir*).

Toutes les variétés de *boulbènes* doivent être ensemencées presque sèches. Si la naissance du grain se
fait bien, on est à peu près certain d'avoir une belle
récolte, les gelées ayant peu d'influence par l'ameublissement de ces terres, inconvénient qui doit
résulter de l'absence de la terre calcaire. C'est aussi
par la même raison que la marne et la chaux qui en
contiennent beaucoup deviennent un amendement
puissant pour les terres *boulbènes*.

La seconde classe est désignée sous le nom de

terre forte, fromentale. La variété de ces diverses espèces tient au plus ou au moins de terre glaise et de
terre calcaire. Le sable s'y trouve en petite quantité,
et le calcaire en assez forte proportion. Cette qualité
de terre qui compose les riches côteaux du Lauragais
et du Castrais, est très productive en blé et surtout
en maïs. Dans la Gascogne une semblable variété est
plus argileuse; le maïs n'y réussit pas aussi bien,
on le remplace par de l'avoine, mais en revanche le
blé produit beaucoup.

Les *terre-forts* moins compactes composées d'une
partie moins considérable de glaise, d'un peu plus
de sable et de terre calcaire, ayant d'ailleurs plus
d'humus, conviennent parfaitement à la culture du
blé, du maïs et des fèves, ainsi qu'aux fourrages, tel
que le sainfoin et les vesces noires. Cette excellente
variété de terres forme en grande partie le terrain
de l'ancien Lauragais, des environs de Castelnaudary, des côteaux le long du Canal, et du Lauragais
jusqu'à Puylaurens.

La qualité productive des terre-forts varie beaucoup, et presque toujours en raison de la profondeur du fonds; ces sortes de terres exigent d'être
semées avec une forte humidité. Les gelées les
ameublissent, et le défoncement, d'après ma nouvelle
méthode, réussit parfaitement en donnant plus de
profondeur au sol.

Il y a encore une variété de terre-forts connue
dans le Lauragais sous le nom de *Caussonel*, ce sont
des marnes crayeuses plus ou moins riches en cal-

caires, peu productives en blé et en maïs, mais convenant parfaitement au sainfoin ou esparcette.

La troisième classe que nous désignerons sous le nom de terres *bâtardes*, se subdivise en deux espèces, la première qualité est composée de sable gras, de glaise noire provenant des dépôts de rivières et d'une portion considérable d'humus. C'est, sans nul doute, le premier degré des qualités de nos terres, en ce qu'il convient à toute sorte de culture. Les bords de la Garonne, aux environs de Castel-Sarrasin, les terres situées le long du canal, les vallons du Gers, du Girou, les riches vallons de la Save et les bords du Tarn dans l'Albigeois, doivent être compris dans cette catégorie : c'est dans ces sortes de terres faciles à travailler, que l'on peut, avec raison, proscrire les jachères ; de bons prés écobués peuvent être rangés dans cette première classe.

Cependant, malgré leur qualité supérieure, ces sortes de terres sont peu susceptibles de donner de belles récoltes de blés, ils sont sujets à verser, et comme ils murissent tard, le brouillard et même les rosées abondantes de juillet, font qu'il est ordinaire de n'avoir qu'une belle récolte tous les dix ans, mais en revanche, les maïs sont superbes, les betteraves d'une grosseur extraordinaire. Ces sortes de terres demandent d'être cultivées en avoine, maïs, betterave, lin, chanvre, colza, et peu de blé, semé clair avec le semoir-*Hugues*.

Les terres bâtardes de deuxième qualité dont la composition est moins riche, sont un mélange de *terre-forts* et de *boulbènes* avec une forte partie d'humus. Avec un bon assolement, ces sortes de terres sont excellentes, elles demandent d'être ensemencées avec un peu d'humidité; les gelées n'ameublissent ces terres, qu'en raison du plus ou du moins de rapprochement qu'elles ont avec les *terre-forts*.

Pour bien se fixer sur le genre de culture, que chaque propriétaire peut adopter à chaque espèce de terre, il serait utile de connaître par l'analyse chimique les diverses variétés qui composent votre domaine, voici le procédé que j'ai employé et qui m'a parfaitement réussi.

PROCÉDÉ D'ANALYSE.

ARTICLE PREMIER.

Prenez trois hectogrammes de terre séchée à un soleil très vif, passez-la à travers un crible à blé ordinaire. S'il reste du gravier ou petits cailloux, pesez-les, agitez-les dans de l'eau avec un bâton et laissez reposer : s'il y a de l'humus ou terreau, vous le verrez surnager sous la forme d'une terre noire ; décantez par inclination cette partie du liquide, formant une zône noirâtre, faites sécher et pesez l'humus ou terreau, lorsque cette séparation sera faite, agitez de nouveau, le sable se précipitera au fond. Décantez, ajoutez un litre d'eau en deux reprises, en agitant fortement, quand le sable est déposé, décantez, réunissez ces eaux à la première, et laissez reposer.

Décantez la moitié de l'eau et puis ajoutez un hectogramme de fort vinaigre, agitez bien par reprises pendant 24 heures, décantez et conservez la liqueur ; puis lavez le résidu à deux reprises. Laissez déposer, décantez et réunissez ces deux lavages à la première liqueur ; faites sécher le résidu à un soleil ardent et pesez : c'est la glaise ou argile.

Enfin, dans la liqueur où est le vinaigre, ajoutez un hectogramme d'une forte eau de lessive faite avec un demi kilogramme de soude et un litre d'eau, il se formera un dépôt qu'on lavera et qu'on fera sécher au soleil, ce sera la craie ou terre calcaire.

On rassemblera toutes ces quantités pour examiner si on retrouve à peu près le poids de la terre d'essai. L'opération sera bonne, s'il n'y a qu'un vingtième de différence. Il résultera de cette analyse qui m'a toujours bien réussi, les compositions de trois degrés de valeur que l'on comparera avec le tableau que voici :

COMPOSITION DES TROIS SOLS.

ART. II.

SOL RICHE.	SOL BON.	SOL MÉDIOCRE.
partie.	partie.	partie.
Silice (sable)... 2	Silice...... 3	Silice...... 4
Alumine (glaise). 6	Alumine.... 4	Alumine.... 1
Calcaire (chaux) 1	Calcaire.... 2 ½	Calcaire..... 5
Humus (terre).. 1	Humus.... 0 ¼	Humus..... 00

De cette manière, chaque propriétaire peut fixer à peu près le degré de fertilité de chaque champ.

En partant de ce tableau, on pourrait classer, comme sol riche, une grande partie de la Flandre, quelque partie de l'Alsace, la Limagne d'Auvergne, les rives de la Garonne vers Agen, quelques parties des bords du canal du Midi.

Dans la seconde classe, la Beauce, la Normandie, une partie de la Picardie, du Languedoc et de la Gascogne, et quelques vallées des autres départements.

Dans la troisième classe, toutes les autres parties cultivables du sol, sauf les vacants et bruyères.

CHAPITRE III.

SPÉCULATIONS.

Qu'elle est vaste la carrière des mécomptes pour le jeune agronome qui se livre à toutes les illusions de son imagination ! Je peux prêcher d'exemple : qu'il me soit alors permis d'entrer dans quelques détails sur les essais que j'ai été dans le cas de faire, et sur les mécomptes que j'ai éprouvés pendant 40 ans de ma carrière agricole.

Une année, ayant récolté beaucoup de fourrages, j'essayai de le faire consommer par des juments destinées à la reproduction avec des étalons du dépôt du gouvernement. Je calculais sur des produits de 600 fr. de valeur, à l'âge de 4 à 5 ans : malheureusement des accidents de tout genre dérangèrent mes calculs, et en résultat, je n'obtins qu'un prix modique du quintal de foin. Pour réussir dans de semblables spéculations, il faudrait, comme M. le comte de Castellane, à Scopon, former un établissement de haras dans de vastes prairies, mais surtout il faudrait, comme lui, être grand connaisseur en chevaux, faire soi-même les achats et les ventes. De grands succès lui étaient assurés, quand les événements politiques de 1830, réagissant sur toutes les industries, ont obligé M. le comte de Castellane à réformer ce bel établissement, où plus de 200 juments croisées avec des étalons arabes, donnaient l'espoir d'une grande amélioration de races. Nous devons à M. de Castellane d'avoir détruit le préjugé que l'éducation des jeunes chevaux était impossible dans le Lauragais. Si cet exemple avait été suivi dans les autres départements, le gouvernement aurait trouvé dans le Midi de grandes ressources pour la remonte de la cavalerie légère.

Le succès qu'on obtint à Castres lors de la formation des dépôts d'étalons, fut dû à l'intelligence et au zèle de l'artiste vétérinaire, qui fut chargé du dépôt; connaissant parfaitement les défauts de nos juments, M. Rey allait lui-même au chef-lieu du dépôt, à Rhodez, choisir les étalons qui nous convenaient, et dans l'emploi des étalons, il avait le soin de ne les donner aux juments que selon leur qualité respective; depuis qu'on a négligé ce soin, la race du pays a dégénéré.

Il résulte cependant de ces essais, que les propriétaires trouveraient un avantage à placer dans leurs métairies deux fortes juments, qu'ils feraient saillir par les étalons du gouvernement, et mieux encore par des baudets de haute taille. On est certain du débit pour l'Espagne, à l'âge de 6 mois, et en les donnant à moitié profit aux métayers, on est assuré que les produits seront bien soignés (1).

Dégoûté de cette spéculation, j'essayai d'engraisser des bœufs pour la boucherie. *Arthur-Young*, dans ses voyages en France, avait dit : *Sans turneps, point de salut en agriculture.* Le maître avait prononcé, je semai des turneps. Favorisé par un été assez pluvieux, je récoltai une grande quantité de raves dont j'avais fait venir la graine du Limousin, et que je fis consommer par deux paires de bœufs maigres ; mais lorsqu'ils furent gras, il y eut une baisse dans le prix sur les bœufs engraissés, ce qui réduisit le bénéfice à peu de chose. Je voulus continuer la culture des turneps pendant plusieurs années, mais ce fut sans succès, à cause de la sécheresse. Peut-être dira-t-on que cette industrie réussit parfaitement en Angleterre, que c'est même une des bases essentielles du système agricole de ce pays.

Sans doute, ce système est fort bon dans un climat humide, où les qualités des terres sont si propres à la culture des racines, et où les vastes pâturages ne manquent pas plus que la certitude d'un bénéfice

---

(1) Pour donner une idée des bénéfices qu'un propriétaire peut faire dans ce genre, je citerai une de mes juments poulinières, qui m'a donné, en 1841 et 1842, deux mules, que j'ai vendu 820 fr., à six mois.

considérable ; il faut observer, en effet, que les Anglais consommant dix fois et demie plus de viande que les Français, il faut donc que leurs marchés soient abondamment pourvus et les prix en rapport avec les frais de production.

En France, au contraire, la viande de bœuf première qualité est restreinte à la consommation de la classe riche ; la classe moyenne préfère la viande de veau et de cochon salé, comme plus économique, et les autres classes ne font pas usage de la viande de boucherie.

Ce genre de spéculation ne présente donc pas, comme en Angleterre, des chances assez assurées, pour s'y livrer avec confiance.

Il existe cependant quelques localités, telles que les riches vallons le long de la Montagne-Noire, presque tous cultivés en prairies, où l'on peut utiliser le regain des prés, en engraissant des bœufs et des moutons qu'on envoie vendre aux marchés de Beziers et même à Perpignan. Quand ce commerce est confié à d'habiles métayers, il produit beaucoup, et permet même de trouver des métayers qui vous donnent les deux tiers du produit.

Après ces essais, j'espérai que je me trouverais mieux d'une spéculation sur les cochons. Il n'était bruit dans le département du Gers que de la supériorité de la race cochinchinoise ; il n'était pas dans mon caractère de rester en arrière pour essayer d'une nouvelle amélioration, mais je n'obtins pas les résultats que j'espérais, soit que le climat ne leur convînt pas, soit qu'ils fussent mal soignés ; nous eumes des difficultés pour vendre les produits, dont la chair un peu rougeâtre nuisait au débit.

Voici un mécompte d'une plus grande importance, et qui remonte à mes belles années d'agriculture, où tout était illusion : c'est l'établissement des troupeaux mérinos. Je persistai pendant bien des années dans les soins minutieux et coûteux qu'exigent les mérinos ; mais voyant qu'il fallait faire plus de dépense, donner à mon troupeau une nourriture plus substantielle et que la vente des brebis de réforme était devenue difficile par la difficulté de les engraisser, je me décidai à substituer à ces mérinos des brebis provenant de la belle race d'Arfons, situé dans la Montagne-Noire.

Je n'ai conservé que les béliers de race pure provenant de Saxe (1) ; de cette manière, ce troupeau exige moins de soins, moins de dépense, et sa laine métisse est d'un grand débit.

En émettant mon opinion sur la préférence à donner à la race d'Arfons, métissée avec des béliers de race pure, je n'ai entendu parler que des domaines composant les moyennes propriétés. Je sais qu'on peut citer avec éloge, un certain nombre de grands troupeaux qui peuvent rivaliser avec ceux du Nord.

Dans le nombre de ces zélés agronomes, je dois citer MM. de Villèle, le docteur Viguerie, les deux Domezon, de Castelbajac, Grisoni, de Saint-Géry et de Marsac.

---

(1) C'est [avec ces béliers saxons et des brebis de race que j'ai conservé un petit troupeau de 40 bêtes, dont la laine est d'une grande finesse.

Le respectable M. de Villèle Compollice, est le premier agronome du Midi qui ait formé un établissement de mérinos provenant de l'importation de Gilbert. Peu de temps après, M. de Mac-Mahon organisa dans le Gers un troupeau de 700 bêtes avec de béliers de Saxe ; il a obtenu un brillant succès. Mais, pour l'imiter, il faut avoir, comme M. de Mac-Mahon, un grand domaine, des bois, de vastes pacages, faire venir de Rambouillet un bon berger avec d'excellents chiens, employer tous les ans 700 quintaux de fourrages pour la nourriture de son troupeau ; mais ce qu'il faut avoir surtout, c'est, comme lui, une activité infatigable, une persévérance qui surmonte tous les obstacles, et un esprit de détail qui ne laisse aucun soin en souffrance, enfin, cette noble ambition de contribuer à la prospérité de son pays. (1)

Malgré les succès obtenus par d'honorables agriculteurs, il reste un grand problème à résoudre : le revenu net d'un troupeau mérinos est-il plus considérable que celui qu'on obtiendrait d'un troupeau de la race d'Arfons ?

Aux environs de Toulouse, où on peut tirer un grand parti des agneaux et du lait de brebis, l'avantage

____

(1) Quand j'écrivais ces lignes, j'étais loin de penser que j'étais au moment de perdre cet ami de 46 ans. Une cruelle maladie a privé sa famille et ses nombreux amis de cet excellent homme : c'est une grande perte pour l'agriculture du Sud-Ouest. Encore quelques années de travaux , et sa belle terre de *Caumont* devenait un modèle précieux pour toutes les branches de l'agriculture. Il a laissé des regrets qui ne s'effaceront de longtemps.

est incontestablement en faveur de la race du pays, puisque la valeur capitale du troupeau est couverte chaque année par les profits.

A une certaine distance de la ville, la position n'est plus la même. N'ayant pas été dans le cas de former chez moi un de ces grands établissements de mérinos, mon opinion ne peut être d'un grand poids : mais je m'appuyerai sur celle d'un de nos plus habiles agronomes, de M. le comte de Villèle. Depuis 36 ans, une race pure provenant de l'importation de Gilbert, est établie à Mourville. Dans ce beau domaine, devenu une sorte de ferme modèle, on trouve une surveillance de tous les moments, et cet esprit d'ordre et de comptabilité, qui a laissé de si grands souvenirs au ministère des finances. Eh bien! M. le comte de Villèle, au-dessus des illusions agricoles, et considérant cette question avec cette rectitude de jugement qui le distingue, me disait que tout calcul fait, considérant que l'entretien des mérinos était plus coûteux que celui des moutons du pays (1), que la vente à leur valeur d'achat était impossible, qu'ils n'engraissaient pas aisément, et que le poids de la laine n'était pas en raison du capital, il était persuadé qu'il trouverait plus de profit avec un troupeau du pays croisé avec des béliers mérinos, et il citait pour exemple, le succès qu'avait obtenu son fils avec des brebis d'Arfons dans la Montagne-Noire.

(1) Si la nourriture des bêtes à laine de race pure coûtait, comme chez M. le vicomte de Polignac, 10 fr. le mouton et 17 fr. la brebis, la question n'en serait plus une, il faudrait supprimer les mérinos.

Je serais bien fâché que mon opinion pût nuire à l'établissement de grands troupeaux de race pure dans le Midi, mais on voudra bien observer qu'avec l'augmentation de population que nous avons, c'est la quantité de laines qu'il faut faire produire plutôt que la finesse. La classe ouvrière, les paysans même, s'habillent aujourd'hui de drap commun; le luxe a pénétré dans les classes moyennes et inférieures; il faut des draps communs et à bas prix. Sous ce rapport, l'industrie française a fait de grands progrès pour apprêter les draps bon marché (1).

Nos grandes fabriques du Midi attachent peu d'importance à quelques centaines de balles de laine mérinos achetées dans le pays; l'économie du port est peu de chose, et ils préfèrent tirer directement d'Espagne, ou bien acheter à Paris dans les entrepôts des laines de tous les pays.

Ils y trouvent les diverses qualités qui leur conviennent pour opérer les mélanges des tissus fins. Ce qui manque à nos manufactures, c'est la laine du pays améliorée, et ce qui le prouve c'est que l'importation des laines fines présente un total de 160,000 kilogrammes, tandis que l'entrée de la laine commune est de trois millions et demi. Si, au lieu de faire une sinécure de l'établissement royal de Perpignan, le gouvernement fournissait gratuitement pour la monte,

---

(1) La ville de Castres, par ses excellents cuirs-laines, peut paraître au premier rang de l'industrie. Il serait, en effet, difficile de surpasser les beaux tissus des fabriques de M. Guibal Anneveaute, aux Salvages, et de M. Emile Baube, à Hauterive.

des béliers à des propriétaires soigneux, on verrait dans peu de temps, la laine du Midi, du moins celle des plaines, toute métissée. Pourquoi ne pas faire pour les troupeaux ce que le gouvernement fait à grands frais pour l'amélioration des chevaux?

Que nous faut-il dans le Midi? Faire produire beaucoup de laine, l'améliorer insensiblement et sans frais. Laissons aux grandes fermes du Nord, l'avantage d'entretenir de grands troupeaux mérinos. De vastes établissements, un grand parcours, un climat plus convenable et des bergers instruits, peuvent leur permettre des succès.

Je ne mettrai pas en ligne de compte de mes fausses spéculations, la garance, les carottes et des essais nombreux que j'ai faits sur les plantes propres à former de bonnes prairies; le but d'utilité que je me proposais a été atteint, il est vrai, mais mes profits s'en sont ressentis.

Je dois cependant dire que je suis parvenu à cultiver la betterave avec le plus grand succès, en faisant usage de l'engrais ou poudre (voir *Betterave*).

Beaucoup de propriétaires attachent un grand prix à engraisser chez eux les cochons dont ils ont besoin pour leur cuisine; s'ils se rendaient compte de la dépense que cela leur occasionne et des chances à courir, peut-être trouveraient-ils (voir *Engraissement*), qu'il y a souvent une économie d'un cinquième à se pourvoir au marché; il en est de même des volailles de la basse-cour. Le petit propriétaire qui demeure toute l'année à la campagne, est dans une position différente. Il peut et doit même dans son intérêt, essayer toutes ces petites spéculations. Pour lui, ne pas débourser de l'argent, c'est beaucoup, surtout si sa femme, habile ménagère, surveille continuellement sa basse-cour.

En terminant ce chapitre de spéculations agricoles, je dois lui donner quelque importance, en faisant connaître l'opinion de M. de Dombasle.

« L'économie pour les spéculations agricoles, ne
» consiste pas à dépenser le moins possible, mais à
» atteindre à un but donné avec moins de dépense.
» L'agriculture présente rarement des chances de bé-
» néfices, on ne se trompe presque jamais en sup-
» posant qu'il existe à côté des apparences de succès,
» des circonstances qui réduiront beaucoup le béné-
» fice. »

« L'agriculture, ajoute M. de Dombasle, offre
» une chance presque certaine d'aisance et sou-
» vent de fortune à l'homme qui agit avec prudence.
» Pour l'homme doué d'un caractère entreprenant
» et impatient du succès, la carrière agricole est la
» plus périlleuse de toutes. Patience et prudence,
» telle doit être la devise de nos jeunes agricul-
» teurs. »

Il reste enfin une autre manière de tirer parti de son bien, c'est d'affermer. Dans le Nord, pays des grandes fermes, où la propriété est moins divisée que dans le Midi, ce mode de culture est généralement en usage, mais il est à l'avantage des fermiers. Le propriétaire ne retire de sa terre que 2 et $2\frac{1}{2}$ du capital ; tandis que dans le Midi, avec la cul-

ture à maître-valet et un bon fonds , on retire 3 ¹/₂.
à 4 , et avec des métayers à moitié-fruits , quand le
fonds est bien cultivé , on a même 3 quitte communément. Mais si le propriétaire ne peut pas surveiller les métayers , dont la démoralisation augmente
tous les jours (1) , il vaut mieux qu'il afferme son
bien. Malheureusement , nous n'avons pas , comme
dans le Nord , des fermiers par état ; ceux que nous
avons , sauf quelque exception aux environs de
Toulouse , ont peu de capitaux , peu d'instruction,
et ils ne se livrent à cette spéculation qu'avec l'espoir
qu'ils obtiendront de belles récoltes. Mais si les accidents, trop communs dans notre Midi, viennent à les
atteindre , ils sont ruinés et sont obligés de résilier
le bail. Cependant avec de la prudence, un capital
suffisant , cet état si honorable peut mener à la fortune ; mais pour cela , il ne faut pas que le propriétaire veuille pressurer le fermier : il faut faire un
bail à long terme qui puisse engager le fermier à
se livrer à de grandes améliorations, dont il retirera
une partie des bénéfices , en donnant plus de valeur
à la terre. Examinons quel serait le capital nécessaire
à un fermier , en prenant pour base l'hectare de
terre. M. de Dombasle établit que pour l'exploitation de deux cents hectares d'un domaine , il faut au

(1) Le luxe de tout genre, a pénétré dans la classe des métayers. Le jour
des foires après avoir traité de leurs affaires, le verre à la main, et en faisant
un repas plus substantiel que celui qu'ils font à leur métairie , ils prennent
leur tasse de café à 15 centimes , sucre compris , dans des cafés établis pour
leur usage.

fermier un capital de soixante mille fr. ou 300 fr.
par hectare.

M. de Dombasle ne dit pas de combien d'hectares
de terre labourable est composé ce domaine, du
nombre de prés, de vignes et de bois. Ces diverses
cultures ont des frais différents à supporter. Les bois,
par exemple, s'ils sont en coupe réglée, produisent
un revenu sans frais, puisqu'on peut les vendre à
des entrepreneurs, ou bien payer l'exploitation avec
les fagots. Les vignes, si elles sont plantées à la
charrue, n'occasionnent que des frais médiocres. Il
s'agit maintenant d'évaluer quel doit être le montant de la ferme, en laissant au fermier un bénéfice
raisonnable. Supposons un domaine où l'on sème
120 demi-hectares en blé, 120 demi-hectares en
maïs, et 120 en fourrages et jachère; qu'il y ait
10 ou 12 demi-hectares de prés et huit en vignes ;
je croirais que tous les intérêts seraient ménagés en
établissant la ferme sur 1000 fr. de revenu par 10
hectolitres de semences de blé. Dans le cas présent,
ce serait 12000 fr. quitte et net, que donnerait ce
domaine. Les impositions seraient à la charge du
fermier. J'ai supposé une qualité de terre comme
celle de Lauragais, faisant blé et maïs ; si la qualité du sol est inférieure, le taux de la ferme doit
diminuer : dans cette position, il me paraîtrait qu'un
fermier prenant le domaine garni du nombre suffisant de bestiaux, doit calculer sur 6000 fr. pour
tous les frais d'établissement, et puis avoir un capital
d'une somme de 24,000 fr. dont la moitié représente la ferme, et l'autre les frais d'exploitation et

les impositions. J'ai connu un acte de ferme, où le fermier déposait chez un notaire une somme de 20,000 fr., ne pouvant la retirer qu'à la condition qu'il laisserait toujours le montant du bail, comme garantie. Mais pour qu'un fermier puisse se tirer d'affaire, il faut qu'à la pratique qu'il peut avoir, il joigne une certaine instruction de la théorie de l'agriculture. S'il est actif, économe et prudent, il peut acquérir une fortune qui l'indemnise de tous les soins qu'il s'est donné. Dans une semblable position, les plus petits bénéfices ne doivent pas être négligés, et dans ce cas une bonne ménagère est un trésor. Des fermiers par état manquent au Midi ; il en est de même des bons hommes d'affaires ; ce serait pour obtenir les uns et les autres, que les sociétés d'agriculture devraient établir des récompenses.

Quant au propriétaire qui cultive son domaine avec des maîtres-valets, les conditions réclamées par M. de Dombasle pour réussir, sont l'économie, la prudence, l'activité, l'esprit d'observation et la résidence à la campagne. « L'agronome, ajoute M. de » Dombasle, doit être chasseur, agriculteur ou plan- » teur, car à la campagne, malheur à qui ne sait » pas se faire une occupation qui l'intéresse : il » déjeune avant l'aurore, il dîne à midi en même » temps que les ouvriers, aucune heure n'est per- » due pour la surveillance des travaux qu'il fait » exécuter. Lorsqu'il revient des champs avec de » gros souliers qui sont sa chaussure favorite, il » rentre chez lui librement avec ses amis, crotté » sans crainte de salir des parquets cirés, ses vête-

» ments sont simples, et il visite ses voisins comme
» il se trouve, il vit heureux, parce que autour de
» lui tout est en harmonie. »

C'est l'agronome mûri par l'expérience, que M.
de Dombasle a voulu peindre. Pour moi, dans le but
que je me suis proposé, c'est à la jeunesse que
j'adresse mes conseils.

—

LE JEUNE AGRONOME.

S'il est actif, nourri des ouvrages nombreux sur
l'agriculture, s'il a visité MM. de Fellemberg,
Grignon et Roville, il y aura puisé de bons principes appropriés à l'agriculture de la France. Dans
cet heureux âge où les illusions ont tant de char-
mes, il se persuade facilement qu'il va augmenter
sa fortune et se faire un nom parmi nos grands
agronomes, mais qu'il veuille bien me permettre
de lui indiquer à quelle condition il pourra atteindre le but qu'il se propose, et les devoirs qu'il aura
à remplir.

Il faut qu'il se persuade que ce n'est qu'avec une
surveillance de chaque moment, que l'on peut obtenir
quelque succès. Il faut qu'il voit tout par lui-même,
qu'il se lève avec le soleil, qu'il mette peu de temps
à ses repas. Le bon agriculteur doit être toujours en
course, paraissant presqu'en même temps dans tous
les lieux de travail, grondant et récompensant à propos. S'il habite dans un village peuplé de travailleurs
de terre, il faut qu'il se persuade que, placé par la
Providence dans une position avantageuse, il doit

reconnaître ce bienfait, en améliorant le sort de la classe ouvrière employée à la culture ; il se regardera comme le père des ouvriers, et c'est ainsi qu'il remplira le but de la Providence, qui a fait naître le riche auprès de l'indigent, afin qu'ils s'aidassent mutuellement ; il éprouvera alors qu'il n'y a pas de jouissance plus douce que celle de répandre l'aisance et le bonheur autour de soi ; c'est un honorable héritage à laisser à ses enfants.

Si on a un bon homme d'affaires, il faut ne pas craindre de lui laisser une grande latitude d'actions : chaque soir il faut ordonner le travail pour le lendemain ; mais si il y a eu des changements dans l'atmosphère, il faut que l'homme d'affaires change ces dispositions d'une manière utile ; il doit toujours tendre à développer l'activité du travail, il doit être zélé pour les intérêts du maître, avoir l'habitude de l'ordre pour toutes les parties du service, et surtout pour la sortie et la vente des grains.

CHAPITRE IV.

ASSOLEMENT.

J'ai vu le temps où un bon assolement était toute l'agriculture. Alors le célèbre Arthur-Young menaçait de la corde les agronomes qui auraient fait entrer dans leur culture deux blés consécutifs. Chaque propriétaire, croyant enrichir le pays d'une découverte précieuse, proposait son assolement, et le défendait avec cette chaleur de discussion que les amateurs de musique avaient montré du temps de Gluck et de Piccini : alors tout se passait en paroles, quelques fois en injures. Il n'en fut pas de même quand ces discussions firent place aux droits de l'homme et à ses terribles conséquences. Plus tard, des discussions paisibles sur l'agriculture sont venues calmer les passions et nous faire apprécier cette vie si heureuse de la campagne.

C'est là qu'en ses désirs le sage est peu trompé.

Je crois inutile de soulever de nouvelles discussions, sur la préférence à donner à l'assolement triennal, quadriennal et même quinquennal. Il me paraît impossible de donner des règles générales. La chaleur de notre climat, les qualités si variées de nos terres, me semblent devoir exiger un assolement particulier pour chaque commune, chaque domaine et même chaque champ. L'agronome prudent ne doit adopter aucun système exclusif. Celui qui lui donnera, dans un espace de dix à douze ans, beaucoup de blé et de fourrages, est sans doute le meilleur. C'est donc à l'expérience à vous guider.

Mon honorable collègue, M. Decamps-Cayras, dans un mémoire fort intéressant sur les assolements, s'exprime ainsi : « Sans doute, de bons sys-
» tèmes d'assolements sont suivis dans le Nord de la
» France. S'ensuit-il de là, que nous puissions les
» adopter ? avons-nous des pluies aussi fréquentes ?
» les sécheresses désastreuses que nous avons, ne

» leur sont-elles pas inconnues ? avons-nous surtout,
» comme dans le Nord, des fermiers par état, ri-
» ches, intelligents, qui cultivent avec persévérance
» et exactitude ? avons-nous enfin de grands do-
» maines réunis ? ne sommes-nous pas au contraire,
» dans une position toute opposée ? il y a trente ans,
» ajoute M. Decamps, que je m'occupe d'agricul-
» ture, ce n'est qu'à force de persévérance, de pa-
» tience, de fermeté, et en menant une vie très
» péniblé, que je suis parvenu à obtenir quelques
» succès : les *innovations* en agriculture coûtent fort
» cher, »

Après avoir parcouru la même carrière agricole, je me trouve heureux de me rencontrer avec des agronomes si distingués, dans la manière de voir et dans les conseils que je me permets de donner aux jeunes agronomes.

Un assolement invariable me paraît bien difficile à établir : un hiver rigoureux, une sécheresse, comme celle de 1832, qui a détruit en grande partie, les fourrages artificiels, doivent nécessairement déranger tous les calculs. Un assolement ne peut être qu'une base variable sur laquelle on prépare les moyens d'obtenir le plus de blé possible ; car dans notre position territoriale, c'est sur le blé qu'il faut spéculer : lui seul nous présente des chances à peu près assurées de revenu (1).

(1) Pourvu toutefois que le gouvernement améliore la loi sur les céréales : sans cela, il faudra suivre le conseil de M. Lainé, ministre de l'intérieur, qui repondit à un député qui se plaignait du bas prix des grains : Semez autre chose.

Le principe a sans doute ses exceptions ; des localités peuvent présenter une réunion de terres douces, terres d'alluvion, faciles à travailler dans tous les temps : si vous joignez à ces avantages les talents de mes honorables collègues : MM. de Malaret, Lacroix, de Villèle, de Marsac, de Sers, Leblanc, Decamps et tant d'autres membres de la société d'agriculture de Toulouse, vous serez certain du succès : mais ce n'est pas à de tels hommes que je m'adresse, c'est à ce grand nombre d'agriculteurs, qui veulent forcer la science à leur donner des résultats certains, sans faire la part du climat et des accidents sans nombre que nous sommes dans le cas d'éprouver.

Je le répète, il me paraît impossible de fixer un assolement unique pour notre Sud-Ouest. Il n'y a que le propriétaire éclairé qui puisse se rendre compte du système de culture qui convient à son domaine : mais il doit nécessairement le combiner de manière qu'après une rotation de douze années, il laisse la terre dans un meilleur état de fertilité.

Pour arriver à ce résultat et poser des bases qui puissent diriger les agriculteurs, il a fallu procéder par analogie.

Ainsi, j'ai pris pour unité le nombre de dix charretées de fumier du poids de dix quintaux métriques pour un demi-hectare.

Partant du principe que dans un bon système de culture de notre Sud-Ouest, tous les champs doivent être fumés, soit avec le fumier des étables, soit par l'amendement des fourrages artificiels ou par l'engrais purvarulent avec le semoir-Hugues, ou enfin , par des végétaux enfouis , et l'engrais Jauffret.

Nous pouvons fixer la quantité de fumier d'étable qu'il nous faut chaque année.

Pour se procurer ce fumier, combien faut-il entretenir de bêtes bovines et de moutons? Quelle quantité de paille faut-il ?

Quelle est la récolte de céréales nécessaire pour produire cette paille? On verra au chapitre des assolements , par quelle suite d'expériences , la science est parvenue à résoudre ces questions.

Mais ce n'est pas tout, il faut qu'on s'assure si l'assolement qu'on adopte, appauvrit ou fertilise le sol : jusqu'à présent chaque propriétaire a agi selon l'illusion qu'il s'était créée , et tous sont restés bien convaincus qu'ils avaient découvert le meilleur assolement connu et , par conséquent, trouvé la pierre philosophale.

La science est venue, par un grand nombre d'expériences, détruire ces illusions et donner des moyens de résoudre cette importante question de l'appauvrissement ou de la fertilité du sol après douze années.

ASSOLEMENT DES BOULBÈNES.

Je vais indiquer le mode de culture basé sur un assolement *variable* que j'ai adopté après un grand nombre d'essais sur un domaine composé entièrement de boulbènes fortes, légères, *lisses*, terres sablonneuses propres au seigle, dans lesquelles il y a absence totale de terre calcaire. La semence en céréales est de 50 à 55 hectolitres blé, méteil, seigle et avoine, dans ce domaine il y a 35 demi-hectares de terre écobuée il y a longtemps.

La récolte de 1832, a été recueillie sur 55 demi-hectares, dont :

10 avaient reçu l'amendement du lupin,

8 avaient produit des vesces noires coupées en vert,

6 sur défrichement de trèfle de deux ans,

4 sur défrichement de trèfle d'un an,

6 sur terre écobuée,

1 sur farouch fumé en janvier (1),

2 sur haricots fumés,

18 sur jachère fumée,

10 demi-hectares prés écobués, semés en avoine d'automne,

8 en pommes de terre fumées,

On voudra bien observer que ces terres, sauf quelques boulbènes fortes et les prés écobués, sont d'une qualité médiocre, la valeur ne dépassant pas 400 fr. le demi-hectare.

Voici le résultat de cette récolte :

(1) Au mois de janvier, quand le temps s'annonce à la pluie, on porte du fumier de bergerie sur le farouch, on l'étend, et deux mois après quand ce fumier a été bien lavé par les pluies, on ratisse le sol et on transporte la paille dans la bergerie, j'obtiens de cette manière un beau fourrage.

+ 60 +

```
30 demi-hectares fumés, terre médiocre, en seigle ont produit. 290 hect.
20      —       boulbènes de meilleure qualité, méteil. . . 236
7       —       bonnes boulbènes, blé. . . . . . . . . . 70
6       —       prés écobués, avoine d'automne. . . . . . 156
Ainsi le blé a donné 10 semences.
        le méteil. . . 12 ½
        le seigle. . . 8
        l'avoine. . . 26
```

Je dois cependant faire observer que sur des terres si médiocres, quels que soient les soins que l'on puisse donner à leur culture, on ne peut se flatter d'obtenir souvent de si bons résultats ; tout au plus une année sur dix.

D'après cet exposé, il sera facile de fixer les éléments qui doivent entrer dans les assolements des boulbènes.

En fourrage.—Le trèfle, la vesce noire, le farouch, la grande luzerne dans les bas-fonds.

En amendement. — Le lupin, le sarrazin ou blé noir enfoui.

Le seigle enfoui et l'écobuage des vieux prés.

Le maïs ne peut entrer dans les assolements des boulbènes, que lorsque la qualité rentre un peu dans la classe des terres bâtardes. Les boulbènes sablonneuses produisent cependant de beaux maïs, à cause de la fraîcheur du sol, mais cette plante épuise complètement leur fertilité.

La culture de ces sortes de terres est donc les céréales, les fourrages des plantes oléagineuses, telles que la cameline, le colza, la média-sativa.

Les assolements étant variables, on ne peut fixer

la quantité de fourrages de chaque espèce qu'on doit semer, l'excès dans ce genre est souvent un bien. Par exemple, pour le trèfle, j'en sème une grande quantité sur les blés, l'année d'après je récolte une première coupe de fourrages, et à la seconde la graine. On défriche et on sème du blé; mais ce ne sont que les bons champs que je cultive ainsi, les autres ont besoin de l'amendement produit par deux années de séjour du trèfle. On objectera la difficulté de défricher les champs de trèfle avec nos sécheresses de l'été : mais si on n'est pas favorisé par quelque orage, on attend les premières pluies de l'automne, et alors en réunissant tous les bœufs de travail des autres métairies, on donne un labour avec la charrue à versoir, en formant de grandes planches, on passe de suite en travers la herse à couteaux de fer, et au fur et à mesure qu'on donne une *façon* dans le même sens, on passe la herse et on sème. J'ai fait plusieurs fois cette opération dans le cours de deux années et j'en ai obtenu de belles récoltes.

Comme je l'ai déjà dit, il faudrait un assolement pour chaque espèce de terre, et même pour chaque champ.

Je vais donner le tableau des divers assolements que j'ai adopté pour les trois variétés de terre qui composent mon domaine d'Hauterive. Il serait possible que quelque propriétaire dans la même position que la mienne, put trouver quelque avantage à adopter les assolements que j'indique.

DES BOULBÈNES FORTES	ASSOLEMENT DES BOULBÈNES LÉGÈRES.	DES TERRES ÉCOBUÉES
ANNÉES.	ANNÉES.	ANNÉES.
1re, Blé et méteil , trèfle.	1re. Seigle fumée.	1re, Seigle ou méteil.
2e, trèfle, fourrage, grain.	2e, pommes de terre fum.	2e, avoine et trèfle.
3e, trèfle, fourr., défriche.	3e, lupin enfoui.	3e, trèfle, fourrage.
4e, blé ou méteil.	4e, seigle et trèfle.	4e, seigle.
5e, vesces pour fourrage.	5e, trèfle, fourrage grain.	5e, sarrazin enfoui.
6e, blé ou méteil.	6e, trèfle, fourrage.	6e, seigle.
7e, jachère fumée.	7e, seigle.	7e, avoine ou betteraves.
8e, blé ou méteil , trèfle.	8e, farouch fumé l'hiver.	8e, lupin.
9e, trèfle d'un an.	9e, seigle.	9e, seigle.
10e, blé ou méteil.	10e, pommes de terre.	10e, avoine et trèfle,

J'ai annoncé que ces assolements étaient variables; en effet, il faut s'attendre que la folle avoine infectera bientôt les champs ; il faut alors avoir recours à une récolte sarclée, et après à une jachère complète. De cette manière, le blé qui succède est parfaitement net.

Ces bases établies, la quantité de fourrage semé et les diverses cultures que j'indique, dépendront de la facilité qu'on aura eu de préparer les terres. Des pluies trop abondantes, ou une longue sécheresse, doivent nécessairement modifier tous les plans qu'on peut faire. L'essentiel est donc de bien se fixer sur les bases qu'on a reconnues les plus appropriées à son domaine, et de s'en rapprocher le plus qu'on pourra. Les assolements que je viens d'indiquer ne peuvent convenir qu'à des terres de la même nature que les miennes; ils doivent même varier en raison de la réussite des trèfles semés au printemps sur les blés.

ASSOLEMENT DES TERRE-FORTS.

La composition des terres que nous avons désignées sous le nom de *terre-forts*, consiste dans une plus grande portion d'argile que de sable, et dans la présence de la terre calcaire en plus ou moins grande quantité : dans les *boulbènes*, au contraire, on ne trouve que de la terre calcaire, et le sable s'y trouve en forte proportion. Il résulte de ces différences que la marne, en fournissant de l'argile en quantité et une forte dose de calcaire, convient parfaitement pour l'amendement des boulbènes. Pour les terre-forts, la gelée, la pluie et le soleil suffisent pour diviser les molécules d'argile en agissant sur la terre calcaire. Le blé, le maïs, les fèves, les vesces noires, l'esparcette et le trèfle doivent former les divers assolements des terre-forts ; mais l'essentiel est de combiner une culture avec les époques de nos travaux, la sécheresse de nos printemps et les moyens d'exécution.

Je dois d'abord faire observer que dans les trois assolements que je donnerai, la durée de l'esparcette est réduite à trois années de séjour au lieu de quatre. C'est sans doute une diminution dans l'amendement, puisque les plantes de ce genre à racine pivotante, ne tirant leur substance que des couches inférieures, amendent la couche supérieure, soit par ce repos, soit par le débris des feuilles, mais la rotation de trois ans s'accorde mieux avec le retour du blé et du maïs.

Dans l'assolement que je suis à Hauterive, il y a deux blés; j'ai été amené à ce changement toujours par le même motif, qu'il faut considérer dans le Midi, le blé comme notre principale ressource de revenu. Sans doute, après un défrichement d'esparcette, on est certain d'obtenir une belle récolte de maïs, mais la vigueur de la plante retardant sa maturité, il arrive presque toujours que l'on est obligé de semer le blé, sans avoir pu nétoyer le sol des mauvaises herbes, et s'il survient de bonne heure quelque forte gelée, la récolte s'en ressent, et on a des blés clairs. Il faut convenir que ce mode de culture de semer blé sur blé est contraire au grand principe, qu'il faut faire succéder les récoltes améliorantes aux céréales qui épuisent le sol; aussi Arthur-Young se contentait de la corde pour punir ce crime de lèse-agriculture.

A ce célèbre agronome, opposons un agronome du temps présent, et dont la longue pratique est d'un si grand poids, écoutons M. de Dombasle : « Je pense » que dans les assolements médiocres, on a repoussé » d'une manière trop absolue, la succession de deux » récoltes de céréales; il est cependant beaucoup de » cas où on peut se permettre cette espèce d'écart » dans un assolement de 7, 8 et 9 ans. »

Si M. de Dombasle permet cet *écart* dans le Nord, où on a la grande ressource des récoltes de printemps, il nous en ferait presque un devoir dans notre Midi, où le blé et le maïs sont pour nous la seule ressource de revenus.

D'après cet exposé, il est facile de voir qu'il ne

peut y avoir de règle fixe en agriculture ; vouloir changer des usages fondés sur une longue expérience, serait une entreprise sans résultat utile, qui entraverait la marche de la science ; ce serait, en quelque sorte, travailler à renverser les sages dispositions de la nature (1). N'est-ce pas une suite d'observations qui ont inspiré à nos paysans ces adages qui leurs sont si familiers? Les indices auxquels le laboureur et le berger jugent les variations présumées du temps, sont quelquefois aussi certains que les annonces du baromètre. Un métayer, consulté sur l'état du sol pour les semailles du blé, vous dira qu'il faut, pour les *boulbènes*, que la poussière couvre le laboureur, et, pour les *terre-forts*, que l'eau suive les pieds des bœufs. Son savoir se réduit à des faits basés sur une longue expérience.

Il est sans doute facile de faire de la bonne agriculture sur des terres d'une qualité supérieure, comme en Flandre, la Limagne d'Auvergne et la riche levée de la Garonne près d'Agen; et peut-être a-t-on raison de dire qu'on achète à trop bon marché les mauvaises terres et jamais trop cher les grands fonds. En effet, les terres-légères et de médiocre qualité réclament impérieusement le secours de la science, une

(1) La destruction de nos forêts en est un triste exemple, en défrichant les côteaux rapides de nos montagnes, nous avons imité le sauvage, qui coupe l'arbre pour en avoir le fruit. Aussi se plaint-on que les sources diminuent, que nos rivières sont moins abondantes. La culture de la pomme de terre en ameublissant le sol, facilite l'entraînement des terres dans les vallons, que sont devenues les belles forêts de la Narbonnaise et ses *villas* délicieuses et ces belles fontaines que les romains appréciaient à l'instar de Rome? tout a disparu.

surveillance de tous les moments, l'adoption d'un système de culture qui leur soit approprié, et surtout beaucoup d'engrais. Citerai-je ici pour exemple, le succès que j'ai obtenu, mais puis-je en parler sans rappeler en même temps ce que j'ai dit de mes illusions ? Que d'essais infructueux! combien de mécomptes n'a-t-il pas fallu éprouver avant de parvenir à un mode de culture facile et peu dispendieux! Et encore!

Mais peut-être dira-t-on qu'en simplifiant les systèmes d'agriculture, en n'adoptant les nouvelles découvertes qu'avec lenteur, on met des entraves à la marche progressive de la science agricole. Le siècle marche, il a conquis l'assolement quadriennal, il faut marcher avec lui. Et qu'importe à l'Etat que quelques agronomes se ruinent par des essais dispendieux, pourvu qu'ils fassent faire un pas à la science. N'a-t-on pas vu, en Angleterre, le Parlement payer deux fois les dettes du célèbre *Blakwels*, ruiné par un grand nombre d'expériences.

C'est pour l'Etat un devoir d'augmenter les produits du sol, surtout avec l'augmentation rapide de la population ; mais le père de famille ne doit jamais perdre de vue sa position, il ne sera donc jamais ni des premiers, ni des derniers à adopter les découvertes nouvelles, et surtout ne pas se flatter que, si on se ruine, les chambres payeront vos dettes. Je me garderai bien de blâmer les divers systèmes agricoles adoptés par plusieurs savants agronomes, et surtout de m'élever contre le merveilleux assolement quadriennal si prôné dans le Nord, et que le quinquennal menace de détrôner. Je dirai même que tous les nouveaux systèmes sont, en général, bons, quand l'expérience a démontré qu'ils conviennent aux qualités de terre qu'on cultive. Je ne suis pas surpris des succès qu'ont obtenus quelques habiles agronomes du Midi : avec plus de talent, une position plus favorable, ils ont pu faire des miracles, mais c'est précisément ces brillants succès que je redoute pour nos jeunes agronomes. Honneur à la science et au zèle de ces agriculteurs qui, sans calculer les frais qu'ils sont obligés de faire, ne cherchent qu'à doter leur pays de leurs précieuses découvertes ; profitons de leur succès, évitons leurs mécomptes, et surtout faisons de l'agriculture à bon marché.

CHAPITRE V.

MOYEN DE CONNAITRE LE MEILLEUR ASSOLEMENT.

Le meilleur assolement est celui qui laisse à la fin de son cours le sol avec augmentation de richesses.

Tout bon agriculteur doit avoir pour but d'augmenter la fécondité du sol au moyen d'engrais en assez grande quantité, pour laisser le sol après le cours d'un assolement quelconque, en meilleur état qu'auparavant. C'est donc vers ce but que nous devons nous diriger, comme étant la base essentielle de la prospérité de notre agriculture, et ce sera dans les nombreuses expériences des savants agronomes allemands que nous trouverons les données nécessaires pour atteindre le but que nous nous proposons.

Si je réussis à me faire comprendre, chaque propriétaire pourra facilement se rendre compte du bon ou du mauvais système qu'il suit.

Je vais prendre pour exemple l'assolement d'une métairie à Hauterive, que des voisins obligeants ont bien voulu, par courtoisie, honorer du nom de ferme-modèle.

Il faut d'abord fixer la quantité de fumier nécessaire relativement aux récoltes. Sans doute, il n'y a qu'une longue expérience qui puisse nous donner des règles certaines, mais nous pouvons cependant, nous fixer approximativement par les nombreuses expériences qui ont eu lieu en Allemagne et en France. Ainsi, d'après les expériences de M. de Wulfen, agronome allemand, il résulte qu'un mètre cube de fumier ayant subi une sorte de fermentation, et décomposé en partie, pèse 745 kilogrammes. Notre charrette moyenne varie de 950 à 1000 kilogrammes.

M. de Wulfen établit trois seules espèces de terres à blé : sol riche, sol moyen, sol pauvre.

Nous allons prendre pour exemple le sol intermédiaire entre le sol moyen et le sol pauvre, qui se rapporte à la variété de terre de la métairie de la *Fournésie*, domaine d'*Hauterive*.

Après de nombreuses expériences, nos agronomes allemands ont cru pouvoir établir en principe :

Que si on veut cultiver deux récoltes épuisantes consécutives, telles que les céréales, le maïs, les haricots, vesces et pois pour graine, lin et colza, il faut fumer à raison de 20 charretées par hectare (1).

Si entre deux récoltes épuisantes on intercalle des vesces noires pour fourrage , du farouch fumé , des fèves , récoltes qui épuisent peu le sol , 6 charretées de fumier suffiront.

Si on sème du blé après la récolte du maïs, il fa t fumer avec 15 charretées ; si on fait succéder à deux récoltes épuisantes une troisième de céréales, il faut calculer sur 32 charretées , les défrichements et l'écobuage d'excellents fonds exceptés.

Maintenant établissons le degré de fertilité produit par le séjour des fourrages artificiels sur le sol.

En adoptant les expériences faites en Prusse, nous établirons qu'une récolte d'une année de trèfle , luzerne ou d'esparcette, communique à la terre une fertilité équivalente à 10 charretées de fumier par année dans un demi-hectare ; par conséquent , ces fourrages, par un séjour de deux ans , procurent une fertilité de 20 charretées de fumier.

Qu'une jachère complète procure une fertilité de 6 charretées de fumier , et si on fume la jachère pour le blé , ce sera 16 charretées de fertilité.

Selon M. de Dombasle , une bonne fumure pour le blé laisse encore au sol après la récolte, une fertilité qu'on peut évaluer à 5 charretées de fumier.

Avec ces bases, que j'ose croire exactes, essayons d'indiquer aux propriétaires le moyen d'adopter un système de culture qui laissera, après 12 années, le

(1) J'ai fait peser avec soin une de mes charretées de fumier de cheval qui était restée en tas trois mois , ell a pesé 1 myriagramme, 32 kilogrammes , j'ai mesuré avec soin demi-hectare, fumé avec douze charretées de ce fumier.

sol dans un état de fertilité supérieure à celui qu'il avait avant.

Je prie mes lecteurs de vouloir bien attacher quelque importance à ce chapitre; ici on ne trouvera ni hypothèse, ni système. C'est l'application du calcul à l'agriculture confirmée par l'expérience; ici tout est positif, et il ne peut y avoir ni *illusions*, ni *mécomptes*.

Le succès obtenu par M. le comte de Villèle dans son système de culture, suivi à Mourville, me fait un devoir de faire connaître l'assolement qu'il suit. Les propriétaires dont les terres sont en rapport avec celles de Mourville, devraient adopter avec confiance, un système appuyé sur un long succès et une grande autorité.

Je dois encore citer l'assolement suivi par M. le marquis de Saint-Félix, avec lequel il a obtenu de brillants résultats.

APPLICATION DE CES PRINCIPES A TROIS DOMAINES.

ASSOLEMENT A MOURVILLE DE M. LE COMTE DE VILLÈLE.				ASSOLEMENT A MAUREMONT DE M. LE MARQUIS DE SAINT-FÉLIX.				ASSOLEMENT A HAUTERIVE MÉTAIRIE DE LA FOURNÉSIE.			
ANS.	ASSOLEMENT.	FERTILITÉ perdue. charretées de fumier.	FERTILITÉ acquise. charretées de fumier.	ANS.	ASSOLEMENT.	FERTILITÉ perdue. charretées de fumier.	FERTILITÉ acquise. charretées de fumier.	ANS.	ASSOLEMENT.	FERTILITÉ perdue. charretées de fumier.	FERTILITÉ acquise. charretées de fumier.
1	Blé fumé , Esparcette.	10	10	1	Blé fumé.	10	10	1	Blé fumé , Esparcette et trèfle.	10	10
2	Esparcette.		10	2	Esparcette.		10	2	Fourrage.		10
3	Esparcette.		10	3	Idem.		10	3	Fourrage.		10
4	Esparcette.		10	4	Idem.		10	4	Fourrage.		10
5	Blé.	10		5	Blé.	10		5	Blé.	10	
6	Maïs.	15		6	Maïs.	15		6	Blé fumé fortement.	10	10
7	Fèves fumées.		10	7	Fèves fumées.		10	7	Maïs.	15	
8	Blé.	10		8	Blé.	10	5	8	Fèves fumées.		10
9	Maïs fumé.	15	10	9	Maïs défoncé et fumé.	15	10	9	Blé avec engrais en poudre.	10	12
10	Jachère, blé, esparcette.		10	10	Blé fumé.	10	10	10	Vesces sauvages.		6
11	Blé.	10	10	11	Esparcette.		10	11	Jachère, média-sativa, engrais en p.		12
12	Esparcette.		10	12	Esparcette.		10	12	Blé fumé et fourrage.	10	10
		70 ch.	90 ch.			70 ch.	95 ch.			65 ch.	100 ch.

Il y a eu 35 charretées de fertilité acquise dans 12 ans, à Hauterive; 25 à Mauremont, et 20 à Mourville.

Les divers résultats de fertilité sont faciles à expliquer : cela tient à remplacer une année de maïs par une année de blé. C'est peut-être contraire au principe de ne pas placer deux récoltes épuisantes de suite; mais il y a exception en tout, et dans cette occasion, j'ai observé que la deuxième récolte en blé est presque toujours plus abondante que celle qui la précède ; au reste, cet usage devient fort commun dans le Castrais. Pour suivre ce système, il faut augmenter les engrais.

Dans ces 12 années, j'ai employé quatre fumures, faisant 48 charretées. C'est donc 5 charretées qu'il faut chaque année par demi-hectare, et en prenant toujours la métairie de la Fournésie, où je sème 26 hectolitres sur 14 hectares, il faudra chaque année 140 charretées de fumier.

Nous avons, pour obtenir ce résultat, 7 paires de bœufs ou vaches, 40 moutons et 10 cochons.

QUANTITÉ D'ENGRAIS.

Cherchons maintenant le moyen de connaître la masse d'engrais que produira le bétail de la métairie, et pour atteindre ce but, nous prendrons la nourriture pour base.

Dans le Nord, à Roville, à Grignon, à Hoswil, on est dans l'usage de laisser les bestiaux toujours à l'étable. L'expérience a démontré que de cette manière on retire d'une étendue moitié plus petite une nourriture tout aussi abondante et aussi parfaite que celle qu'on obtient sur une prairie d'une étendue double, c'est-à-dire, qu'un hectare en trèfle produira de quoi nourrir une vache à l'étable, tandis que, livrée à la dépaissance, il ne suffira qu'à la nourriture de six mois. S'il en était ainsi, on pourrait entretenir le double de bestiaux.

Mais, sous notre beau climat, la dépaissance pouvant avoir lieu tout l'hiver, nous obtenons une économie de fourrage qui est d'une grande importance.

Commençons par fixer la ration à l'étable.

Dans les fermes du Nord, à Grignon, par exemple, la ration d'une bête bovine de moyenne taille est composée :

de 14 kilogrammes de foin,

2 kilogrammes ½ de paille.

Pour 1 mouton, 1 kilogramme de foin,

½ kilogramme de paille,

Ainsi, pour les 14 bêtes bovines de ma métairie et les 40 moutons :

CONSOMMENT.	EN FOIN PAR AN.	VALEUR EN ARGENT.	EN PAILLE PAR AN.	VALEUR EN ARGENT.
14 bêtes bovines............	71,100 kilog.	2,856 fr.	12,600 kilog.	252 fr.
40 moutons...	28,000	1,120	14,000	280

Mais il est facile de voir que sur une contenance de 72 demi-hectares, il est impossible de recueillir une si grande quantité de fourrages, surtout avec la sécheresse de nos étés. Nous sommes donc forcés à

une grande économie et à adopter le système de dépaissance ; voici la manière dont nous nourrissons
notre bétail. Du moment que les prairies naturelles
sont fauchées, on attend quinze jours avant d'y
faire paître le bétail; après chaque *jointe*, un des
maîtres-valets va conduire les bœufs aux prés, il en
revient une demi-heure avant la deuxième *jointe* ; en
rentrant à l'étable, les bœufs trouvent dans la crèche
une fourchée de fourrage vert mêlé avec de la paille,
du poids à peu près de quatre à cinq demi-kilo ; après
la deuxième *jointe* on fait de même, et pour la nuit,
on garnit le ratelier de bonne paille ; on réserve la
meilleure partie des prés pour les semailles, car alors
il faut que les bœufs soient bien nourris. Ayant une
prairie nouvelle, que je peux arroser au moyen de
mes pompes, du moment que le foin est enfermé,
je laisse le bétail paître sur un tiers et les deux autres
sont arrosés; après trois semaines, quand les herbes
du premier tiers sont mangées, on met le bétail dans
le second tiers, et l'eau est mise dans le premier ; de
cette manière le bétail est parfaitement nourri et on
ne conserve le fourrage que pour l'hiver.

Après que les semailles sont *faites*, l'hiver et ses
pluies s'opposent aux labours ; on laisse alors le plus
possible, son bétail sur les prairies, et leur nourriture à l'étable est composée d'un mélange d'un quart
de foin et trois quarts de paille, et pour la nuit on
ne donne que de la paille. Au printemps commence
le fourrage vert : d'abord les fourrages de seigle, puis
le farouch, la luzerne et le trèfle ; tous ces fourrages
sont donnés mélangés avec de la paille. Si le prin-

temps est doux, la végétation des fourrages artificiels est rapide : il faut, le plus possible , faire
consommer la première coupe en vert, et ne pas
attendre que la plante soit en fleur : de cette manière
on est certain que la seconde coupe , profitant des
pluies de la Saint-Jean , donnera de bonnes récoltes
de fourrages qu'on séchera facilement , ou bien de la
graine, récolte aussi avantageuse que celle du blé,
(voir art. *Trèfle*). Avec ce fourrage vert, et la *dépaissance* on conserve le fourrage sec pour l'hiver , remplaçant les fourrages artificiels verts par les crêtes
du maïs, une des meilleures nourritures qu'on puisse
donner aux bœufs. Ainsi dans le domaine que j'ai
pris pour exemple, il faudra 18 myriagrammes de
fourrages secs, et 25 myriagrammes de paille , tandis
que , avec le système suivi dans le Nord, il faut
99400 kilogrammes. C'est donc une économie qui
forme une branche de revenu de plus de 3200 francs ,
il est vrai qu'on consomme plus de 7500 kilogrammes
de paille , pour la nourriture.

Je dois à ce sujet , relever une erreur dans laquelle
tombent un grand nombre de propriétaires ; c'est de
ne pas attacher au foin et à la paille qu'ils récoltent ,
l'intérêt d'une branche de revenu , comme à celle du
blé : ils ne surveillent pas l'emploi des fourrages , et
les métayers , enchantés de voir leurs bœufs gras et
même un peu luisants, prodiguent la nourriture ; et
dans l'espoir de gagner 40 ou 50 francs , ils consomment pour 100 francs de foin. Il résulte de cette négligence des propriétaires, qu'au lieu d'avoir une augmentation de revenu de 3000 francs, ils feront un

modique bénéfice sur des bœufs vendus (voir l'*Engraissement des Bestiaux*). Il n'y a pas de propriétaire
qui ne sache que dans les métairies à moitié-fruits, si
la récolte est abondante en fourrages, le métayer la
fera consommer dans l'année, sans en retirer cependant le bénéfice de la valeur du foin ; si au contraire,
l'année est mauvaise, qu'il n'enferme que la moitié
du foin de l'année précédente, ne vous inquiétez pas,
il atteindra de même à la récolte prochaine.

Il résulte de cet exposé, que le propriétaire soigneux ne doit enfermer dans sa métairie que le foin
nécesssaire ; qu'une partie de surplus doit être
vendue, et l'autre mise en réserve pour les besoins
d'une mauvaise année ; on augmentera ainsi son revenu, et peu importe que ce soit en vendant du foin ,
ou du blé. Je vais indiquer un moyen dont je me sers
pour obtenir de l'économie sur la consommation particulière des fourrages : je promets au chef des maîtres-valets qui s'est chargé du soin de fournir la
nourriture au bétail, une gratification de 30 francs ,
s'il ménage son fourrage, de manière qu'il lui en reste
quand on commence les fourrages artificiels. Ce
moyen m'a parfaitement réussi, et il a encore sa part
du bénéfice du dixième sur le profit des bestiaux, qui
se trouve ainsi au dixième de perte ou profit, moyen
de les engager à soigner le bétail.

Je reviens à la question qui nous occupe, de connaître par la nourriture, la quantité de fumier nécessaire à l'assolement que j'ai indiqué.

D'après les expériences de Thaïr, Block et Kreysig,
100 kilogrammes de fourrage sec, moitié foin et

moitié paille, quand la moitié de la paille est employée à la litière, fournit 3 mètres 2484 millimètres cubes de fumier.

A Grignon, on calcule, d'après la nourriture, que chaque bête bovine fournit par an...7000 k de fumier et chaque mouton.................... 272 k *idem.*
ce qui donne pour l'année 269 charretées : mais il faut observer que tout le bétail est nourri à l'étable toute l'année.

L'agronome Frédersdof a trouvé, après de nombreuses expériences, qu'une vache qui pâture, si on emploie 150 gerbes de paille pour sa litière, fournit par an six charriots à quatre chevaux de fumier.

Si elle reste toute l'année à l'écurie, elle en donne dix. Un cheval qui emploie par jour une botte et demie de paille pour sa litière, procure sept charretées et demie de fumier. (1)

Le fumier fourni par quinze moutons équivaut à celui d'un cheval. Le mouton est l'animal qui fournit proportion gardée, le plus de fumier, comparativement à son poids.

Dans notre position, étant obligés de laisser paître le bétail sur les prés après la fauchaison, il faut réduire le produit moyen de fumier à 145 charretées de 1000 kilogrammes.

Nous avons fixé pour l'assolement de 12 ans, qu'il nous fallait 140 charretées de fumier : nous en avons

---

(1) Les chevaux de dragons établis dans la caserne de Castres, ne produisent pas autant de fumier, les rations de paille pour litières, étant employées, en partie, pour la nourriture.

donc la quantité nécessaire et la certitude de pouvoir augmenter la fertilité du sol.

Il faut encore mettre en ligne de compte, que si on adopte, du moins en partie, (voir *Semoir.*) le semoir-*Hugues*, le fumier des étables des bêtes bovines ne pouvant servir pour former l'engrais en poudre nécessaire au semoir, nous avons un moyen d'augmenter les fumures du sol.

Nous avons encore la ressource de l'engrais Jauffret.

—

SUITE DES ENGRAIS POUR NOS ASSOLEMENTS.

Paille nécessaire à la métairie de la Fournésie, soit pour la nourriture, soit pour le fumier.

C'est une base essentielle de notre agriculture; examinons la quantité qui est nécessaire pour le fumier et la nourriture.

Un grand nombre d'expériences prouvent qu'il faut pour chaque bœuf 900 kilogrammes de paille, et par mouton 50 kilogrammes. Ainsi il faudra pour les 14 bêtes bovines et les 40 moutons, 26 myriagrammes 600 kilogrammes.

Voyons quelles sont nos ressources : ici nous n'avons pas une base fixe, la quantité de paille dépend de la hauteur des tiges et du plus ou moins de récolte. Ainsi le seigle donne un cinquième de plus de paille que le blé fin; le gros blé beaucoup plus que le blé fin. La fécondité du sol augmente la quantité de paille récoltée, il a donc fallu procéder par analogie et nous en rapporter aux expériences de *Shmath* et *Blok*, dans des circonstances ordinaires.

Un hecto. de blé du poids de 76 à 80 k. donne . . 167 k. de paille.
id . . . . de seigle. . . . de 70 à 72 . . . . 175.
id. . . . . d'orge. . . . . de 60 à 65 . . . . 85.
id. . . . . d'avoine. . . . . de 44 à 50 . . . . 47.

Voyons à présent la paille récoltée sur le même domaine en 1838. J'avais semé 30 hect. de blé, j'ai récolté 306 hecto. de blé, pesant chaque 76 kilo. D'après la proportion ci-dessus 306 hecto. pèsent 51 myriagrammes 100 kilogrammes.

Nous avons vu plus haut que pour la litière de quatorze bêtes bovines et quarante moutons,

Il fallait. . . . . 18 myr.
Il nous reste pour consommer à la crèche. 35
A Grignon, cette consommation ne serait que de. . . . 11 myr. 400 kilog.

Mais dans notre Midi, la paille étant plus savou-reuse, nous pouvons nourrir nos bestiaux avec plus de paille, en la mêlant avec un cinquième de foin; la consommation sera alors de 18 myriagrammes, et il restera en provision, en cas de mauvaise récolte 15 myriagrammes. Car il ne faut pas s'at-tendre à récolter chaque année dix *grains* pour un, quelque bon agronome qu'on soit. Mais si plusieurs bonnes années se succèdent, si vous cultivez en seigle le quart des terres à grains, vous aurez alors une réserve de paille beaucoup trop considé-rable, et s'il survient une année où la paille soit rare, il faut ne pas hésiter, et vendre les trois quarts de la réserve. En 1836, j'en ai vendu pour 860 fr. et en 1838 ma réserve fut encore plus considérable, c'est encore une branche de revenu qu'il ne faut pas négliger.

En terminant ce chapitre, je désirerais pouvoir fixer approximativement le nombre d'animaux nécessaires à l'exploitation d'un domaine.

En Angleterre le nombre des bestiaux nécessaires est 2 chevaux attelés ou 3 bœufs, par 20 hectares,

En Flandre 2 chevaux ou 3 bœufs, par 14 hect. Ces deux pays produisant beaucoup de fourrages et étant humides, on conçoit l'économie que cela doit procurer dans le nombre des attelages de chevaux. Dans notre Sud-Ouest au contraire, pays coupé par de nombreuses chaines de côteaux, avec une qualité de terre difficile à ouvrir, nous avons dû préférer les bœufs.

Dans le Lauragais où l'on cultive autant de maïs que de blé, où les chemins ne sont praticables qu'avec des bœufs, j'ai calculé d'après un grand nombre de renseignements, qu'il fallait une paire de bœufs par 5 à 6 demi hectare à semer en blé. Dans le pays de boulbène où l'on cultive moins de maïs, une paire de bœufs suffit pour 10 demi-hectares, mais en ayant le soin d'entretenir une paire de mules pour les charrois et les travaux de l'été.

M. *Pabst* dans son manuel d'agriculture publié à *Hohenheim* a essayé de donner une règle à cet égard.

Selon lui, on peut regarder comme moyen terme, qu'on peut entretenir une tête de bétail, poids moyen, par un hectare 75 ares. Ainsi dans le domaine de la Fournésie, que j'ai pris pour terme de comparaison, composé de 34 hectares de, terre arable, 4 hectares de vigne, 8 hectares de prés et 3 hectares 34 ares de vacants ou bords de rivière, il faudrait d'après ce calcul 17 têtes de gros bétail. On a vu plus haut que j'entretenais 14 têtes de gros bétail, 40 moutons et 8 cochons. Il y a donc un rapport exact avec la règle proposée.

M. *Pabst* établit que lorsqu'on n'a qu'une tête de gros bétail par 2 hectares 50 ares, c'est l'indice d'un mauvais sol. J'oserais croire qu'il est impossible d'établir une règle positive ; cela dépend du nombre d'hectares de pré que l'on a sur le domaine. Si M. *Pabst* compte pour la nourriture de son bétail sur les fourrages artificiels et les racines, il peut croire son calcul exact en Allemagne, mais dans notre Sud-Ouest, où ces récoltes de fourrages artificiels et de racines sont si chanceuses, il faut nécessairement avoir une partie de ses ressources assurées, soit par quelques prés, soit par les dépouilles du maïs. C'est selon le climat où l'on se trouve qu'on peut combiner un plan de culture avantageux. Dans le Nord, les chaleurs sont moins longues, les pluies plus fréquentes. Il ne faut donc pas être surpris si M. *Moll*, professeur à Roville, cite avec éloge un cultivateur d'Yvetot, qui, sur 52 hectares où il n'y a pas de prés, entretient 300 moutons, 8 à 10 vaches en l'engrais, 3 vaches laitières, 4 chevaux et 2 poulains. C'est, en effet, une quantité extraordinaire: car, en calculant que 8 moutons équivalent à une vache, et 4 chevaux à 3 vaches pour le fumier, on aurait 56 à 58 têtes de gros bétail sur 52 hectares, et on a vu que je ne peux en avoir, malgré 8 hectares de prés, que 19 têtes. Pour expliquer les moyens d'entretenir un bétail si considérable, il faut nécessairement que le terrain de ce royaume d'Yvetot, soit d'une qualité excellente, très propre à la culture de la luzerne et des racines.

Dans le Lauragais, le revenu moyen ou le montant d'un bail à ferme est calculé sur 1000 fr. par 10 hectolitres de semence de blé en trois labours.

J'oserais croire que dans ce bon pays on cultive trop de maïs en 12 ans : c'est à peu près le tiers, et cependant il y aurait eu une augmentation de revenu à cultiver plus de blé. Malheureusement il y a des obstacles qu'il est difficile à surmonter. Dans ce riche pays, la classe des journaliers est rare ; on a besoin de *solatiers* ou *mitiviers* pour recueillir la récolte ; on les paie avec un droit de solatage, qui varie du 7me au 9me si on dépique avec le fléau, et au 10me si c'est avec le rouleau. Mais pour engager ces familles de solatiers, il faut leur donner à peu près le tiers de la terre cultivable à cultiver en maïs avec le pelleversoir à deux branches ; on partage les produits, et le solatier est obligé de faire un nombre de journées convenu comme représentant la dîme.

Ce mode de pelleverser est sans doute fort bon, si la terre est travaillée de bonne heure, afin que les gelées puissent l'ameublir ; mais si les pluies ou la neige surviennent, ce travail tardif se fait mal, et on a pour résultat une diminution d'un ou deux hectolitres de maïs par demi-hectare.

En résumant les divers aperçus de ce chapitre

important, nous trouverons que pour le domaine d'Hauterive, après un assolement de 12 ans, la fertilité a augmenté de 35 charretées de fumier, et qu'il a fallu 140 charretées de fumier; que ce résultat a été obtenu avec 7 paires de bœufs ou vaches, 40 moutons et 10 cochons.

Qu'en adoptant en partie le semoir-*Hugues* et les engrais en poudre qu'il nécessite, il restera une masse d'engrais d'étable pour les récoltes avant ou après les céréales.

Qu'on veuille bien me permettre, en terminant ce chapitre, d'engager les jeunes agronomes qui croiraient, après avoir lu nos bons ouvrages sur l'agriculture, devoir adopter un savant assolement, à n'agir qu'avec prudence, et à bien se convaincre qu'ils éprouveront de nombreux mécomptes s'ils veulent réformer le mode de culture du pays avant d'en avoir bien balancé les avantages et les inconvénients : l'expérience a *passé par là,* et en agriculture l'expérience est presque tout.

De savants agronomes allemands se sont livrés à un grand nombre d'expériences pour fixer l'appauvrissement ou la fertilité produite par toutes les plantes que nous cultivons. Moi-même, j'ai essayé de fixer les rapports entre ces diverses cultures; mais pour procéder par des chiffres, nous prendrons pour unité 10 charretées de fumier d'étable, et nous diviserons toutes nos plantes cultivées en deux catégories.

PLANTES ÉPUISANTES	FERTILITÉ perdue en nombre de charretées de fumier	PLANTES AMÉLIORANTES.	FERTILITÉ. acquise en nombre de charretées de fumier.
Le blé,	10	La luzerne, par année,	10
Le seigle,	10	Le trèfle,	10
Le maïs,	15	L'esparcette,	10
La pomme de terre,	12	La vesce noire fourrage	6
Vesces, pois, haricots	10	Fèves à raie espacée.	6
Colza,	12	Le lupin enfoui,	16
La betterave,	10	Le sarrasin id.,	6
Le lin,	12	La jachère,	6
Le chanvre,	12		

CHAPITRE VI.

FOURRAGES.

Les fourrages soit naturels, soit artificiels, sont la base essentielle d'une bonne agriculture; aussi nous ne saurions trop faire d'efforts pour augmenter et perfectionner nos ressources en ce genre.

En conséquence, défricher les vieilles prairies où l'on voit de la mousse, du chiendent, des genets sauvages, et en créer de nouvelles après en avoir obtenu de belles récoltes; cultiver les fourrages artificiels adoptés aux diverses qualités de nos terres, voilà le but que nous devons atteindre.

ARTICLE PREMIER.

PRAIRIES NATURELLES.

Les soins à donner aux prairies naturelles exigent une sérieuse attention; elles sont presque toujours dévorées par des herbes traçantes qui altèrent insensiblement les qualités du foin, en diminuent les produits.

En Angleterre, on est convaincu qu'après 28 ans les produits des prés diminuent sensiblement. Si cette observation est exacte, il s'ensuivrait que la plus grande partie de nos prairies naturelles, excepté celles situées dans les bas-fonds, devraient être renouvelées. C'est cette opération importante du défrichement des vieux prés, et leur remplacement par des prairies artificielles, qui va être présenté comme la base du système d'agriculture que je suis à Hauterive depuis 42 ans.

Ainsi, écobuer les vieilles prairies, en retirer pendant dix ans de fortes récoltes de grains et de paille, et, après ces dix ans, remettre le même terrain en prés de la manière que je l'indiquerai, me paraît le meilleur système de culture qui puisse convenir aux propriétaires qui se trouvent dans la même position que la mienne.

Cependant, en défrichant en partie les prairies naturelles, je suis convaincu de l'importance d'en créer de nouvelles; nous avons besoin dans notre Midi de la *dépaissance* des bestiaux, surtout pour les troupeaux qui ne trouvent pas sur les prairies artificielles les mêmes ressources que sur les prés naturels.

Mais il n'est pas facile de créer de bonnes prairies, si on ne peut les arroser.

Il se trouve souvent dans les vieux prés des parties élevées où l'eau ne peut atteindre, ou bien des creux où elle séjourne, et dont les joncs s'emparent. Il est important de remédier à cet inconvénient. Il suffit d'enlever avec la houe le gazon des hauteurs et des creux que l'on dépose à côté l'un sur l'autre. On fait enlever avec des tombereaux, ou bien avec la galère, la terre en-dessous qu'on transporte dans les creux dégazonnés; on unit le sol, et on le replaque avec le gazon; on en fait de même pour la partie élevée; je me suis fort bien trouvé de cette opération. Ce travail se faisant l'hiver, c'est un moyen d'employer les maî-tres-valets.

De tous les moyens de créer de bonnes prairies, celui que fournit l'irrigation est sans nul doute le meilleur et le plus économique, quand on n'a qu'à détourner l'eau d'une rivière ou d'un ruisseau. Malheureusement, nous sommes loin d'égaler les Maures dans l'art de diriger les eaux : c'est à eux que l'Espagne doit ce système admirable d'irrigation, qui fait la richesse de la Catalogne et du royaume de Valence. On peut en juger par ce qui existe dans le Roussillon pour la conduite des eaux qui descendent des Pyrénées.

Du moins, nous devrions ne pas négliger ces machines hydrauliques, dont les Suisses et les Tyroliens savent tirer un si grand parti, surtout dans ce moment où la mécanique a fait de si grands progrès (1).

Les propriétaires qui sont à portée de cours d'eau, peuvent trouver dans le génie de M. Abbadie des res-

---

(1) M. Abbadie, célèbre mécanicien de Toulouse, a inventé la belle machine hydraulique qui fournit 250 pouces d'eau à la ville de Toulouse.

sources d'invention simples et peu coûteuses. C'est
ainsi que dans le Castrais les propriétaires de Gourjade et d'Hauterive ont établis deux de ces machines
qui fonctionnent parfaitement.

Art. 2.

SYSTÈME DE POMPES MUES PAR L'EAU.

Pénétré de l'importance d'utiliser les eaux de la
rivière qui traverse mon domaine pour créer des
prairies, comme je l'avais fait pour l'industrie manufacturière en construisant une des plus grandes usines
du Midi, j'essayai d'utiliser les eaux qui étaient employées à cette usine, et ce fut encore à l'amitié et
aux talents de mon honorable ami, M. Maguès, in-
génieur en chef du canal du Midi, que j'eus recours.
En-dessous de ma grande usine, il fit construire une
digue d'un mètre seulement de hauteur, et sur la
rive droite on ouvrit un canal de 11 mètres 69424
de large sur le sol, et de 3 mètres 89808 de cuvette.
L'eau après avoir parcouru ce canal de 1949 mètres
03631 de longueur, donne à l'extrémité une chute
de 1 mètre 2994 au-dessus de la rivière. C'est dans
cette localité que j'ai fait construire une seconde
usine composée d'un moulin à farine de 4 meules,
d'un système d'épuration, d'une meule à huile, d'un
mouvement pour la batteuse écossaise et d'un rouet
pour mettre en mouvement la machine hydraulique
servant à l'irrigation de 40 demi-hectares. Rien de
plus simple et de plus ingénieux, elle est composée
de quatre corps de pompe mis en mouvement par
un rouet de 1 mètre 6242 de diamètre, placé dans

une cuve en pierre de taille, au moyen d'excentriques, le mouvement est combiné de manière que les pistons montent à divers intervalles, ce qui diminue la résistance. L'eau des quatre corps se réunit dans un tuyau ascendant de 27 centimètres 0699, et parvient à 11 mètres 69424 de hauteur. Arrivé à ce petit château d'eau, l'eau est portée par un long aquéduc à arceaux, à un point culminant, d'où elle se divise à volonté, soit au couchant, soit à l'est. Le petit béal est bâti avec de petites ouvertures de distance en distance, de manière cependant qu'il ne perde pas l'eau, et qu'il puisse en porter la masse tantôt dans une partie, tantôt dans une autre.

Cette belle machine, que je dois à l'obligeance de M. Abbadie, fournit aisément 200 mille litres dans 24 heures, par conséquent de quoi arroser 100 demi-hectares de prés. Cette amélioration agricole est du petit nombre de celles qui m'ont réussi dans ma longue carrière.

On désirera sans doute connaître le prix de cette ingénieuse machine, on sera fort surpris quand on saura qu'avec 5 à 6 mille fr., on peut se procurer le moyen d'arroser 50 hectares; mais pour obtenir un résultat à si bon marché, il faut les talents et surtout le noble désintéressement de M. Abbadie.

D'après une enquête faite par le bureau d'agriculture de Londres, il est prouvé qu'un arpent de terre cultivée en trèfle, vesces, turneps, pommes de terre, produit trois fois autant qu'un pâturage ordinaire.

Ce n'est pas cependant une raison pour détruire

nos prés, et peut-être avons-nous abusé du principe de défricher nos prairies et d'en créer de nouvelles. Les fourrages artificiels ne fournissent l'hiver aucune ressource de dépaissance, tandis que nous, n'ayant pas de neige qui reste longtemps sur le sol, nous laissons notre bétail dans les prairies.

Les bêtes bovines sont celles qui endommagent le moins les prairies naturelles, ainsi il faut leur réserver les meilleurs paturages. Les nouvelles prairies conviennent mieux au jeune bétail, et les vieilles au bétail fait, en ce qu'elles leur procurent de la graisse : ces mêmes observations ont prouvé, que les herbages plus humides dans les vallons donnent plus de lait que ceux qui sont élevés et exposés au vent ; enfin que le lait provenant des pâturages d'une vieille prairie non engraissée, donne un beurre plus ferme, qui se conserve davantage.

Art. 3.

RÉCOLTE DES FOINS

Un foin de bonne qualité, fauché à propos, récolté sans pluie et à un point de dessiccation convenable, est sans doute le premier des fourrages. L'époque de la fauchaison la plus avantageuse est celle où l'herbe se trouve dans la plus grande prospérité ; c'est-à-dire, immédiatement après la fécondation des germes ou la nouûre des fruits, le foin de première qualité n'a pas les inconvénients des fourrages artificiels.

Lorsque le foin est bien sec, il ne faut le charger qu'au moment de l'humidité du soir. En le mélangeant avec de la luzerne ou du trèfle sec, on obtient une bonne qualité de fourrage ; c'est sur le champ qu'il faut faire ce mélange.

Avant de donner du foin nouveau aux chevaux, il faut attendre que la fermentation insensible qu'il éprouve dans les granges soit terminée.

Le foin ou tout autre fourrage, se conserve parfaitement en plein air, en formant des meules établies sur une forte couche de paille, et recouvert à la pointe par de la paille, que l'on a le soin de gâcher ; (voir *Paillers*) c'est la meilleure manière de le conserver, les rats ne pouvant pénétrer dans l'intérieur. (1)

ART. 4.

AMÉLIORATION DES PRÉS.

Des agriculteurs suisses ont annoncé, que l'on peut redonner de la vigueur aux prés, en y faisant paître toute l'année le gros et le petit bétail. Cette opération doit se faire tous les quatre ans : ils disent que la perte d'une récolte est abondamment compensée par le profit sur les bestiaux, et par l'augmentation de fourrage des autres années. (2)

______

(1) C'est un bon moyen de conserver le foin ; mais si on en a une grande quantité, on peut le conserver en le pressant dans des caisses garnies de quelques cordes qui serrent la balle insensiblement, de manière à réduire l'espace au quatre-cinquième ; sur les vaisseaux la réduction est plus forte.

(2) Un de nos habiles agronomes du Midi, M. le comte de Villèle-Laprade, a éprouvé, qu'en ne fauchant pas le regain d'une bonne prairie et la préservant des bestiaux, on obtient l'année d'après un produit énorme. Nous devons à mon honorable ami un assolement ingénieux.

Les propriétaires soigneux doivent de temps en temps répandre des engrais sur leurs prés ; il faut pour cela composer un engrais économique, destiné à cet usage. (voir *Fumier des prés*).

Tous les agronomes n'ont pas la ressource d'utiliser des cours d'eau ; mais il faudrait du moins profiter des sources qui, dans notre climat, ne tarissent qu'en juin. En les réunissant dans des réservoirs artificiels, et en y conduisant les eaux de fossés, on peut arroser quelques prés, et se procurer de bonnes dépaissances. Un grand nombre de propriétaires ne connaissent pas ce genre de réservoirs artificiels ; je vais essayer d'en expliquer la construction.

ART. 5.

RÉSERVOIRS ARTIFICIELS.

L'intelligence du propriétaire lui indiquera aisément l'emplacement de son réservoir, soit à l'extrémité d'un vallon que l'on peut barrer au moyen d'une digue, soit dans la partie du terrain où se réunit le plus grand nombre de fossés des champs, soit enfin à la naissance de quelque source. L'essentiel est que l'emplacement du réservoir permette d'arroser une certaine portion du pré. Il faut donc, avant de commencer le travail, étudier son terrain et s'assurer de la pente nécessaire, au moyen du niveau.

On commence par creuser l'emplacement du réservoir, en lui donnant la forme approchante du dessin. (voyez *la planche* n° 23) Dans la partie la plus large qui regarde le pré qu'on veut arroser, on trace une tranchée d'environ un mètre et demi de large, et du nombre de mètres de profondeur qu'il y a jusqu'au niveau marqué pour l'écoulement des eaux. On creuse encore trois décimètres et demi plus bas cette tranchée, afin que la battue soit au dessous du fonds du réservoir. On forme alors cette battue avec de la terre glaise ou terre boulbène, que l'on pétrit comme du mortier, et dont on lie les couches par le moyen d'un pieu pointu; on a le soin de jeter de temps en temps de l'eau sur la couche, et on enfonce successivement le pieu, en lui faisant décrire des cercles, afin de bien lier les couches en y faisant pénétrer l'eau. L'ouvrier se tient sur une planche posée sur la battue, qui l'empêche de s'enfoncer; quand ou est arrivé au niveau du sol du réservoir, on établit en travers de la battue un conduit d'écoulement, qui est fait d'un morceau de bois de chêne ou d'aulne, que l'on creuse de seize centimètres en tout sens, de manière, cependant, à laisser une extrémité fermée; on ferme ce conduit dans sa longueur avec une planche du même bois, que l'on a le soin de bien garnir de mousse sur les joints, et que l'on cloue ensuite. On retourne le conduit de manière à placer la planche clouée sur la battue, et que l'extrémité qui est fermée dépasse de six à sept décimètres, environ, le bord de la tranchée du réservoir. On creuse alors sur la partie supérieure du conduit, un trou rond de treize à quatorze centimètres de diamètre qui correspond avec le conduit bien établi dans la battue et bien garni de terre glaise : on commence un petit mur en pierre sèche, circulairement à la tranchée qui doit servir à contenir la battue à mesure qu'on l'élève. Cette muraille porte aussi sur le conduit en bois, en laissant la bonde en dehors : on l'élève jusqu'à la hauteur où l'on suppose que les eaux ramassées pourront monter. Si la profondeur n'est pas considérable, on donne au réservoir plus d'étendue, afin d'avoir une plus grande masse d'eau. Il faut laisser au dessus du mur un épanchoir, pour que le trop plein s'écoule et circule dans les fossés d'irrigation. Un pieu arrondi à l'un des bouts, de la grosseur du trou de la bonde, sert à former le conduit de l'eau ; ce tampon de sept à huit décimètres de haut, doit avoir à son extrémité supérieure une petite barre de fer qui sert à le retirer. Chaque fois qu'on referme le réservoir, il faut garnir le trou de la bonde avec de la terre pétrie, afin d'empêcher l'eau de filtrer dans le conduit. On doit aussi ne vider le réservoir que vers le soir, afin que l'eau puisse entretenir plus longtemps la fraicheur des plantes, tandis que, s'il était ouvert pendant l'ardeur du soleil, l'eau promptement évaporée, leur deviendrait nuisible : c'est ce que les paysans appellent échauder les prés. Vers le printemps, quand le réservoir est plein, j'y fais jeter deux charretées de fumier de troupeau, quelques sacs de colombine, et deux kilogrammes et demi, environ, de chaux : on remue le tout, on laisse fermenter deux ou trois jours, on remue de nouveau avec de longues perches, et on vide le réservoir, en ayant soin que l'eau se répande également par tout. J'insiste sur ces réservoirs, qui sont faciles à construire, peu coûteux, et d'une utilité remarquable.

Lorsque les localités exigent des conduits d'eau souterrains, on se sert presque généralement de tuyaux en terre cuite joints avec un mastic ; mais cette manière est coûteuse, et de plus elle oblige à nétoyer souvent les tuyaux, parce que leurs joints arrêtent les graines, qui germant aussitôt, finissent par les engorger.

Je proposerai de les remplacer par des conduits en aulne, forés de la longueur de trois mètres 24840 et réunis au moyen d'un cercle de fer tranchant des deux cotés, et un peu renflé vers le centre ; on l'enfonce également des deux côtés, de sorte que les bouts des conduits se joignent parfaitement. Il est aisé de concevoir, que dès-lors les eaux n'éprouveront plus aucun obstacle.

Art. 6.

FORMATION DE PRAIRIES NATURELLES.

Lorsque le terrain est bien labouré et bien émotté, il faut le niveler, autant que possible. Vers le printemps, on répand des fumiers qu'on enfouit avec la charrue. A la fin de février, si le temps est au beau, on unit le terrain, on sème de l'avoine à demie-semence, que l'on couvre avec la herse, et on sème 7 kilogrammes 83210 de trèfle par demi hectare. A la fin de mars, on sème la même quantité de graine de luzerne avec deux doigts des graines de *fenasse*, *ray-gras* et fromental, que j'ai fait venir de Grenoble. On passe encore la herse ou le rateau.

Quand on s'aperçoit que ces diverses graines sont nées, on peut commencer l'irrigation, mais à longs intervalles ; et dans l'été, toujours la nuit, De cette manière, j'ai obtenu de bien beaux fourrages, et l'année suivante trois coupes et une bonne dépaissance d'automne.

Me voici parvenu à la fin de la cinquième année de la formation de mes prairies. Le produit en est supérieur à celui des prés ordinaires. La luzerne a acquis une grande vigueur, et son mélange avec les herbes de pré que j'avais semé, produit un fourrage abondant et excellent.

CHAPITRE VII.

FOURRAGES ARTIFICIELS.

Dans le nombre des fourrages artificiels que nous connaissons, il n'y a jusqu'à présent que la luzerne, le sainfoin, le trèfle, les vesces noires, le farouch et la betterave champêtre, qui aient été cultivés avec succès dans nos départements. Nous sommes pour ainsi dire privés des ressources importantes que nous fourniraient les turneps, les choux-raves, les carottes, la chicorée sauvage, à cause de la sécheresse habituelle de nos étés. Il existe cependant un grand nombre de plantes fourrageuses qu'il serait peut-être possible de cultiver dans nos champs ; entr'autres, l'herbe de Guinée (1), le mélilot à fleur jaune, la carline et la vesce bisannuelle, le mélilot de Sibérie, le galéga, le fenu-grec et la fléole, pourraient vraisemblablement nous fournir quelque nouvelle conquête, et devenir un bienfait pour notre agriculture. J'ai fait sans succès des essais sur diverses plantes : mais pourquoi d'autres personnes ne réussiraient-elles pas mieux que moi dans des terrains plus frais que le mien ? La Société d'agriculture de Toulouse qui ne néglige aucun moyen de découvertes utiles, s'occupe de cet objet important.

En attendant que des expériences positives viennent nous assurer quelques succès dans ce genre, nous devons, pour la culture en grand, nous en tenir aux fourrages artificiels dont la réussite est certaine, et qui présentent l'avantage de diminuer les fourragères.

FOURRAGÈRES.

La culture des fourrages artificiels est d'autant plus avantageuse, qu'elle donne les moyens de supprimer, sinon tout-à-fait, du moins en grande partie les fourragères auxquelles on consacre les meilleurs fonds. Elles exigent des frais de labour et des engrais annuels, et cependant elles ne procurent pas des res-

(1) Un zélé agronome, M. le chevalier de Morteaux, s'occupe depuis quelques années de la culture de l'herbe de Guinée. S'il parvient à la naturaliser dans notre climat, l'agriculture lui devra une acquisition précieuse.

J'ai été témoin des grands produits de ce fourrage aux Antilles ; je le croyais entièrement approprié aux climats chauds ; mais s'il est vrai qu'il réussisse bien à la Nouvelle-Angleterre, nous pourrions peut-être l'acclimater en en faisant venir de la graine.

sources plus hâtives que la luzerne, lorsqu'elle a été cultivée dans une bonne terre défoncée et fumée. Néanmoins, je trouverais convenable de laisser en fourragère, ou bien en *dépaissance* pour les agneaux, les morceaux de terre qui sont près de l'aire des métairies, et où l'on ne pourrait pas recueillir de grains, à cause des dégâts que font les nombreuses volailles.

Quand on est riche en fumier, on pourrait adopter l'usage où je suis de tirer parti des fourragères, en semant chaque année un hectare en seigle, farouch, vesces noires et avoine. A mesure que l'on fait manger en vert chaque fourrage, on a le soin de bien labourer le sol, de le fumer, et de semer successivement du maïs pour fourrage ; de cette manière, après que les bestiaux ont consommé les crêtes du maïs, on a la ressource de ce maïs-fourrage, et on économisera ainsi le foin sec pour l'hiver.

On ne saurait trop réformer les dilapidations en fourrages des maître-valets : vont-ils charger du foin au pré, ils laissent leurs bœufs manger autant qu'ils veulent, et il en résulte perte de foin pour l'hiver ; et de plus, cette forte nourriture après un régime sévère, occasionne aux bestiaux des coups de sang, qui les tue promptement.

Luzerne.

La luzerne, *Lauzerle*, improprement appelée sainfoin, est sans contredit le premier des fourrages artificiels, en ce qu'il peut se faucher trois et quatre fois, et qu'il dure huit à dix ans. Dans ce long intervalle, la luzerne n'exige que quelques soins et quelques engrais, et produit sur les terres un amendement admirable.

Les fonds substantiels, limoneux, formés par des dépôts de rivières, sont ceux qui conviennent le mieux à la culture de la luzerne.

Dans ces terres de première qualité, on peut obtenir quatre et même cinq coupes. Ce serait cependant une erreur de penser qu'on ne peut cultiver ce précieux fourrage que dans ces sortes de terres. Il réussit fort bien dans les bonnes boulbènes, mêlées de gravier fin, et dans les terres bâtardes, par le moyen des soins que nous allons indiquer. Si on ne trouve pas le fonds assez bon, il faut l'amender par de grands transports de terre, et on est sûr de créer alors une luzerne excellente. La dépense que ces amendements nécessitent est bien compensée par la suppression des fourragères.

ARTICLE PREMIER.

Au commencement de l'hiver, je fais défoncer la terre d'après ma nouvelle méthode de défoncement (voyez article *Défoncement*). Si la terre n'est pas trop forte, je fais faire le travail par des femmes, avec la différence que j'établis vingt femmes pour deux paires de bœufs, au lieu de seize hommes que j'emploie ordinairement. On ne doit pas regretter la dépense qu'occasionne ma méthode de défoncement, puisqu'on acquiert ainsi la certitude de créer une belle luzernière, qui d'ailleurs durera plus longtemps.

Cependant, dans les terres limoneuses, douces, dans les alluvions de rivière, on peut se contenter d'un labour profond, la racine de la luzerne trouvant à pénétrer aisément.

A la fin de l'hiver, je fais donner un labour en travers du défoncement. Peu de temps après, quand la terre est sèche, je fais transporter du bon fumier de troupeau que l'on étend de suite, et que l'on couvre avec la charrue à oreille, en formant de grandes planches bombées. Vers le premier avril, je fais semer la graine de luzerne, à raison de 14 kilogrammes 68,517 par contenance de 60 ares.

On mêle la graine avec cinq parties de sable, et on sème en allant et en venant; des femmes couvrent légèrement la graine avec des râteaux à dents de fer, en allant à reculons, et en ayant le soin d'émotter en même temps. Quand cette opération est terminée, on trace les raies d'écoulement.

Je suis dans l'usage de semer de l'avoine ou de l'orge en même temps que la luzerne. C'est une sorte de dédommagement des premières dépenses; mais alors il faut semer un peu tard, afin de préserver la graine des gelées blanches tardives.

Il est toujours prudent de ne pas se presser de la semer, et d'attendre les premiers jours d'avril. L'avoine ou l'orge abritent la jeune plante de luzerne.

Si le printemps est pluvieux, on peut obtenir une petite récolte d'avoine ou d'orge; mais s'il est sec, ces graines restant peu élevées, et se trouvant mêlées d'un peu de luzerne, on fauche le tout quand l'avoine ou l'orge sont presque mûrs; c'est une nourriture parfaite pour les mules de travail. Pendant l'hiver suivant, on doit la préserver de la dent du troupeau.

Dans le mois de février, on choisit une matinée bien calme pour plâtrer les luzernes. Il suffit de 2 kilogrammes ½ à 3 kilogrammes de plâtre pour une contenance de 50 ares carrés.

Depuis quelque temps, je sème la luzerne avec le semoir-*Hugues*, avec la petite alvéole, les raies à 4 pouces de distance, et avec l'engrais en poudre. De cette manière, la plante a reçu deux fumures, et se trouvant à raies, on peut la sarcler plus facilement.

Dans le Bas-Languedoc, où ce fourrage est d'une si grande importance, on·sarcle souvent les luzernes, et même après plusieurs années, on travaille légèrement le sol à main d'hommes. Pour nous, nous pouvons employer un moyen moins dispendieux, c'est de labourer le champ avec l'araire, ayant un soc très pointu et peu large; on passe ensuite une herse, ou bien on ratisse, et on fume par-dessus. On augmente ainsi la durée de la luzerne, en lui donnant une grande vigueur.

Art. 2.

Récolte du fourrage.

La première coupe de la luzerne a lieu du 15 au 30 avril, avant que la plante soit en fleur; c'est la hauteur seulement qui doit décider du moment de

la faucher. Cette coupe doit être consommée en vert
à cause de la difficulté, à cette époque, de faire sécher les fourrages. Il a d'ailleurs été reconnu par
plusieurs expériences faites avec soin, qu'un espace
donné de cette prairie artificielle, fournissant abondamment en vert de quoi nourrir six bœufs, n'en
pouvait plus nourrir que cinq dans le même espace
de temps, quand ce fourrage était fané et séché. On
a remarqué, en outre, que les bestiaux nourris au vert,
ont plus d'embonpoint et de force, pourvu que les
fourrages artificiels qu'on leur donne soient assez
mûrs, un peu essorés et sagement administrés : un
mélange de paille est nécessaire dans le commencement, afin que le vert n'agisse pas trop promptement
sur leur tempérament.

La seconde coupe est destinée à du fourrage sec.
On choisit pour le faucher un beau temps, et on le
laisse pendant deux jours sans le remuer. Le troisième jour, après que l'humidité de la nuit est dis-
sipée, on retourne la luzerne ; à midi, on la remue
encore, et vers le coucher du soleil, on en forme
des rangées épaisses et en dos d'âne, afin que la rosée
n'en blanchisse que la superficie. Si le temps se dérange et annonce de la pluie, il faut aussitôt former
de petites meules bien serrées et pointues. Le lendemain, on étend ce fourrage pour le faire entièrement
sécher, et si le temps est au beau, on le laisse fermenter en tas et en plein air pendant plusieurs jours.
La luzerne ayant alors acquis toute sa perfection, on
la fait enfermer vers le coucher du soleil. Il est su-
perflu d'ajouter que le temps doit diriger le proprié-

taire pour abréger ou prolonger les soins que j'indique.

Je n'ai même insisté sur cet objet, que parce que souvent on enferme la luzerne avant qu'elle soit parfaitement sèche, et qu'une fois dans la grange, elle fermente, s'échauffe et devient très pernicieuse pour les bestiaux, inconvénient grave que j'ai plusieurs fois éprouvé. Du reste, le retard qu'on met à la serrer, lorsqu'elle a été formée en meules, est de bien peu de conséquence ; car j'ai vu souvent qu'après plusieurs jours de pluie, la superficie en était seulement gâtée, tandis que tout le reste avait conservé la couleur et la saveur d'un bon fourrage.

Depuis quelque temps, quand je fauche la troisième coupe de luzerne, je fais porter sur le pré deux à trois charretées de paille, qu'on mêle avec une charretée de luzerne avant que le fourrage soit sec. La paille, prenant le goût de la luzerne, procure un excellent fourrage pour l'hiver ; c'est un usage parfait.

ART. 3.

GRAINE DE LUZERNE.

C'est à une seconde coupe qu'il faut recueillir la graine, dont la maturité se reconnaît aux siliques, lorsqu'elles ont acquis la couleur du café grillé. La luzerne fauchée dans sa parfaite maturité et bien séchée, doit être transportée dans des toiles sur l'aire, où l'on attend un temps chaud pour la battre. 60 ares carrés peuvent produire environ 70 kilogrammes de graine, si toutefois la luzernière est bien garnie. J'ai essayé l'année dernière de me servir de ma râpe à trèfle pour égrener la luzerne, et je m'en suis parfaitement trouvé. J'ai cru remarquer qu'en recueillant la graine, les premières années, le produit avait diminué pendant les années subséquentes, dans les parties où elle avait été ramassée.

Art. 4.

Soins a prendre.

C'est au printemps de la seconde année qu'il faut sarcler la luzerne : on attend pour cette opération que la terre soit assez humectée, pour pouvoir facilement arracher à la main les herbes avec leurs racines; mais il faut avoir grand soin de ne pas endommager les pieds de luzerne. Je me sers aussi pour cet objet d'une herse à petits couteaux de fer très rapprochés, qu'on charge fortement, et qu'on passe en tout sens. Cette méthode, quoique plus prompte et plus économique, ne sarcle pas aussi parfaitement. C'est à la suite de ce travail, qu'on profite d'un temps calme pour répandre le plâtre.

Dans l'hiver de la cinquième année, je fume mes luzernes avec l'engrais composé pour les prés. (Voyez art. *Engrais*). Cet amendement, qui leur donne une nouvelle vigueur, facilite en même temps la végétation des herbes dont se couvre le sol à mesure que la luzerne se dégarnit. Cet inconvénient n'en est plus un pour moi, depuis que je défriche mes luzernes par l'écobuage, procédé que le gazon qui s'est formé, rend aisé.

Art. 5.

DÉFRICHEMENT DE LA LUZERNE.

La huitième ou neuvième année, si l'on s'aperçoit que le produit en luzerne diminue, et que l'herbe prend le dessus, il faut se décider à défricher. Plusieurs moyens se présentent pour cela. On peut d'abord labourer avec une forte charrue à versoir, bien ameublir la terre par plusieurs labours et par le rouleau à pointes, ou bien faire pelleverser le champ par des journaliers qui cultivent le terrain en maïs à moitié-fruits, ou enfin par un dernier moyen que j'emploie avec succès, celui de l'écobuage avec la nouvelle charrue que j'ai inventée pour le dégazonnement des prés. (voyez *Écobuage*) Je me suis fort bien trouvé de cette méthode, qui d'ailleurs présente le grand avantage de permettre le retour de la luzerne après sept ou huit ans seulement, tandis qu'il faut attendre dix ou douze ans pour semer de nouveau ce fourrage dans le champ qui aurait été défriché à la charrue. La raison en est bien simple : l'écobuage, par l'amalgame d'une grande quantité de cendres, formant une nouvelle composition du sol, le rendra susceptible de fournir plus promptement à la végétation de la nouvelle luzerne ; mais quelle que soit la méthode de défrichement qu'on adoptera, je vais indiquer les divers assolements que je crois avantageux de faire succéder à cette opération.

DÉFRICHEMENT AVEC LA CHARRUE ou le pelleversoir.	DÉFRICHEMENT AVEC LA CHARRUE ou le pelleversoir.	DÉFRICHEMENT par L'ÉCOBUAGE.
Terres de 1re qualité. *Assolement.*	Terres de 2me qualité. *Assolement.*	Terres de 2me qualité. *Assolement.*
1re année (1), en méteil.	1re année en maïs.	1re année, en méteil.
2e blé.	2e blé.	2e blé.
3e raies de haricots et maïs.	3e pommes de terre.	3e pommes de terre.
4e blé.	4e (fumer), méteil.	4e seigle.
5e pommes de terre.	5e trèfle.	5e maïs.
6e (fumer), chanvre.	6e trèfle.	6e (fumer), blé.
7e colza.	7e blé.	7e fourrage de vesces.
8e chanvre.	8e pommes de terre.	8e blé.
9e colza.	9e méteil.	9e trèfle.
10e chanvre.	10e fourrage de vesces.	10e trèfle.
11e chanvre.	11e blé.	11e avoine et luzerne.
12e luzerne.	12e luzerne.	12e luzerne.

Il faut observer que la culture du chanvre, pendant plusieurs années consécutives, a le double avantage, en nettoyant parfaitement le terrain, de le bien préparer pour le retour de la luzerne, et de permettre que cette plante puisse être cultivée sur le même champ, pendant long-temps, et toujours avec un succès assuré.

On doit seulement avoir le soin de ne fumer le chanvre avec du fumier de mouton, qu'avec prudence : ce fumier nuit à cette plante.

De tous les accidents qu'on peut éprouver dans la culture de la luzerne, celui qu'occasionne la chenille noire (*le négril*) est un des plus funestes. J'ai essayé

---

(1) On sera surpris, après un repos améliorant de dix années, de voir proposer de semer du méteil sur ce défrichement, mais c'est pour éviter que la récolte ne verse, le seigle ayant la paille plus forte que celle du blé. On peut aussi semer de l'avoine et obtenir trente semences.

plusieurs moyens d'en éloigner ces insectes destructeurs, mais toujours sans effet. Je n'en ai pas trouvé de meilleur que de faucher sans délai ce fourrage, à quelque hauteur qu'il se trouvât ; sans cela, ces chenilles se multipliant avec une promptitude incroyable, l'auraient dévoré entièrement. Du moment que la luzerne est fauchée, ces insectes abandonnent le champ, et s'ils ne trouvent pas à portée d'autres luzernes, ils périssent promptement, et l'on profite des autres coupes. Je ne sais si ce moyen a détruit l'espèce ; mais après en avoir été désolé pendant plusieurs années, je n'en ai plus aperçu depuis cinq ans.

CHAPITRE VIII.

LE TRÈFLE DE HOLLANDE.

La culture de cet excellent fourrage est une des plus importantes améliorations de notre agriculture. De tous les fourrages artificiels, c'est celui dont l'amendement agit le plus efficacement sur le blé ; et c'est avec raison que les Suisses disent : *point de beau blé sans trèfle ; point de beaux trèfles sans plâtre.*

Depuis que j'ai adopté un système de culture en grand, j'ai fait beaucoup d'expériences pour me fixer sur les divers modes de culture du trèfle ; je vais indiquer celui que j'ai adopté.

ARTICLE PREMIER.

TERRES QUI CONVIENNENT AU TRÈFLE.

Le grand trèfle de Hollande doit être semé de préférence dans les terrains désignés dans nos départements, sous les noms de boulbènes fortes, douces ou froides, terres bâtardes, terres lisses, enfin sur tous les sols, qui ne sont pas trop compactes.

ART. 2.

ÉPOQUE DES SEMAILLES.

Le trèfle se sème en automne avec le blé, ou bien sur les blés au printemps, ou enfin avec de l'avoine ou de l'orge en mars. Quelques personnes le sèment sur la deuxième façon du maïs.

Examinons les avantages et les inconvénients de ces diverses méthodes.

Semé avec le blé dans les premiers quinze jours d'octobre, le trèfle trouve une terre meublie, naît promptement et pousse avant l'hiver de profondes racines et peut alors résister à un froid ordinaire. Voilà les avantages. Les inconvénients sont, qu'il ne peut résister à de grands froids, et si le printemps est pluvieux, cette plante, acquérant une grande force de végétation, nuit extraordinairement à la récolte du blé.

En semant au printemps sur le blé, on n'a à craindre aucun des inconvénients que je viens de signaler; mais aussi il arrive souvent que l'on a des trèfles clair-semés.

Jetés sur des terres que les pluies de l'hiver ont fortement serrées, la graine a de la peine à en percer la croûte. S'il survient de fortes ondées, elle est entraînée dans les sillons, et si le printemps est sec et chaud, le fourrage ne réussit pas.

Dans cette position, je conseillerai de faire passer sur les blés une hersé garnie de pointes en fer légères, elle brise la croûte et facilite la naissance de la plante : il faut seulement semer un peu plus épais.

Semé avec de l'avoine et encore mieux avec l'orge, on est à peu près certain de la réussite, mais ce mode retarde d'une année le retour du blé et d'ailleurs ces récoltes d'avoine et d'orge sont bien casuelles.

Ayant ainsi exposé le bon et le mauvais de chaque méthode, je dois ajouter que d'après un grand nombre d'essais comparatifs, j'ai cru trouver préférable en dernier résultat de semer le trèfle avec le blé dans les quinze premiers jours d'octobre. La seule précaution que je prends, c'est que si le froid parvient à sept degrés au dessous de zéro, je sème de nouveau à la fin de février 4 kilogrammes ½ de graine par contenance de 2,923 mètres 5,5446 carrés ; de cette manière on est certain que le fourrage sera assez épais. Quant à l'inconvénient qu'a le trèfle semé dans l'automne de nuire à la prospérité du blé, je ne connais aucun moyen d'y remédier : c'est une chance à courir, heureusement fort rare. (1)

On peut cependant, se procurer une sorte de dédommagement en faisant couper le blé très haut, et en fauchant desuite le chaume ; on obtient ainsi un mélange de trèfle et de paille qui fait un excellent fourrage. Si on doit avoir une assez grande

(1) En 1842 ayant semé du trèfle sur du blé, les pluies fréquentes de l'année activèrent si bien les végétations du fourrage, qu'il fleurit complètement. La récolte du blé s'en ressentit, mais je récoltai un excellent froment.

quantité de terre en trèfle, il est prudent d'en semer une partie en automne, et l'autre au printemps.

ARTICLE 3.

QUANTITÉ DE SEMENCE.

La graine de trèfle doit être semée un peu clair surtout quand c'est avec le blé en automne, ou sur le blé au printemps. Des expériences suivies exactement pendant douze ans, m'ont convaincu qu'il en faut par 60 ares carrées, de 12 à 13 kilogr.

ART. 4.

MANIÈRE DE SEMER.

Les boulbènes que l'on destine à être semées en trèfle avec le blé, doivent être formées en planches selon la manière indiquée. (Voyez *Semailles*.) Le semeur commence par mêler la graine de trèfle avec cinq fois autant de sable sec : ce mélange étant fait au bord du champ sur des toiles et couche par couche, le semeur le répand sur chaque planche de la même manière que le blé, en allant et venant. Immédiatement après que le grain a été couvert avec la charrue, on passe la herse légère qui couvre le trèfle et fait disparaître les petites raies que la charrue avait formées. Si le champ a besoin d'être émotté, on fait cette opération en ayant la précaution de ne pas marcher sur les planches. Le mélange de la graine de trèfle à raison de 9 kilogrammes 79,012 par 26 ares avec deux hectolitres d'esparcette et 4 kilogrammes ½ de luzerne , peut être adopté sur les terres connues sous le nom de terre-forts. (Voyez *Esparcette.*)

Art. 5.

ENGRAIS.

Dans l'hiver qui suit les semailles de trèfle on peut y laisser paître les bœufs , et les cochons , mais avec prudence (Voyez *Tympanite*), et seulement jusqu'au 1er février au plus tard. C'est à cette époque, qu'après avoir fait enlever les cailloux qui peuvent se trouver à la surface du champ , on doit choisir un temps bien calme pour répandre le plâtre. (Voyez *Plâtre.*) Si on sème le trèfle au printemps , c'est l'année d'après qu'il faut répandre le plâtre. Il en est de même si on a semé le trèfle avec le blé à l'automne . On pourrait alors dans ce cas , si le trèfle garnit bien le sol , répandre le plâtre dans les premiers jours de novembre. M. de Villèle Campollua , s'est fort bien trouvé de ce mode. En principe cet amendement est absolument nécessaire pour la culture du trèfle et peut seul assurer la réussite de cet excellent fourrage : c'est d'ailleurs le moins coûteux de tous.

Art. 6.

RÉCOLTE DU FOURRAGE.

Dans le courant de mai , on commence à faucher

le trèfle pour le donner en vert aux bestiaux : il faut avoir soin de ne le leur distribuer, que lorsqu'il a été essoré quelques heures au soleil, et mélangé même avec de la paille.

Quoique en général le moment le plus avantageux de faucher toutes les prairies artificielles, soit celui de la floraison, il ne faut pas, cependant, attendre si tard pour le trèfle : la hauteur du fourrage doit être la seule indication. Mais si l'on a une telle étendue de champs en trèfle, qu'il soit impossible de le consommer en vert, il faut alors essayer d'en faire sécher une partie. Voici le moyen que j'emploie. Je fais faucher chaque jour une certaine quantité de ce fourrage; si le temps le permet, je le fais faner au fur et à mesure, et je l'enferme quand il est sec. Survient-il de la pluie, avant qu'il soit parfaitement séché, je suspends alors la fauchaison, je fais consommer par les bestiaux ce trèfle demi-sec, et je recommence mes essais de dessiccation sur une nouvelle quantité. De cette manière je n'en perds jamais, et j'avance d'autant la seconde coupe, qui peut ainsi profiter des pluies qui tombent ordinairement vers la fin de juin.

Cette seconde coupe est destinée à fournir de la graine ou du fourrage sec : il faut attendre pour le faucher qu'il soit entièrement fleuri, que le temps ait une belle apparence, et que la rosée ait disparu.

On le laisse deux jours sans le remuer : le troisième on le retourne quelque temps après le lever du soleil; et s'il survient un orage, il faut se hâter de le former en petites meules pointues : avec ce soin la pluie n'en gâtera que la superficie.

Depuis quelques années, j'ai adopté l'usage de laisser les fourrages artificiels fermenter trois et cinq jours en petits tas pointus; le fourrage se conserve mieux.

ART. 7.

GRAINE DE TRÈFLE.

C'est de la seconde coupe, qu'il faut retirer la graine. Choisissez les champs les plus fleuris, et laissez mûrir les gousses ou bouquets jusqu'au moment où ils deviennent d'un brun foncé, ce qui arrive ordinairement vers le 15 août. Je vais présenter les divers modes en usage pour égrainer les bouquets de trèfle.

On fauche le fourrage de bon matin, on le transporte de suite sur l'aire et on l'étend au soleil : on en extrait la graine soit avec le fléau, soit avec des chevaux qui traînent un rouleau de bois : on vanne et on crible. Cette méthode est très économique, mais elle a l'inconvénient de n'extraire qu'une partie des graines, parce que celles-ci ne mûrissent pas toutes en même temps; d'ailleurs, on a à craindre les mauvaises graines, surtout la cuscute, dont le moindre mélange suffit pour détruire un champ de trèfle. Quand on aperçoit quelque pied de cuscute, il faut avoir le soin de travailler le terrain tout autour de la plante à un mètre au moins, afin de ne pas laisser le chevelu qui s'étend en étranglant les plantes de trèfle.

die que nous appelons *gamat* ou *grauzel*. Les sainfoins défrichés de cette manière exigent d'être
semés tard, et que la terre soit fortement humectée.
Il faut de plus, au mois de mars suivant, faire
passer sur ces blés un rouleau pesant et les faire
piétiner par le troupeau. Avec de semblables précautions, je suis parvenu à obtenir de belles récoltes sur des terrains médiocres.

Le blé rouge du Castrais réussit à merveille sur
cette sorte de défrichement.

Lorsque l'esparcette fut introduite dans le pays,
on laissait ce fourrage en plein rapport pendant
cinq ans. Depuis dix ans je me suis aperçu que
les récoltes de fourrage sont moins abondantes, et
que la récolte même de la quatrième année est médiocre.

J'attribue cette différence au retour trop rapproché de ce fourrage et à la diminution des effets du
plâtre, quand on en fait usage sur des champs qui
ont été plâtrés précédemment.

Ces observations m'ont amené à ne laisser l'esparcette en plein rapport que trois ans. Je citerai à
l'appui M. le comte de Villèle, dont les observations
ont une si grande portée, il a trouvé, comme moi, que
les produits de l'esparcette diminuaient à Mourville.

Lorsqu'on a défriché le sainfoin à la charrue ou
à la bêche pour semer du maïs, il est essentiel que
ce travail se fasse avant le fort de l'hiver, pour que
les gelées puissent bien ameublir la terre. Quand
le maïs est presque mûr, et qu'on veut semer du
blé, on le fait travailler à la houe, afin d'arracher

les herbes et d'aplanir le sol ; mais ce travail doit être fait par un temps sec. Il faut user des mêmes soins qui sont indiqués plus haut pour les semailles du blé. Celui du Roussillon réussit sur ces défrichements.

Les agronomes ne sont pas d'accord sur la récolte qui doit succéder à l'esparcette.

Depuis longtemps on était dans l'usage de défricher les esparcettes avant l'hiver, et de semer au printemps du maïs. Alors le séjour de l'esparcette était de quatre et même cinq ans, on obtenait une récolte abondante de maïs, et quand il était recueilli, on tachait de préparer la terre pour semer le blé : mais il arrivait que comme le maïs était d'une grande vigueur, il ne venait en maturité que très tard ; et si les pluies survenaient, on avait la crainte de mal semer le blé.

Plus tard, j'ai cru devoir défricher les esparcettes la troisième année, et comme j'ai adopté le bon usage d'y ajouter de la graine de trèfle, le sol se trouve plus amendé et peut supporter deux récoltes consécutives de céréales ; mais dans ce cas, il faut bien fumer ce second blé, en ayant le soin de bien ameublir la terre, de semer le blé avec une forte humidité, et de faire passer dessus, au printemps, le rouleau pesant et le troupeau marchant serré. L'année suivante je remets d'autre blé, après avoir bien préparé la terre et bien fumé ou parqué. J'ai éprouvé que cette seconde récolte était plus belle que la première.

En principe, je croirai que l'usage de semer du

blé sur le maïs doit être proscrit. Il est facile de se convaincre de l'épuisement qu'amène le maïs , en comparant , au printemps , le blé semé sur maïs , avec le blé semé sur d'autres cultures. Le blé sur maïs est toujours jaune.

Il est sans doute des terres excellentes où l'on peut semer continuellement du blé et du maïs ; mais c'est une exception qui tient à la qualité de la terre , ou à de fréquents engrais.

ART. 7.

INTERVALLE NÉCESSAIRE AU RETOUR DU SAINFOIN.

La racine principale de ce fourrage pivotant à une grande profondeur , et épuisant par conséquent les couches inférieures des principes qui sont nécessaires à sa végétation , il faut laisser écouler un certain nombre d'années avant de pouvoir remettre du sainfoin dans le même champ.

Lorsqu'un champ n'a produit qu'une seule période d'esparcette , la couche inférieure n'est pas entièrement épuisée , et alors six ans d'intervalle suffisent. Dans le cas contraire , il faut au moins dix années d'intervalle. Voici l'assolement que j'ai adopté pour les terre-forts.

Assolement des terre-forts.

TERRE-FORTS EN 12 SOLES.	FERTILITÉ acquise.	FERTILITÉ perdue.	RÉSULTAT.
	charretées engrais.	charretées engrais.	
1re année, blé fumé, esparcette, trèfle et luzerne.	10	10	
2e fourrage.	10	»	
3e fourrage.	10	»	
4e fourrage.	15	»	
5e blé.	»	10	
6e blé fortement fumé.	15	10	
7e vesces noires, fourrage.	6	»	
8e blé fumé.	10	10	
9e maïs.	»	15	
10e jachère avec raies de haricots, à 2 mètres.	6	»	Par cet assolement la terre acquiert 37 charretées de fumier.
11e blé fumé, esparcette.	10	10	
12e fourrage.	10	»	

CHAPITRE X.

Vesces noires.

La culture de la vesce noire pour fourrage est d'autant plus avantageuse, qu'elle entre parfaitement dans le système d'assolement de toutes nos terres. Quand ce fourrage est enfermé bien sec, il devient d'une grande ressource pour les bestiaux, sans produire aucun inconvénient.

Les agronomes sont partagés sur les avantages de cette culture ; les uns ont trouvé que la récolte de blé qui succède aux vesces noires, se ressent du séjour des vesces ; d'autres croient, au contraire, que les vesces sont un amendement pour le blé. Cette diversité d'opinion tient seulement à ce qu'on ne s'est pas entendu. L'explication en est fort simple. Si on attend pour couper le fourrage, que la graine soit bien formée, nul doute que la terre, fatiguée par le travail de la fructification, ne soit pas aussi favorable à la prospérité du blé ; mais si l'on fauche les vesces au moment où la graine commence à se former dans les siliques du bas de la tige, la terre sera peu épuisée, et l'amendement qu'elle recevra des débris et des racines des plantes, la mettra à même de produire une belle récolte de blé. Le propriétaire soigneux doit donc surveiller le moment favorable de faucher, et se méfier surtout des conseils des paysans qui sont toujours enclins à retarder la fauchaison des vesces, afin que la graine étant plus formée, le fourrage en devienne plus substantiel.

ARTICLE PREMIER.

SEMAILLES DES VESCES.

Les boulbènes que l'on destine à être semées en vesces noires pour fourrage, doivent se labourer le plutôt possible après la moisson. On les ameublit par plusieurs labours et par l'usage du rouleau à pointes. Si le sol est de bonne qualité, on peut se dispenser de fumer, mais si la terre est médiocre, il faut une demi-fumaison.

Il y a de l'inconvénient à semer les vesces de

bonne heure. En 1809, je les avais semées le 20 septembre ; mais le temps ayant été doux jusqu'au commencement de l'hiver, la végétation de ce fourrage fut si prompte, qu'il atteignit 54 centimètres de hauteur vers le 15 décembre. J'essayai d'en faucher une partie ; mais la plante ne repoussa plus, et le reste périt aux premières gelées de janvier. Depuis, je ne le sème que dans les quinze premiers jours d'octobre, et à raison de neuf dixièmes d'hectolitre de semence de blé. (1) Quelques agriculteurs mêlent aux vesces une petite partie de blé ou de seigle destinés à les soutenir. Après quelques essais j'ai trouvé l'avoine préférable : 8 litres 7432 par hectolitre de vesces m'ont paru suffisants. Il est essentiel de semer ce fourrage sur les terres boulbènes, en formant de grandes planches bien bombées ; à cet effet, il faut couvrir les vesces avec la charrue à oreille, et passer la herse légère pour aplanir le terrain et faciliter l'écoulement des eaux, dont le séjour est très nuisible à ce fourrage.

Dans les terre-forts, on peut semer les vesces avant de ramasser le maïs. On donne une légère façon avec la houe, pour arracher les herbes et aplanir le sol : on recouvre légèrement avec les râteaux ; ensuite on ramasse le maïs par un temps sec, en coupant les tiges bien rez-terre. Cette méthode est bonne quand cette récolte est retardée ; autrement,

---

(1) On [trouvera peut-être que la quantité de semence est considérable ; mais je prie d'observer que les froids en font périr toujours une partie ; il faut par conséquent semer un peu épais.

je préfère ne semer les vesces que quand le maïs est recueilli ; et alors, si le temps le permet, on donne un bon labour pour déraciner les plantes de maïs, on les enlève pour les transporter. Si le temps ne permet pas de donner ce premier labour, on sème les vesces, en les recouvrant avec la charrue à oreille, et on passe la herse.

J'ai essayé plusieurs fois de répandre du plâtre sur le fourrage des vesces, mais sans en éprouver un effet qui compensât les frais. Je dois dire cependant que la partie du champ plâtrée était d'un vert plus foncé, et néanmoins les vesces ne donnèrent pas un fourrage plus élevé. Il en a été de même pour la chaux.

Art. 2.

RÉCOLTE DU FOURRAGE.

Le choix du moment de faucher les vesces est bien important, car c'est de cette opération que dépend le plus ou le moins de préjudice que ce fourrage occasionne à la récolte de blé qui doit lui succéder. Plus la graine est formée, plus le fourrage est parfait pour les bestiaux ; mais c'est aux dépens du blé. Le moment de le faucher est indiqué par le grain qui se forme dans les siliques du bas de la tige, et lorsqu'il a acquis la grosseur d'une lentille.

Le fourrage des vesces est excellent en vert : il vaut mieux encore s'il est enfermé bien sec ; on se procure ainsi une nourriture substantielle pour le temps des semailles. Malheureusement cette opération est difficile, surtout quand le fourrage est épais. Comme il ne se tasse pas après qu'il a été fauché, c'est celui de tous qui souffre le plus de la pluie, même quand il est formé en meules. Il faut donc bien choisir le moment pour le faucher, et le laisser sur le champ le plus longtemps possible, afin de bien dessécher les tiges grasses de la plante, qui, sans ce soin, fermenteraient infailliblement dans la grange.

ART. 3.

GRAINE.

Quand on veut récolter des vesces noires pour en avoir la graine, il ne faut les semer qu'au printemps, vers les premiers jours de mars (1). Après que la terre a été bien préparée par plusieurs labours, on sème les vesces, et on les couvre en formant de petites planches bombées. Quand la graine est mûre, ce que l'on connaît à la couleur rousse des siliques, on les arrache à la main, on les laisse vingt-quatre heures sur le champ et on les transporte sur l'aire de très bon matin, afin d'en égrainer le moins possible en les chargeant, et on en forme de grandes meules pointues.

______

(1) Cependant, si les vesces avaient été semées en automne pour fourrage sur un terrain médiocre, et qu'on s'aperçût au printemps qu'elles ne donneront pas un fourrage abondant, il faut les réserver pour graine, et seulement bien fumer le champ pour la récolte du blé qui doit succéder.

Le choix de la graine des vesces noires est très important. Les propriétaires soigneux doivent se procurer de la qualité que l'on cultive à Beziers : elle est plus belle que celle du Lauragais, et sa supériorité se maintient pendant plusieurs années ; je suis dans l'usage de renouveler ma semence tous les six ans.

ART. 4.

DÉFRICHEMENT.

A mesure qu'on enlève le fourrage, il faut s'empresser de labourer le champ, opération ordinairement facile à faire, à cause de la fraîcheur que les vesces conservent à la terre, et de l'ameublissement que produisent leurs racines. Si on néglige ce moment, on court le risque de ne pas bien préparer la terre, et la récolte du blé s'en ressent.

En résumé, le plus ou le moins de soin pour faucher les vesces avant que la graine ne soit trop formée, et pour labourer le terrain immédiatement après que le fourrage a été enlevé, explique suffisamment les diverses opinions des agriculteurs sur les avantages ou les inconvénients de cet excellent fourrage. Il me paraît inutile de dire que quand on recueille la graine, il est d'absolue nécessité de fumer fortement le champ, la récolte des vesces en graine épuisant extrêmement la terre. Aussi crois-je convenable de ne se livrer à cette culture qu'en raison du besoin qu'on peut en avoir pour les fourrages annuels que l'on se propose de semer.

ART. 5.

ASSOLEMENT.

L'assolement de ce fourrage convenant aux diverses qualités de nos terres, je renvoie cet article au chapitre des assolements.

CHAPITRE XI.

TRÈFLE DE ROUSSILLON (Farouch).

Jusqu'à présent, ce fourrage a été trop négligé. On lui reprochait de donner du foin de mauvaise qualité et d'appauvrir le sol. Ces reproches sont peu mérités et tiennent à une erreur qu'il est important de détruire. La graine de farouch qu'on semait était mêlée d'une graine menue, qui produit une herbe longue et forte, espèce de graminée, que les paysans appellent *trauquo sacs* (troue les sacs); elle détruit insensiblement le farouch, ne produit que du mauvais foin et appauvrit le sol. On a eu alors l'idée d'égrainer les gousses et de semer la graine toute pure. Malheureusement, les expériences de plusieurs années m'ont prouvé que même en semant dru, cette plante ne réussit pas aussi bien que semée avec sa gousse; j'ai tâché de remédier à cet inconvénient, et voici le parti que j'ai pris. Je sème dans les premiers jours de septembre de la graine épurée qu'on recouvre légèrement. Au mois de janvier on couvre ce champ de fumier de troupeau, qu'on enlève au mois de février, et qu'on remet dans la bergerie. J'emploie dix charretées de 20 quintaux de 50 kilogrammes par demi-hectare. Quand la graine est bien mûre, on la fauche avec la rosée, on la laisse sécher sur le sol et on l'enlève avec la rosée ; étendue sur l'aire, on la bat avec le fléau sur des toiles, mais légèrement, pour ne pas extraire la graine des bouquets. On a ainsi une semence parfaitement pure, que l'on sème avec les gousses, et on obtient ainsi un fourrage abondant, que l'on peut faire sécher comme foin, et qui n'a pas fatigué la terre. Il vaut mieux faire consommer ce fourrage en vert, sans crainte qu'il fasse mal aux bestiaux. Le farouch est plus précoce que les autres fourrages, c'est ce qui fait qu'on peut, en labourant le sol à mesure qu'on le fauche, obtenir une bonne récolte de madia, ce qui n'empêche pas de semer après des céréales ou des vesces noires pour fourrages.

Nous devons à M. Fabre Lichaire, bon agronome dans le département du Gard, des notions précieuses sur le farouch.

Il établit que ce fourrage pourrait être semé sur le chaume, ou du moins sur une terre affermie. Je suis de la même opinion ; je ne donne qu'un seul labour, et je passe le rouleau pesant avant et après avoir semé la graine. M. Fabre accorde au farouch une propriété bien utile aux propriétaires de troupeaux ; c'est que ce fourrage a l'avantage de ne pas météoriser, et qu'à mesure que les moutons le broutent, les tiges, au lieu de monter, poussent vigoureusement horizontalement, et couvrent le sol complètement. Il cite un fait qui lui est arrivé, un hectare de terre semé en farouch a servi de dépaissance à 250 agneaux destinés à la boucherie ; depuis le premier mars à la fin de juin, il observe qu'au mois de mai sa végétation était si rapide, qu'on avait peine à l'empêcher d'épier. Il conclut avec raison que la propriété du farouch de croître sous la dent du troupeau doit donner à cette culture une grande importance. En effet, tous les propriétaires savent la difficulté qu'ils ont depuis le mois de mars jusqu'à la récolte des céréales, pour nourrir les troupeaux et les cochons. Maintenant il suffirait de cultiver chaque année trois et quatre hectares en farouch, que l'on sèmerait au mois de septembre sur un seul labour.

Les terres qui conviennent le mieux au farouch sont les terres douces, boulbènes légères et terreforts, qui ne soient pas trop calcaires.

Quand on a abondamment de grains, on peut semer à la volée, de la graine de farouch sur un champ de maïs ; on se procure ainsi une bonne dépaissance.

CHAPITRE XII.

Maïs pour fourrage.

Le maïs pour fourrage est d'une grande ressource au moment des semailles, surtout dans les pays où on ne peut pas cultiver le maïs en grand. Sous ce rapport, il peut être avantageux d'y consacrer quelques portions de terre ; mais cette culture épuisant fortement le sol, exige un excellent fonds et des engrais.

Le défoncement, d'après ma méthode, donne à ce fourrage une croissance vraiment extraordinaire. Dans les pays où l'on cultive les maïs pour grain, on peut se dispenser d'en semer pour fourrage, puisqu'on a pendant longtemps une ressource précieuse dans ses panicules.

Quoique le maïs pour fourrage épuise extrêmement le sol, sa culture est devenue d'une ressource indispensable pour les propriétaires qui ne font pas assez de fourrages artificiels. En donnant donc le conseil de ne pas le cultiver comme fourrage, je n'ai en vue que ceux qui, au moyen des trèfles et des luzernes, peuvent attendre aisément à la récolte des panicules du maïs.

Depuis que je suis parvenu à fabriquer une grande quantité d'engrais en poudre, je me sers avec avantage de la partie la plus grossière de l'engrais pour obtenir du fourrage de maïs. Ainsi, après qu'on a fait consommer successivement les fourragères et le farouch, on les laboure au fur et à mesure, et on sème du maïs à raies assez serrées, dans lesquelles on jette de mon engrais en poudre; c'est deux récoltes la même année, et cela sans épuiser le sol; et après cette seconde récolte, on laboure et on fume pour semer ensuite en fourrages, vesces et avoine.

SEMAILLES.

Le maïs pour fourrage se sème à diverses reprises

dans une terre bien préparée et bien fumée, à raies très rapprochées, ou bien à la volée.

Ce fourrage, de même que les panicules, est excellent pour les bestiaux; mais il ne faut le donner qu'avec une sorte de discrétion. J'ai vu périr un bœuf de la tympanite, pour avoir mangé des panicules trop jeunes.

TABLEAU DE COMPARAISON DES PRODUITS DES DIVERS FOURRAGES.

PRODUIT DES DIVERS FOURRAGES EN SEC.			DIMINUTION des DIVERS FOURRAGES par la dessiccation.		DÉBRIS que laissent LES DIVERS FOURRAGES par la dessication.	
	donne PAR HECT. environ.	donne PAR DEMI-HECTARE.	100 kilogrammes.	d. en kilog.	Espèces.	Pour 0/0
	quintaux métriq.	quintaux métriq.				
Le fourrage de seigle.	44	23	de seigle.	37 1/3	trèfle en fleur. . .	0,10
d'orge.	42	24	d'orge.	32	esparcette.	0,10
de blé	38	22	de blé.	33 3/4	luzerne.	0,08
d'avoine.	36	20	d'avoine.	33 1/2	herbes des prés. .	0,07
de maïs.	41	23	de maïs vert. . .	24 3/4	herbes grossières.	0,04
3 coupes de luzerne.	76	43	de luzerne. . . .	27 1/2	vesces noires. . .	0,06
2 coupes de trèfle.	63	36	de trèfle.	22 1/2		
d'esparcette..	41	23	d'esparcette. . . .	30		
de farrouch.	41	19	de farrouch. . . .	25		
de vesces noires.	43	24	de vesces noires. . .	37 1/2		

CHAPITRE XIII.

Tympanite ou enflure.

La dépaissance dans les champs de luzerne et de trèfle, surtout au printemps, est très dangereuse pour les bœufs et les moutons, si on les y laisse trop longtemps. Ces fourrages occasionnant par la fermentation un grand développement de gaz dans la panse, produisent un gonflement mortel, si on ne s'empresse d'y apporter un prompt remède. Je vais indiquer ceux dont j'ai éprouvé de bons effets.

Article premier.

Remèdes.

Dès que les bestiaux commencent à éprouver un commencement d'enflure, soit par la *dépaissance* des fourrages, soit en les mangeant à la crèche, il faut se hâter de donner à chaque animal un bon verre de la dissolution de 2 kilogrammes 0792 de salpêtre dans une bouteille d'eau-de-vie de trois litres, faites courir l'animal malade, et jetez-lui de l'eau sur le dos. Si, malgré ces remèdes l'enflure augmente, ne perdez pas un instant, il faut percer la panse avec un *trocart*; cet instrument contenu dans un petit tuyau de fer blanc, pénètre dans le ventre avec le tuyau jusqu'au rebord qui le maintient. On retire alors le *trocart* et le tuyau restant fixé dans la plaie, prête une issue au gaz qui produisait le gonflement.

Pour remédier à cet inconvénient, j'ai eu l'idée d'une râpe, et l'on peut voir à l'article *râpe* la manière dont j'en ai fait usage. On place sur des toiles à l'ardeur du soleil, les gousses de trèfle ramassées à la main et quand elles sont chaudes, la râpe les égraine facilement. Dans les années ordinaires, trois demi kilogrammes de gousse produisent un demi-kilo. de graine : les frais consistent, pour ramasser les gousses, à 12 centimes le demi-kilo, et 5 centimes pour l'égrainer. Le prix de vente a bien diminué depuis quelques années ; il est ordinairement de 40 à 50 centimes.

Depuis un grand nombre d'années on a essayé avec succès, d'extraire la graine de trèfle, en faisant passer les gousses qu'on a fait ramasser à la main, sous une meule à huile, on vanne et on crible. Cette méthode est expéditive, et on doit la préférer quand on a une meule à huile à portée ; de cette manière on se préserve de la cuscute. Cette opération doit se faire en hiver, pour diminuer les frais : il faut seulement renfermer les gousses de trèfle dans un lieu sec, afin qu'elles ne soient pas humides, quand on les porte au moulin. La plupart des propriétaires se contentent de faucher le fourrage et de le porter au moulin.

Le mode que j'ai adopté de ramasser les gousses à la main, a non-seulement l'avantage de se préserver de la cuscute, mais de plus on a une ressource pour l'hiver, en faisant faucher le trèfle, à mesure que les femmes ont ramassé les gousses : on obtient ainsi un bon fourrage, dont les moutons et les mules sont très avides.

Je ne dois pas laisser ignorer que l'opération d'égrainer les gousses avec la meule à huile, a l'inconvénient d'incommoder les ouvriers par la poussière impalpable que produit l'opération. On évite, en partie, cet inconvénient, en établissant un courant d'air dans le local.

COMPARAISON DES TROIS MANIÈRES D'ÉGRAINER LE TRÈFLE.

GOUSSES ramassées à la main et égrainées avec la râpe.	GOUSSES ramassées à la main et égrainées avec la meule à huile.	TRÈFLE fauché, battu grossièrement et égrainée par la meule à huile.
100 kilogrammes de gousses ramassées à la main, vannées, ont donné.. 37 kil.	557 kilog. gousses, ont donné... 185 kil.	3 charretées de trèfle fauchée, ont donné 302 kilogrammes.
Frais des gousses.. 7 fr. 50. Frais de râpe... 3 fr. 95. } 11 fr. 45.	FRAIS. Pour gousses, 52 fr. 20. Frais du moulin... 6 fr. 60. Transport... 4 fr. Vanner et cribler.. 1 fr. 60. } 64 fr. 40 cent.	FRAIS. Journées, 11 f. 20 Moulin et vanner.... 28 fr. 50 } 39 f. 70
Le kilogramme est revenu à 33 cent.	Le kilogramme est revenu à 35 centimes.	Le kilogramme est revenu à 13 centimes

Il résulte de cette expérience que la méthode de faucher le trèfle et de l'égrainer à la meule à huile, est la plus économique; mais qu'il faut aussi faire entrer en ligne de compte la perte du fourrage, et l'inconvénient de ne pas se préserver de la cuscute.

Ramasser les gousses à la main et les égrainer au moulin, n'a pas le même inconvénient; on a le moyen d'égrainer beaucoup de trèfle en peu de temps.

La troisième méthode est de faire usage de la râpe. Quatre hommes, dans l'espace de six heures et demie de travail, ont égrainé 117 kilogrammes de gousses, qui ont produit 46 kilogrammes de belle graine, c'est-à-dire, 39 pour cent; tandis qu'au moulin, je n'ai eu que 33.

Quand on a une grande quantité de graine, cette dernière méthode ne doit pas être employée : je préfère la seconde que j'ai indiquée. C'est à chaque propriétaire à choisir le mode qui conviendra le mieux à ses moyens, et à la localité où il se trouve; au reste, quel que soit celui qu'on adoptera, je conseillerais aux propriétaires qui cultivent le trèfle en grand, de sacrifier la seconde coupe pour récolter la graine; on obtient ainsi un produit quelquefois supérieur à celui du blé : on peut en juger par le produit de plusieurs années. C'est cette considération importante qui m'engage à citer mes essais pendant plusieurs années :

PRODUIT de la graine de trèfle.	QUANTITÉ de graine.	FRAIS.	PRIX de rente.	PRODUIT net.
En 1816, j'ai récolté......	48 quintaux.	13 f. le quint.	50 f. le quint.	1,800 fr.
En 1817......	32	13	80	1,742
En 1818......	30	13	80	1,675

Le produit d'un demi-hectare de trèfle varie à tel point, qu'il est impossible de le fixer rigoureusement; il faut observer qu'un champ de trèfle dont on aura recueilli la graine à la seconde coupe de la première année, ne donnera qu'une récolte médiocre la seconde année, la plante ayant été épuisée. Cependant, pour se faire une idée approximative du produit, je citerai 4 demi-hectares, qui ont rapporté par hectare, la première année, 1100 kilog., et la seconde 550. En supposant le prix de la graine à 50 fr., ce champ, après avoir donné une première coupe de fourrage, produirait 550 fr., tandis que s'il avait été semé en blé, en supposant qu'il eût produit huit semences, et le prix du blé à 20 fr., on n'aurait eu de produit que 160 fr. Cela prouve de quelle importance on doit considérer la récolte de la graine de trèfle, malgré les accidents qu'elle éprouve souvent, soit par la sécheresse, soit par l'effet de la rosée, frappée par le soleil, qui retrait excessivement la graine. La facilité pour les propriétaires de récolter une grande quantité de graine de trèfle, devrait la réduire à un vil prix ; mais heureusement, la difficulté que l'on éprouve en Angleterre et dans l'Amérique du Nord, d'obtenir la maturité de la graine de trèfle, est cause qu'ils viennent s'approvisionner à Bordeaux. Depuis quelques années, ce commerce a pris un grand accroissement. Le Poitou, l'ancienne Gascogne, le versant des Pyrénées et le Languedoc, se livrent à la culture de la graine de trèfle, et obtiennent ainsi un revenu de plusieurs millions, qui enrichissent les petits propriétaires surtout.

Je ne saurais donc trop engager les agronomes du Midi à cultiver le plus qu'ils pourront ce précieux fourrage.

Pendant l'automne et l'hiver de la première année, on peut laisser les bœufs et même le troupeau paître dans les champs de trèfle, mais seulement jusqu'au premier février, époque où il faut jeter le plâtre.

ART. 8.

DÉFRICHEMENT DU TRÈFLE.

La difficulté que nous éprouvons avec nos sécheresses, d'ouvrir les terres après la moisson, nous oblige à renoncer à la coupe de la seconde année de nos trèfles. Ainsi, du moment qu'on a enlevé le fourrage, on se hâte de labourer le champ avec la charrue à versoir, on passe la herse, et on continue à bien préparer la terre par de fréquents labours.

Mais si la sécheresse se prolonge, comme en 1839, il faut attendre patiemment quelque forte pluie du mois d'octobre, même des premiers jours de novembre. Alors, il faut réunir un grand nombre de paires de bœufs. Le matin, on donne une façon avec la charrue à versoir, à mesure qu'une portion du champ est défrichée; on passe la herse à couteaux, et on donne un labour croisé avec l'arrière-charrue sans versoir; on passe le rouleau squelette, et de suite on sème, et on recouvre légèrement le blé (voy. *Semailles*). Pendant deux années, j'ai semé de cette manière deux champs de trèfle. La première fois, j'ai eu une bien belle récolte, et la seconde, elle fut médiocre, les gelées étant survenues de bonne heure.

J'ai essayé une année de laisser le trèfle trois années consécutives, et de l'écobuer ; cette opération réussit, mais elle entraîna tant de soins, que j'y ai renoncé.

Art. 9.

Intervalle nécessaire au retour du trèfle.

D'après un grand nombre d'expériences, j'avais pensé que l'intervalle de cinq années était nécessaire avant de remettre du trèfle sur le même champ. Mais depuis dix années, nous observons une diminution dans le produit du trèfle comme fourrage, de même sur l'effet du plâtre. Il paraît que les couches inférieures, fatiguées par les racines du trèfle, auraient besoin soit d'amendement, ou d'un intervalle de quelques années de plus : peut-être pourrait-on remédier à cet inconvénient par le défoncement qui renouvellerait les couches inférieures. Il serait digne du zèle de la Société d'agriculture de Toulouse, de provoquer des expériences sur cet objet.

ASSOLEMENT AVEC LA CULTURE DU TRÈFLE.

BOULBÈNES EN DEUX SOLES.	AMÉLIORA-TION acquise.	AMÉLIORA-TION perdue.	BOULBÈNES EN TROIS SOLES.	AMÉLIORA-TION acquise.	AMÉLIORA-TION perdue.
	charretées de fumier.	charretées de fumier.		charretées de fumier.	charretées du fumier.
1re année, blé fumé, trèfle.	10	10	1re année, blé fumé, trèfle.	10	10
2e trèfle.	10	»	2e trèfle.	10	»
3e trèfle, graine.	10	»	3e trèfle.	15	»
4e blé.	»	10	4e blé.	»	10
5e vesces noires, fourrage.	6	»	5e maïs fumé.	10	15
6e blé fumé.	10	10	6e vesces noires, fourrage.	6	»
7e fèves fumées.	15	»	7e blé fumé et trèfle.	10	10
8e blé.	»	10	8e trèfle.	10	»

Le sol, après huit ans, a été enrichi de 21 charretées de fumier. | Le sol, après huit ans, a été enrichi de 26 charretées de fumier.

M. le comte de Bonneval, dans sa terre de Lafont, département de l'Allier, cultive le trèfle d'une manière particulière. Il fait manger la deuxième coupe, quand la graine va être mûre, par ses bœufs ; les engrais qu'il obtient alors , et qui ont conservé intacte la graine de trèfle , sont mis à part, et servent pour les terres à semer en blé. L'année d'après, on obtient deux coupes de fourrage, et souvent une troisième, qui est enfouie pour engrais. Le rapport fait à la Société centrale de la culture de M. de Bonneval, n'ayant pas blâmé ce mode de culture du trèfle, ce n'est qu'avec hésitation que j'oserai présenter mes observations.

« Cette méthode, nous dit le savant rapporteur, » a obtenu le plus grand succès : elle est très avan- » tageuse, et aujourd'hui suivie dans tout le pays. »

Cela prouve que les modes de culture fort bons dans le Nord, ne sont pas praticables dans le Sud-Ouest.

En effet, M. le comte de Bonneval renonce à la graine de trèfle, en la faisant manger par ses bœufs. Mais on a vu que la récolte de la graine produit souvent plus que celle du blé, voilà une grande perte. Le fumier, ajoute M. de Bonneval, conservant la graine qui a passé intacte dans l'estomac des bœufs, servant aux champs destinés au blé, se trouve toute semée dans les champs de blé, et produit deux et même trois récoltes de fourrage. Mais alors que devient le principe généralement reconnu , que les plantes fourrages , telles que la luzerne, l'esparcette et le trèfle, exigent pour être ressemées sur le même terrain des intervalles de dix, cinq et trois ans ; et même depuis plusieurs années, nous observons une forte diminution dans les produits de ces fourrages, qui provient de leur retour trop rapproché. Il serait à désirer que cette question, s'il est nécessaire de laisser une intervalle de trois ans entre le retour du trèfle sur le même champ, fût soumise à des experts. Quant au sacrifice de la graine de trèfle que fait M. de Bonneval, il est à présumer que cette récolte étant très casuelle dans l'Allier, on est obligé d'y renoncer.

CHAPITRE IX.

Sainfoin ou esparcette.

Le sainfoin ou esparcette, si improprement appelé luzerne, est un des meilleurs fourrages artificiels, soit qu'on le fasse consommer en vert, soit pour le faire sécher. Il n'est d'aucun inconvénient pour les bestiaux, et quoique moins abondant que la luzerne et le trèfle, il devient un excellent amendement pour la terre, tant à cause de sa durée, que par le débris de ses feuilles et le chevelu de ses racines.

ARTICLE PREMIER.

Terres qui conviennent au sainfoin.

Le sainfoin se plaît principalement dans les terre-forts, terres calcaires chaudes, sèches, tournées au

Midi, et même dans les terrains assis sur une couche de marne ou de tuf, qu'on appelle *caussonels ;* mais il réussit moins bien sur les boulbènes. Depuis plusieurs années, j'ai remarqué que le sainfoin semé sur des terres que j'avais défoncées d'après ma nouvelle méthode (voy. *Défoncement*), produisait un fourrage beaucoup plus considérable que celui qui était cultivé sur des terres qui n'avaient pas été défoncées ; ayant même reconnu qu'à la troisième année de produit, la plante avait une grande vigueur, j'en ai différé le défrichement.

ART. 2.

SEMAILLES DU SAINFOIN OU ESPARCETTE.

J'ai pendant bien des années semé l'esparcette à l'automne , immédiatement après le blé , mais les gelées tardives nuisaient beaucoup à la récolte de ce fourrage ; je suis donc revenu au mode de le semer au printemps, vers la fin de février ou aux premiers jours de mars. Depuis quelques années , on a essayé dans cet arrondissement une nouvelle méthode qui a parfaitement réussi, et qui est devenu presque d'un usage général.

Dans les premiers jours de mars , je sème deux hectolitres de graine d'esparcette sur demi-hectare semé en blé, et immédiatement après, 9 kilogr. $\frac{1}{2}$ de graine de trèfle, et si la terre le permet, on fait passer le rouleau ou bien le troupeau bien serré en masse.

Au commencement d'avril, je sème 7 kilogrammes environ de graine de luzerne. L'année d'après on plâtre en février. Quand le fourrage est parvenu à une certaine hauteur, et que l'on aperçoit quelque fleur de trèfle, il faut se presser de faucher ce fourrage, pour le donner en vert mêlé avec de la paille. S'il survient des pluies de temps en temps, et que le trèfle promette de donner une graine abondante, il faut renoncer à la deuxième coupe de fourrage, et ramasser la graine de trèfle à la main (voy. *Graine de trèfle*).

Cette manière de cueillir la graine de trèfle endommage fort peu le fourrage d'esparcette, qui, n'ayant pas fleuri, a poussé vigoureusement, et les tiges du trèfle qui ne sont pas mûres donnent le moyen de faucher un bon fourrage, surtout pour les mules. La deuxième année, on peut suivre la même méthode.

Mais la troisième année, où les plants de trèfle sont rares, il ne faut faire qu'une seule coupe de fourrage presque tout composé d'esparcette et de luzerne. Immédiatement après la coupe de ce fourrage, on laboure avec le soc pointu; si la terre est bien sèche, on ne fait que gratter. Mais à la première pluie qui survient, on réunit toutes les paires, et on donne une façon en travers avec le soc large; on passe la herse, et à la première pluie, on redonne encore une façon. C'est ainsi qu'on obtient un sol bien préparé pour recevoir le blé. Il faut seulement avoir le soin de semer ces champs des derniers, et lorsque la terre est bien détrempée; sans cela, on court le danger du grauzel ou gamât. Au printemps, il faut passer le rouleau pesant.

Je m'aperçus une année que la luzerne, ayant trouvé un sol qui lui convenait, garnissait le sol ; je renonçai à la défricher, et au printemps, j'eus un beau et bon fourrage mêlé d'un quart d'esparcette. Cette prolongation d'un an, améliore le sol : en effet, il ne faut pas oublier que l'amélioration des terres par les fourrages artificiels, est toujours en proportion avec leur séjour sur le sol.

On peut encore semer la graine de sainfoin sur le maïs peu de temps avant de la ramasser. Dans ce cas, on fait travailler le champ avec la houe, de manière à bien aplanir le terrain. On jette la graine à la volée, et quand on recueille le maïs, on le fait couper aussi rez-terre que possible, et l'on trace quelques raies pour l'écoulement des eaux.

Enfin, sur les terres médiocres que l'on veut réparer, il faut semer le sainfoin avec de l'avoine, au mois de septembre. Cet usage est fort bon, mais il présente l'inconvénient, pour les bonnes terres, de remplacer la récolte du blé par celle de l'avoine, ce qui occasionne de la perte au propriétaire. Du reste, chaque méthode ayant ses avantages et ses inconvénients, c'est au propriétaire à calculer celle qui convient le mieux à sa localité.

Le sainfoin peut encore s'employer comme engrais pour les vignes épuisées (voy. *Vignes*).

ART. 3.

ENGRAIS POUR LE SAINFOIN.

C'est vers la fin de février qu'il faut plâtrer les champs de sainfoin, en choisissant une matinée bien calme, et en répandant le plâtre à raison de 240 à 280 kilogrammes par demi-hectare. Il est avantageux de recourir de nouveau au plâtre la troisième année. J'ai observé qu'à cette époque, il agissait avec force sur le trèfle jaune, et procurait un fourrage plus abondant et d'aussi bonne qualité qu'auparavant.

ART. 4.

GRAINE DE SAINFOIN.

En adoptant l'usage de semer du trèfle avec le sainfoin, on ne peut récolter cette dernière graine que la troisième année; ou bien, on sème l'esparcette sans mélange sur un seul champ, afin d'avoir la graine qui vous est nécessaire.

Ce n'est que de la seconde et de la troisième année qu'on doit récolter la graine de sainfoin. Cette production fatiguerait trop la plante la première année. Ayant fait la remarque que les tiges de sainfoin fleurissent en deux fois, et que la graine du bas du bouquet est déjà mûre, lorsque celle du haut est encore en fleur, cela m'a donné l'idée de me procurer à la fois un bon fourrage et une certaine quantité de graine. Voici le procédé dont je fais usage: dès que je m'aperçois que la graine du bas des bouquets est un peu brune, je fais faucher le sainfoin

avec la rosée du matin ; le lendemain, je fais former
de petits tas de la quantité qu'une fourche peut transporter, et si le temps a bien séché le foin, je le fais
étendre avec précaution sur cinq ou six grands draps,
placés sur la pièce, à côté l'un de l'autre. Des hommes
remuent légèrement le fourrage, en le frappant à
peine, et le ramassent en grands tas. On répète cette
opération en divers endroits de la prairie ; on vanne
de suite, si c'est possible, tout ce qui est resté sur
les draps ; on recueille ainsi, d'un côté, une certaine
quantité de graine, et de l'autre, des débris de
feuilles qui sont excellents pour les bestiaux. Quant
au fourrage, on en forme des meules, et lorsqu'il
est bien sec, on l'enferme. Il se trouve presque aussi
bon que celui qu'on recueille ordinairement pour
foin, et cependant on a obtenu une certaine quantité
de graine.

Si la floraison avait eu lieu en même temps, il
faudrait attendre, pour recueillir la graine, que le
bouquet fût à peu près brun, et alors on suivrait le
procédé que je viens d'indiquer, avec cette différence
que les hommes frapperaient le fourrage sur les draps
avec des fourches, afin d'en faire tomber la graine.
Il est vrai qu'alors le fourrage sera moins bon, mais
aussi on aura plus de graine et un plus grand résidu
de feuilles. Au reste, les tiges de sainfoin dont les
feuilles sont tombées, forment une nourriture excellente pour les mules, qui les préfèrent même au
foin. On reconnaît que la graine est de bonne qualité
lorsqu'en en prenant une poignée qu'on agite, on
s'aperçoit qu'elle est bien détachée de l'intérieur de

son enveloppe. Il ne faut pas négliger de faire étendre le tas de graine, parce qu'elle fermente facilement. Depuis quelques années, beaucoup de propriétaires de Castres, qui cultivent une grande quantité de sainfoin, ont fait la spéculation d'en laisser grainer la principale partie ; le débit de la graine est facile dans les départements qui composent l'ancien Bas-Languedoc, où elle se vend, année commune, de 10 à 13 fr. l'hectolitre ; et comme la production d'un demi-hectare de sainfoin en graine est très considérable, on retire souvent de son champ autant que s'il avait produit une récolte de blé. Les propriétaires du Lauragais, qui cultivent le sainfoin en grand, ne devraient pas négliger une spéculation aussi avantageuse (1).

ART. 5.

Récolte du fourrage.

Il faut attendre que le sainfoin soit entièrement en fleur, les graines de la partie inférieure du bouquet bien formées, et le haut un peu fané, alors on le fauche, et on le laisse deux jours sans le remuer. Le troisième jour, on ne fait que le retourner, et si le temps est chaud, on le met en rangées épaisses pour

---

(1) Je citerai, à cette occasion, M. de Lastours, ancien maire de Castres, qui recueille souvent 200 hectolitres de graine de sainfoin, qu'il vend dans le Bas-Languedoc. Cet excellent agriculteur apporte dans l'administration de ses nombreux domaines les grandes vues qu'il a déployées pendant qu'il administrait la ville de Castres, et qui depuis, dans la chambre des députés, l'ont fait remarquer d'une manière si honorable.

que la rosée ne le blanchisse pas. Le lendemain, on le fane légèrement, et on en forme des meules pointues. De cette manière, le sainfoin fermente doucement, et n'est plus sujet à cette fermentation qu'il éprouve dans les granges, et qui produit une poussière dangereuse pour les chevaux et pour les mules, auxquels il cause souvent des maladies de poitrine. Je n'ai pas besoin d'ajouter que le temps seul doit indiquer le moment le plus avantageux de serrer le fourrage lorsqu'il est resté deux jours en meules, ce qui m'a paru suffisant pour terminer la fermentation ; après avoir ouvert les meules le matin, on charge le fourrage au coucher du soleil.

ART. 6.

DÉFRICHEMENT DU SAINFOIN OU ESPARCETTE.

Le sainfoin dure de quatre à cinq ans en plein rapport. Du moment qu'on s'aperçoit que la marguerite sauvage à fleurs blanches commence à s'emparer du sol, il ne faut pas hésiter de défricher. Il est plus avantageux de faire cette opération avec la bêche à deux pointes, pour y semer du maïs ; mais, dans les terrains médiocres, on profite d'une forte pluie pour labourer cette prairie artificielle avec la charrue à oreille : on donne un second labour en travers, on passe le rouleau à plusieurs reprises, on laboure encore deux fois, et ensuite la terre, ainsi disposée, se repose depuis les premiers jours de septembre jusqu'aux semailles du blé. Un trop grand travail rendrait la terre plus susceptible d'une mala-

ART. 2.

MANIÈRE DE PRATIQUER LA PONCTION LORS DE LA TYMPANITE.

On saisit l'instrument de la main droite, le manche étant placé dans la paume de la main droite; on le dirige perpendiculairement au flanc gauche de l'animal, et à égale distance de la dernière côte et de la hanche, c'est-à-dire au centre du flanc. On enfonce l'instrument jusqu'à ce que l'index touche la peau. Alors on appuie fortement sur le tuyau de fer blanc, pour le maintenir dans l'ouverture et on retire le *trocart*. L'air sort aussitôt avec force par le tuyau, et le gonflement diminue. Tout propriétaire devrait avoir chez lui un *trocart*, et se faire indiquer par un artiste vétérinaire la place de l'opération. C'est sans doute une bonne méthode, quand la tympanite est violente; un essai que j'ai fait dans ce genre, ne m'a pas cependant réussi, apparemment par maladresse, ou bien j'avais attendu trop tard.

L'alcali volatil à la dose de 30 gouttes dans un verre d'eau, suffit pour un mouton. 0,63738 décigrammes dans demi-litre pour un bœuf, en cas pressé de la poudre de chasse dans de l'eau-de-vie produit un bon effet.

CHAPITRE XIV.

Fourrages racines , turneps , raves du limousin, rutabaga.

Je ne crois pas que cette culture convienne à notre climat ni à nos terres , il est cependant possible que dans des vallons frais , substantiels et profonds , cette culture pût donner de bons résultats, surtout si l'été est pluvieux.

J'ai essayé plusieurs fois d'en cultiver, mais je n'ai réussi qu'une fois. Il est à regretter que cette culture qui fait la richesse de l'Angleterre , ne puisse nous convenir. On peut semer la graine en la mêlant avec une petite quantité de sable , ou mieux encore dans des raies formées avec un rateau, dont les dents se trouveraient espacées de 27 centimètres. Il serait à désirer que chaque turneps fût éloigné de 33 centimètres

Le premier binage a lieu quand la plante a acquis six à sept feuilles. Le second, quand le turneps a la grosseur de 13 millimètres; avant de donner ces racines aux bœufs, il faut les laver.

A l'approche des gelées il faut arracher les turneps sans endommager les racines, on coupe les feuilles à 3 millimètres environ du collet.

—

ARTICLE PREMIER.

BETTERAVE.

Nous voici arrivés à la culture par excellence, la betterave, devenue en quelque sorte de mode dans le Nord, lors des premiers succès des sucreries, nous avons vu le moment où chaque propriétaire pourrait fabriquer son sucre de la manière la plus simple, et cela au prix de 20 centimes les 4 hectogrammes $\frac{1}{2}$: rien ne doit surprendre dans ce siècle de découvertes : et avec la puissance de la vapeur l'impossible n'existe plus.

De grands agronomes préfèrent la betterave à toutes les autres racines, comme nourriture pour les bestiaux, et d'après M. Gasparin, c'est la racine qui convient le mieux au Midi de la France, et ce qui peut corroborer cette opération, c'est le succès que j'ai obtenu en faisant faire avec le pal-fer des trous qu'on élargit en tournant avec force et qu'on remplit d'engrais en poudre ; de cette manière la sécheresse nuira peu aux betteraves, la racine principale pouvant facilement pénétrer à 43 centimètres.

Les découvertes faites par la chimie pour la fabrication du sucre a produit depuis 20 ans un engouement général dans le Nord. Les meilleurs fonds employés au lin et au colza ont été sacrifiés à la culture de la betterave, et on a cru même un moment que les tiges du maïs produiraient du sucre, c'eut été une double récolte bien précieuse. (1)

(1) Lors de la désastreuse retraite de Moscow, nos soldats gascons ont mieux résisté que ceux du Nord, par leur gaité et leur prévoyance : un grand nombre ont dû la vie au sucre dont ils avaient fait provision à Moscow.

Les départements du Nord, favorisés par l'humidité et la qualité supérieure de leurs terres, ont établi un grand nombre de sucreries ; mais le mode de fabrication étant encore dans l'enfance, il en est résulté plusieurs mécomptes.

Pour engager les propriétaires à cultiver la betterave, les fabricants payaient 1 fr. les 50 kilogrammes, tandis que l'expérience a prouvé qu'au dessus de 50 c. il y avait perte. Cette fabrication a acquis un grand développement dans le Nord, et promet pour l'avenir des ressources, en cas de guerre maritime. C'est sans doute beaucoup de se trouver en mesure pour n'être pas privé d'un des premiers besoins de la vie ; mais s'ensuit-il que pour favoriser cette culture, il faille sacrifier le peu de colonies que nous avons ? C'est là une grande question qu'on n'a traitée que sous le rapport, pour l'État, de l'augmentation du revenu que les sucres procurent, et l'on a négligé une considération d'une grande importance, que le commerce est la base de notre puissance maritime : sans colonies point de commerce, sans commerce point de bons matelots, et sans bons matelots point de marine.

En émancipant les nègres de ces colonies occidentales, l'Angleterre à bien prévu qu'elle perdrait ses colonies ; mais elle a vu en même temps que les autres puissances perdraient aussi les leurs. Dans ce grand changement, les chances n'étaient pas égales. L'Angleterre acquérant ainsi le monopole des denrées coloniales qu'elle cultive avec tant de succès dans le Bengale, il ne nous resterait que la naviga-

tion de la Méditerranée et l'Algérie, et en cas de
guerre nous y serions bloqués par Malte d'un côté,
Gibraltar pour l'Ouest, et peut-être par Mahon, pour
la côte d'Afrique.

Je reviens à la fabrication du sucre. L'engouement
pour cette industrie a été moindre dans le Midi que
dans le Nord; quelques usines à sucre se sont
établies, sans donner encore de bons résultats. En
Provence, les deux plus importantes sucreries sont
au moment de crouler.

Plusieurs obstacles s'opposent au succès de ces
sortes d'entreprises dans le Midi. La sécheresse de
nos étés, surtout la division des propriétés qui ne
permet guère la culture en grand des betteraves;
cependant, pour réussir, il faut avoir la certitude de
pouvoir se procurer la quantité de betteraves nécessaire, et ce n'est pas peu de chose.

Je citerai à ce sujet la fabrique de sucre appartenant à M. *Guillemar*, à Haute-Yeuse; elle consomme par jour 25 myriagrammes de betteraves,
environ deux millions par an. Il calcule qu'il faut
40 hectares pour produire cette quantité, le chiffre
moyen du produit étant de 70 milliers par hectare;
c'est un produit que nous n'obtiendrions dans le Midi
que dans les fonds de première qualité. M. de Dombasle établit qu'un hectare qui produit ordinairement
15 hectolitres de froment peut donner en moyenne
une récolte de 20 myriagrammes de betteraves, et si
le sol est riche, produisant 22 hectolitres de blé, on
pourra atteindre à 50 myriagrammes : c'est encore
loin du produit de M. Guillemar.

La fabrication en grand du sucre dans le Midi présente de grandes difficultés, par l'impossibilité de se procurer les betteraves nécessaires à une grande fabrication; c'est une suite de la trop grande division des propriétés. Il serait cependant possible d'établir dans des domaines médiocres une petite fabrication de sucre de betterave. Pour obtenir ce résultat, nous n'avons qu'à imiter les procédés économiques et ingénieux de M. Le Cerf, cultivateur dans la commune d'Onnaing, arrondissement de Valenciennes, qui lui ont valu de la Société royale centrale d'Agriculture, une médaille d'argent.

Les bâtiments d'exploitation de sa fabrique ne se composent que de deux pièces, l'une de 5 mètres 12 centimètres carrés, l'autre de 1 mètre 92 centimètres carrés; ses appareils de fabrication sont placés dans la première pièce. Ils consistent : 1° dans une râpe mue par une machine à bras; 2° dans une presse à bras, également en bois; 3° dans trois petites chaudières en fonte, de la contenance de 90 litres ou 100 chacune; 4° dans trois filtres de même capacité que les chaudières.

Dans la seconde pièce il a mis deux chaudières en cuivre d'environ un hectolitre chacune, l'une destinée pour l'évaporation, l'autre pour la cuite. Dans cette même pièce sont rangées les formes à sucre.

Le prix de tout l'appareil ne s'élève pas au-delà de 900 fr. La fabrication du sucre brut de cet établissement, est de 30 kilogrammes par jour, le sucre qui en provient est de la première qualité.

M. Lacroix, membre de la Société d'Agriculture

de Toulouse et l'un des meilleurs agronomes du Midi, a publié un mémoire pour encourager la petite fabrication du sucre dans les domaines médiocres. Pour une fabrication de 1000 kilogrammes de betteraves par jour, il ne lui faut qu'une râpe, 60 fr.; presse, 60 fr.; chaudière et accessoires, 210 fr.; filtres clairs, 130 fr.; forme et ustensiles, 100 fr. Total 560 fr.

M. Lacroix ne porte pas la main-d'œuvre en dépense, étant faite par la famille.

Art. 2.

Culture.

M. de Dombasle préfère le repiquage des plants venus des pépinières aux semailles à la main ou avec le semoir.

Je le prie de me permettre d'adopter le mode de semer sur place, la sécheresse de notre climat nous y oblige; mais en faisant usage du plantoir pour faire des trous de 33 centimètres de profondeur, qu'on remplit d'engrais en poudre, on peut avoir de belles récoltes de betteraves. J'ai obtenu, en 1839, des betteraves de huit kilogrammes. L'expérience de 1840 est venue confirmer le mode de semer au plantoir. L'effet de l'engrais a été extraordinaire, toutes les graines ont germé, et dans les trous sans engrais ou dans les raies semées à la main, un grand nombre de graines ne sont point nées et d'autres ont été dévorées par la limace. J'ai observé aussi que cet engrais a agi puissamment, malgré la longue sécheresse.

Je vais présenter les frais pour un hectare semé en

betteraves, d'après M. de Dombasle, en semant en place :

DÉPENSE.		RECETTE.
Frais généraux............	60^f	Supposons 20 milliers de betteraves, et le prix moyen de 70 centimes les 50 kilogrammes, on aurait de recette, pour 20,000 k., la somme de 300 fr. Si ces betteraves sont destinées à faire du sucre, la perte sera peu de chose; mais pour faire manger aux bestiaux, il y aurait une grande perte.
Loyer de la terre, hect..	60	
Deux labours..............	30	
Deux hersages............	6	
Fumier....................	62	
Semence, 5 k. à 2^f......	10	
Rayonnage au semoir....	3	
1er Sarclage, fumier......	22	
2e Sarclage, 20 journées.	15	
2 Binages à la herse......	4	
Arrachage, etc............	34	
Transport, changement.	11	
TOTAL.............	317^f	

Sous le rapport de la faculté nutritive, la betterave est peu inférieure aux pommes de terre ; elle est supérieure aux carottes et aux navets, et elle a le grand avantage de pouvoir être utile aux ménages, en fournissant pour les cochons et les vaches une nourriture fraîche depuis le mois de juillet jusqu'à l'arrachage.

C'est donc comme nourriture des bestiaux, que nous allons nous occuper de la culture de la betterave ; quant à son emploi dans les établissements de sucreries pour le Midi, je crois prudent d'attendre pour l'adopter que les moyens de fabrication soient simplifiés, et qu'on puisse établir des usines de ce genre sur une échelle de moindre proportion que celles du Nord.

Art. 3.

SUCRE DE BETTERAVE.

Cependant il serait possible que quelques localités du Sud-Ouest présentassent des chances de succès pour l'établissement en grand d'une sucrerie de betterave; je vais donc donner une idée de ce genre d'entreprise en détail, pouvant encourager nos jeunes agronomes.

Je vais présenter pour cela le compte rendu de M. Bajaunet de Limoges, qui a obtenu une médaille.

Soient 500,000 kilogrammes de betteraves.

DÉPENSE			RECETTE.	
DÉPENSE............	8,000^f		18,000 kilogr: de sucre,	
Main-d'œuvre. 18 hom.^{es} à ...... 1^f			à 1^f 50^c. ...	27,000^f
5 Femmes, à. . » 30^c } 91 j.	2,518		7,000 à 1^f. . .	7,000
4 Enfants, à... » 25			Pulpe mélasis. .	3,800
Veilles. .... 6 »			Recette...	37,800^f
Bois, pendant 91 jours.	2,366		Dépense. .	23,671
Charbon animal.	2,368		Rapport net. .	14.129^f
18 Bœufs, dont la nourriture est évaluée à 1^f par jour.	1,638			
Même frais, sang, chaux ,...	881			
Intérêts des capitaux et mach^{rs}..	4,100			
Frais de silos. .... Emmagasinage, loyer de bâtiment. .... }	1,800			
Total....	23 671^f			

Certes, cette spéculation serait bonne, si nous

pouvions avoir la main-d'œuvre au prix ci-dessus ;
et que l'on eût la certitude de se procurer les
500,000 kilo. de betteraves, ce qui serait impossible
avec la division de la propriété.

Art. 4.

Suite de la culture.

Il y a deux espèces de betteraves : la longue, connue pendant longtemps sous le nom de *Disette* ou
betterave champêtre, et la *Blanche de Silésie*, que
M. de Dombasle a introduite en France en 1818. Il
est maintenant reconnu que c'est la variété qui convient le mieux à la nourriture des bestiaux, et à la
fabrication du sucre.

Art. 5.

Terres qui lui conviennent.

La betterave exige une terre substantielle, douce,
de bonne qualité, et ayant de la profondeur. Au
commencement de l'hiver il faut défoncer d'après
ma méthode. (voyez *Défoncement*.) De cette manière,
les gelées ameublissant parfaitement le sol, on économise des hersages ; au printemps on laboure, et
on fume avec du fumier consumé.

Sans doute on pourrait économiser le fumier, en
suivant le mode que je vais indiquer ; mais cet engrais qui agira sur la betterave, est absolument nécessaire pour la récolte de blé qui suivra.

Art. 6.

Semailles.

Au commencement d'avril, on profite d'un beau

temps pour semer les betteraves. On se sert d'un cordeau marqué de 40 à 41 centimètres avec un peu de couleur rouge : on le tend, en commençant sur le bord du champ, à 41 centimètres du fossé : à chaque marque rouge, une femme enfonce un plantoir de 43 centimètres de longueur sur 6 centimètres, 8 millimètres de diamètre, terminé en pointe, et elle remplit le trou de l'engrais en poudre, qu'elle a dans un panier : une autre femme la suit, elle place au milieu des trous, où on a mis l'engrais, deux ou trois graines de betterave, aussi espacées que possible et qu'elle recouvre avec la main. Ainsi, il est facile de juger que les racines commençant à pousser dans cet engrais en poudre, acquièrent une vigueur qui leur permet d'enfoncer la racine pivotante dans la terre. Au reste, comme c'est une idée que j'ai mis à exécution dans l'année 1839, il faut s'assurer que les résultats soient tels que je les ai conçus. Les récoltes de 1840 et 1841 ont donné des résultats extraordinaires, malgré la sécheresse de 1840. Il est facile de voir que la principale racine, pénétrant facilement dans l'engrais, n'éprouve pas les effets d'une chaleur prolongée, d'autant que les cendres absorbent les rosées du matin qui entretiennent la fraicheur. Le succès obtenu économise les frais de replantage. En se servant de la méthode que j'indique, les sucreries du Nord seront sures maintenant de leurs récoltes de betteraves à un prix moins élevé. Je me trouve heureux de cette découverte.

Quand la première raie est terminée, on change le cordeau que l'on place à 65 centimètres de dis-

tance de la première raie. Les opinions sont parta-
gées sur la distance à donner; M. de Dombasle
indique 65 et même 81 centimètres. J'ai adopté
le chiffre 65, comme donnant toute facilité pour
labourer les entre-deux des raies. Il faut avoir le soin
de placer le cordeau de manière que les plants
soient en échiquier.

Art. 7.

SOINS DE CULTURE ET RÉCOLTE.

Quand la plante parvient à un accroissement de
5 centimètres, il faut procéder au sarclage, et ne
laisser dans chaque trou que le plant le plus vigoureux : on fait travailler l'intervalle des raies avec la
herse à cheval; mais ce sarclage ne vaut jamais un
travail fait par des femmes, qui ont le soin d'arracher toutes les mauvaises herbes, et qui sont d'ailleurs nécessaires pour l'intervalle entre chaque
plant. Si on s'aperçoit qu'il y a des places où la
betterave n'a pas germé, on peut y planter de jeunes plants arrachés, quand on les éclaircit seulement,
mais il faut avoir le soin d'arroser un peu et on est
ainsi certain de réussir.

Art. 8.

CUEILLAGE DES FEUILLES.

M. de Dombasle blame cette opération, surtout
quand on veut fabriquer du sucre; mais quand c'est
une nourriture pour les bestiaux, il n'y a pas à hésiter à laisser cueillir les feuilles du bas, pour les
donner aux cochons : c'est une manière de préserver

les autres récoltes des ravages des cochons des métayers, qui étant chargés de les nourrir, cherchent des ressources aux dépens du maître; on peut d'ailleurs en donner aux vaches laitières; au reste, j'ai fait plusieurs fois des essais, et je ne me suis pas aperçu de différence dans le produit, qu'on ait, ou qu'on n'ait pas arraché les feuilles.

ART. 9.

RÉCOLTE DES RACINES.

Il faut les arracher avant les gelées qui leur sont très-nuisibles dans notre Sud-Ouest. On doit faire cette récolte vers le 20 octobre.

De cette manière on a le temps de préparer la terre pour le blé. Les racines doivent être enfermées à l'abri de la gelée, dans une cave si c'est possible, ou bien dans un hangard, en recouvrant le tas d'une grande quantité de paille. Il faut enfermer les racines bien sèches. On conserve pour la graine les plus belles plantes. Si on manque de locaux, on peut les enfermer dans des fossés profonds, recouverts de terre et de paille gachés, en forme de toit.

ART. 10.

PRODUIT.

Il est bien difficile de fixer les produits en betterave par hectare. Cela dépend du sol, des engrais et des pluies par intervalle. M. de Dombasle évalue à 20,000 kilogrammes le produit moyen d'un hectare. Pour moi, pendant plusieurs années j'ai recueilli 15,000 kilogrammes. En 1834, un de mes voisins,

sur un excellent fonds de défrichement de prairie ,
a récolté 40,000 kilogrammes ; mais c'est là un produit extraordinaire. En ne calculant que sur 15,000
kilogrammes, et les réduisant en valeur de foin, qui ,
à 2 l. , produit 240 l., si on pouvait soi-même faire
la distribution de ses racines et économiser le foin
qu'elles doivent remplacer , il y aurait un bénéfice
positif ; mais il n'en est pas ainsi. Les métayers regardant cette racine comme peu nourrissante , n'é-
pargnent pas le foin , et en emploient en cachette
à la nourriture de leurs cochons.

C'est ainsi qu'il y a souvent mécompte quand on
veut comparer les résultats de la théorie avec ceux
de la pratique.

ART. 11.

CARROTTE.

La culture de cette racine exige un sol bien amendé
avec un fumier bien consommé. C'est dans les alluvions des rivières , terre vaseuse , que les carottes
produisent le plus. D'après bien des expériences
comparatives , *Arthur - Young* a constaté leur supériorité sur le grain et sur les pommes de terre pour
l'engraissement des cochons , mais en ayant le soin
de les donner cuites. Les vaches à lait et les chevaux
se trouvent à merveille de cette nourriture.

Il y a sept variétés de carottes ; les meilleures
sont la blanche , la jaune et la rouge.

ART. 12.

CULTURE.

Lorsque les feuilles de la carotte sont développées,

il faut sarcler pour détruire toutes les mauvaises herbes. Vingt-cinq jours après., on fera un nouveau sarclage , en éclaircissant les plantes, de manière à lés espacer de 15 à 18 centimètres. Cinq ou six semaines après on donne le dernier binage.

Si les plantes paraissent vigoureuses , et qu'on veuille se procurer de grosses carottes , il faut espacer de 22 à 24 centimètres de distance.

Dans l'année 1842 , j'ai fait l'essai de cultiver les carottes de la même manière que je l'ai indiqué pour la betterave , seulement en rapprochant les distances.

ARTICLE 13.

Produit.

Selon *Schvertz*, le produit par hectare est , dans un sol médiocre , de . . . . . . 34,000 kilogram.

Sol excellent. . . . . 42,600 k.

Selon M. de Dombasle, bon sol. 25.000 k.

Sol de haute fertilité. . . . . 75,000 k.

En prenant pour base 25,000 kilogrammes par hectare , et réduisant ce poids en valeur nutritive de foin , nous trouverons qu'il faut 9 hectogrammes de carottes pour représenter 3 hectogrammes $^1/_2$ de foin.

Il résulte qu'un demi-hectare de bonne qualité , bien soigné , procure pour les animaux autant de substance nutritive que 4,400 kilogrammes de foin.

Les agronomes du Nord évaluent à 228 fr. (1) la

(1) Avec notre manière de cultiver , cette dépense de 228 fr. doit être diminuée de moitié.

dépense de culture d'un demi-hectare de carottes , et le produit à 19,700 kilogrammes , vendu à 2 fr., ce qui fait 394 fr. de bénéfice net.

Nous sommes loin d'obtenir de si grands résultats et d'avoir des prix de ventes semblables. S'il en était ainsi, nous trouverions un grand avantage à défricher toutes les prairies dont le produit moyen en foin est de 2000 à 2,250 kilogrammes par demi-hectare, et de cultiver les carottes qui nous donneraient l'équivalent de 4,400 kilogrammes en bon foin. Un des inconvénients pour nous de cette culture, c'est qu'elle exige une grande surveillance, surtout quand les champs sont à une certaine distance du village. Cette racine est fort estimée des paysans, et ils trouvent tout simple de prendre leur part de celle qu'on donne aux bestiaux et d'en nourrir leurs cochons. Il faut bien se pénétrer qu'il y a guerre ouverte entre le maître et les métayers ; trop heureux quand les résultats de la guerre se réduisent à peu de chose, et que les métayers soient bons cultivateurs. Un métayer à moitié fruit, vous dira : Monsieur, venez partager *votre part* ; et en effet , bien heureux si on la partage , pour les fèves, les haricots et le maïs.

Depuis quelques années , je me trouve fort bien de planter en vigne tous mes mauvais terrains, que je fais défoncer à 54 centimètres, à prix fait ; ces vignes sont plantées de manière qu'on puisse les labourer , les raies à un mètre 80 centimètres de distance. La vigne plantée, je donne à mon jardinier la permission de planter deux raies de carottes ou

deux raies de scorzonère au milieu des deux raies de
la vigne. Il est chargé de tous les frais, et le produit
se partage. Comme il est intéressé à surveiller les
fraudes, il en retire un fort bon produit.

CHAPITRE XV.

POMMES DE TERRE.

La culture des pommes de terre a pris une croissance considérable depuis qu'elle fait la principale
ressource de nos vastes montagnes. Le sol qui lui
convient le mieux est la boulbène douce, sablonneuse, les terres bâtardes et les alluvions.

Thaër pense qu'il faut deux kilogrammes de pommes de terre pour valoir un kilogramme de foin. M. de
Dombasle, donne pour proportion un kilogramme $^3/_4$,
si elles sont cuites, et 1 kilogramme $^5/_6$ environ, si
elles sont crues; celles-ci donnent plus de lard aux
cochons, et les cuites plus de graisse, mais il ne
faut jamais dépasser la moitié de la ration.

Pour l'engraissement des cochons, on commence
par donner des pommes de terre qu'on laisse un
peu aigrir, en y mêlant un peu de farine d'orge (1).

Pour les bœufs, la même méthode en supprimant
le mélange aigri.

La pomme de terre cuite écrasée avec du son,
engraisse promptement la volaille.

---

(1) Je croirais que ce mélange aigri demanderait de subir plusieurs expériences.

La truffe d'août de Paris, est une des plus productives et des plus hâtives, la chave est plus hâtive de quinze jours.

La brugeoise cultivée par M. Vilmorin, a été encore la plus hâtive.

La patraque jaune de Paris est propre aux terrains humides.

La vitelotte de la classe cornichonne est très estimée pour garnitures de viandes.

La rohan paraît jusqu'à présent la pomme de terre qui donne les plus gros tubercules.

Serait-il vrai que la pomme de terre que nous regardons comme épuisante, peut être semée sur le même terrain plusieurs années consécutives sans diminuer le produit ?

M. *Schwerts* rapporte deux faits curieux qu'il est bon de connaître : « J'ai vu, dit cet agronome, des » champs qui ont produit des pommes de terre pen- » dant six ans avec une seule fumure, et après six » récoltes consécutives, on sema de l'orge dont le » produit fut très considérable. Dans un autre » endroit, ajoute-t-il, j'ai vu un champ qui avait » produit un an de l'orge, et dix-neuf fois des pom- » mes de terre ; enfin, on cite dans le Wurtemberg, » un propriétaire qui avait cultivé les pommes de » terre trente-deux ans de suite, en fumant tous » les ans. »

ARTICLE PREMIER.

FUMIER.

Le fumier pailleux à peine pourri a procuré d'excellentes récoltes. Des expériences faites en Allemagne sur un sol léger mais humide, avec divers fumiers, nous ont fait connaître des résultats curieux.

EXPÉRIENCES FAITES EN ALLEMAGNE.

Supposons qu'un hectare non fumé donne 100. Nous aurons 119, si on fume avec du fumier de cheval tout, frais à raison de 75,000 kilo, ou 26 de nos charretées ;

162, si on fum. avec du fum. de cheval décomposé ⎞
190, si c'est avec du fumier de bœuf tout frais. ⎟ même quantité
185, si c'est avec du fumier bien consommé. . . ⎟ 75,000 kilo.
225, si l'on fume avec du purin. . . . . ⎠

Ce qu'il y a de curieux dans ces expériences, c'est l'effet prodigieux du purin qui double le produit des pommes de terre.

On a de la peine à expliquer pourquoi du fumier de bœuf tout frais a produit un plus grand résultat que celui de cheval ou de bœuf bien consommé.

Le sol doit être labouré profondément et bien ameubli, mais il ne faut pas trop enterrer les pommes de terre quand on les sème. M. Voght a constaté que des pommes de terre plantées seulement à trois centimètres, cinq millimètres de profondeur, avaient rapporté 27 fois plus que celles qui étaient enfouies à seize centimètres. Il ne serait pas possible avec la charrue de ne les couvrir que de 5 ou 6 centimètres de terre : nous devons donc calculer sur 11 centimètres au moins.

ART. 2.

SEMAILLE.

Après que le terrain a été bien fumé et hersé, on forme avec la charrue des raies espacées de un mètre (1), et c'est sur le côté regardant le midi que les femmes sèment à 16 centimètres de distance les tubercules que la charrue couvre. Quelques agronomes pour économiser le fumier n'en mettent que dans la raie où l'on sème les pommes de terre, il est certain que la récolte n'en est que plus abondante, mais pour la récolte de seigle qui succédera, les $^3/_4$ du champ n'auront pas reçu d'engrais.

ART. 3.

SOINS A DONNER.

Quelques agronomes considèrent la soustraction de la fleur comme avantageuse, mais l'augmentation de produit n'est pas en raison des frais.

D'autres agronomes conseillent de couper les tiges avant la floraison.

Voici les résultats des expériences de M. de *Molerat:*

La récolte dont on a coupé le fanage avant la

---

(1) Depuis longtemps j'avais adopté l'usage d'espacer les raies de pommes de terre à près d'un mètre; mais une expérience comparative faite dans l'année 1842, m'a prouvé que j'étais dans l'erreur. Des pommes de terre semées en raies espacées de 60 centimètres, ont donné le double des raies espacées à un mètre, la raison est facile à trouver. Les tubercules prennent leur substance dans l'espace de 30 à 40 centimètres seulement, il y a donc un tiers de la terre qui ne produit pas. Voilà un fait positif.

floraison a donné . . . . 4,300 k.
Coupé immédiatement après la floraison. 16,320
Un mois plus tard. 30,700
Encore un mois plus tard. 41,700

Il faut donc se garder de toucher à la force des pommes de terre, et les préserver des animaux. On peut seulement deux ou trois jours avant de les arracher les faire manger sur pied par les bœufs.

Un autre agronome avait conseillé de couper toutes les tiges à 10 ou 15 centimètres de terre ; un autre de ne laisser qu'une seule tige. J'ai fait tous ces essais sans obtenir un résultat favorable. Les pommes de terre coupées à 11 centimètres de terre sont mortes promptement.

Dans notre Midi, il faut semer les pommes de terre de bonne heure afin d'éviter les fortes sécheresses. A la fin du mois d'août, s'il survient une forte pluie de durée, du moment que le temps revient au beau, il faut arracher les pommes de terre: sans cela les tubercules germent, produisent une infinité de rejetons et de petites pommes de terre qui ne donnent qu'une chétive récolte.

Quels sont les produits d'un demi-hectare fumé?

ART. 4.

PRODUITS.

En Allemagne où on a moins de sécheresse que dans notre Midi, *Schwertz* a récolté jusqu'à 238 hectolitres par demi-hectare.

Thaër n'a pas dépassé 132 hectolitres: Il calcule

le rapport moyen à 110 hectolitres du poids de 80 kilog.

Chez moi, où je cultive depuis 36 ans la pomme de terre en grand, je me contenterai de citer l'année 1825, trois hectares de terre boulbène sablonneuse ont donné 41,500 kilogrammes.

Art. 5.

Emploi de la pomme de terre.

Je consomme une grande quantité de pommes de terre pour ration extraordinaire à mes vaches laitières et pour les cochons. On emploie à cet usage les petits tubercules qu'on a soin de mettre à part quand on les récolte.

Quant à leur emploi pour engraisser des bœufs ou des moutons, cela dépend du prix qu'on peut en avoir au marché. Si c'est un franc 50 centimes les 50 kil., il vaut mieux les vendre.

Mais si le prix est entre un franc et un franc 25 centimes, on peut essayer d'engraisser des bœufs. En 1827 je ne trouvai qu'un franc de mes pommes de terre, j'engraissai une vieille paire de bœufs estimés 322 francs : cette paire consomma 2500 kilogrammes de pommes de terre dans 45 jours, un peu de farine d'ers et de tourteaux de lin, je la vendis 480 francs : c'était tirer un bon prix des pommes de terre.

Art. 6.

Fécule de pomme de terre.

Quand on veut extraire en grand la fécule, il faut

nécessairement créer des établissements en rapport avec l'importance de la fabrication qu'on veut entreprendre. Ce n'est pas un genre de spéculation que je conseillerai aux agronomes, ce serait se livrer à une spéculation qui pourrait bien figurer dans la liste des mécomptes. Mais il peut être utile de pouvoir se livrer chez soi à une petite fabrication de fécule, surtout quand les pommes de terre sont à vil prix. C'est donc ce mode de petite fabrication que je vais indiquer.

Il faut commencer à réduire les tubercules en pulpe, au moyen de la râpe à bras dont le prix est peu élevé; je crois même qu'elle a été perfectionnée à Paris par M. Durand. La pulpe est placée sur un tamis fort en crin, qu'on remplit à moitié : un homme avec une spathule de bois presse et retourne continuellement, à mesure que l'on verse sur la poulpe, un litre d'eau. Ce tamis est placé sur une comporte à vendange. Quand l'eau qui passe à travers le tamis est claire, on vide ce tamis, on y replace de la pulpe et on continue l'opération. Si on veut économiser l'eau, on peut mettre la pulpe et l'eau dans une comporte, la bien triturer, de manière à enlever la partie blanche, et on passe à la fin seulement un litre d'eau.

On remplit un tonneau placé debout, avec toute l'eau qui a servi aux divers tamisages, on remue bien la masse du liquide, et quand elle est bien reposée, et que l'eau supérieure est claire, on décante au moyen de plusieurs chevilles (*dousils*) placés à diverses hauteurs. On ajoute autant d'eau qu'il y a de résidu, on le remue et quand le liquide est clair à la surface, on décante de nouveau.

La fécule déposée au fond du tonneau est mise dans des sacs, afin de bien égouter l'eau. Au bout de quelques jours, on vide la fécule qui est dans les sacs sur des planches de bois blanc. On place les pains dans un endroit chaud, pour enlever le restant de l'eau. On peut alors l'employer pour le ménage. Cette fécule conservant cependant encore un peu d'humidité, est designée dans le commerce sous le nom de *fécule verte*.

En faisant usage du moyen que je viens d'indiquer, on peut obtenir 25 kilogrammes de fécule par 100 kilog. de pommes de terre.

Supposons la valeur de 100 kilog. de fécule à 20 francs, on se trouverait donner 50 kilog. de pommes de terre au prix de 2 fr. 50 c.

ART. 7.

EMPLOI DE LA POMME DE TERRE POUR LA NOURRITURE DES CHEVAUX.

M. Tostain, agronome dans les environs de Caen, a essayé avec succès de nourrir ses chevaux avec du pain de pommes de terre, dont il donne la composition.

Pommes de terre......................	5 fr.	50 c.
Farine d'orge, à 20 fr. l'hectol. 151 k..	3	15
Frais de bois et main d'œuvre...........	3	00
	11	65

On obtient 78 pains, pesant, l'un dans l'autre, au moins deux kilog. Chaque pain revient à 65 centimes :

à cette nourriture il faut ajouter 5 quintaux de foin.

La nourriture du cheval revient à 86 francs.

Voici le moyen de fabrication :

Quand les pommes de terre sont cuites et refroidies, un homme les pile et ajoute la farine d'orge, on continue le pétrissage, en ayant soin de retourner de temps en temps ce mélange avec une pelle de feu ; puis on met les pains au four, et il faut les y laisser 18 heures.

Les chevaux, les vaches, les cochons, même la volaille, mangent ce pain avec plaisir.

Art. 8.

Emploi des résidus.

La pulpe qui a été bien lavée, produit le quinzième du poids des tubercules. On peut l'employer pour l'engrais des vaches laitières et des cochons. Si l'on veut la conserver, il faut la bien faire sécher au soleil, et alors on peut la conserver.

D'après cet exposé, on peut trouver de l'avantage à extraire de la fécule, quand le prix de 50 kilog. de pommes de terre ne vaut que 1 fr. 20 c. ou 1 fr. 60 c. La fécule qu'on obtient peut être employée dans le ménage, pour la nourriture de la volaille et l'engraissement des cochons.

CHAPITRE XVI.

Topinambour.

La culture de cette plante a été pendant quelques années en faveur, M. Ywart ayant encouragé cette culture par un grand nombre d'expériences. Une des raisons qui ont pu nuire au topinambour c'est la difficulté de détruire cette plante dans les champs où on la cultive, et cependant elle est très utile et facile à cultiver. Les terres qui lui conviennent le mieux, sont celles où il y a du calcaire. Pour utiliser cette culture et éviter les inconvénients de cette production, il serait bon de ne cultiver cette plante, que dans des versants, terres de côteaux calcaires conservés à la dépaissance, ou bien encore comme je le fais, sur des bois après qu'on les a coupés : on travaille la terre dans l'hiver et on seme ce tubercule en mars. On obtient ainsi une bonne récolte de topinambour qu'on peut employer à la nourriture des cochons l'année d'après ; les petits tubercules poussent au milieu des tiges de chêne. La première et la seconde année il faut avoir le soin de réunir la pousse des chênes en faisceaux, afin de donner de l'air aux topinambours : de cette manière on peut conduire les cochons dans le bois où ils trouvent une bonne nourriture, et je ne me suis pas aperçu que la végétation du bois en eût souffert.

Cette plante exigeant peu de soins, ni d'engrais, sa culture se trouve la même que celle de la pomme de terre, avec la différence que ne craignant pas le froid, il suffit de l'arracher sitôt qu'il en est besoin. A l'automne il faut faucher les tiges qu'on emploie pour chauffer le four.

M. de Tracy, dans une année de sécheresse, a trouvé une grande ressource pour la nourriture des bestiaux en leur donnant les tiges vertes des topi-

nambours, qui ne craignant pas la chaleur, donnèrent un bon fourrage, et les tubercules ne souffrirent
pas de cette opération.

On peut évaluer le produit d'un hectare de la
récolte en tubercules à 8 ou 9 fois la semence, ou
à 120 ou 140 hectolitres par hectare.

CHAPITRE XVII.

Bois, Pépinières, Plantations.

Les propriétaires de bois ne sauraient trop étu-
tiver l'excellent mémoire de mon honorable collègue, M. Dralet, conservateur des eaux et forêts.
Cet habile administrateur a étudié, avec soin, toutes
les parties de cette science, et en a établi les principes et le mode d'exécution, non sur de vains systèmes, mais d'après l'expérience d'un grand nombre
d'années, et sur des faits positifs. Il résulte de ses
conseils :

Que le propriétaire doit étudier, avec soin, les
diverses qualités de son terrain, et d'après une
suite d'observations, fixer l'époque où il s'aperçoit
que ses bois ne croissent plus. C'est alors qu'il établira ses coupes à 10, 15, 18 ans, toujours en raison du plus ou du moins de profondeur de la terre
et de sa vigueur. Les bois situés, comme dans quelques parties du Lauragais (Tarn), sur des côteaux,
dont les couches inférieures sont formées de pierre
à chaux, doivent être coupés très jeunes.

On n'est point d'accord sur l'avantage ou l'inconvénient des baliveaux. Cela tient à ce qu'on a voulu faire une règle générale de ce qui ne doit s'appliquer qu'à des localités particulières. Dans un fonds de première qualité, les baliveaux peuvent atteindre à une grande hauteur, vivre longtemps, et fournir ainsi de grandes ressources pour la marine.

Dans les fonds médiocres, ils dépérissent bien vîte, et on les voit se couronner avant la seconde coupe.

L'ordonnance de 1669, sur laquelle sont basées, en partie, nos lois actuelles sur les bois, exige qu'il soit réservé 20 baliveaux de futaie et 32 de taillis par hectare ; elle permet aux particuliers et aux communes d'en disposer à l'âge de 40 ans pour les taillis, et à celui de cent-vingt ans pour la futaie. Le propriétaire soigneux coupera tous les baliveaux qui n'annoncent pas de la vigueur. Il choisira avec soin dans les bonnes essences, telles que le chêne et le châtaignier, bien préférables à l'orme et au hêtre, et surtout aux bois blancs, ceux qu'il doit réserver. En principe, on doit préférer pour les bois dans les bons fonds, les arbres à pivôt, à ceux dont les racines sont traçantes.

On obtient rarement une belle pièce de charpente du baliveau venu sur un tronc, au lieu qu'on peut l'espérer lorsqu'il provient de graine. On doit préférer les baliveaux dont la croissance est forte et rapide, la tige droite, l'écorce unie, luisante et les branches élevées.

COUPE DES BOIS.

La société d'agriculture de la Haute-Marne, a fait constater par des commissaires , les succès de la méthode de M. *Douette-Richardot* , sur la coupe des bois entre deux terres. Il résulte de leur examen sur diverses espèces de bois , que la coupe des souches à six centimètres au-dessous du niveau du sol , a produit des bûches , de beaucoup supérieures à celles d'un taillis de chêne de dix ans , et que le volume de bois produit par les racines des arbres coupés hors de terre , n'est que la moitié de celui des arbres exploités entre deux terres. Cette méthode est devenue générale dans nos départements , et produit une quantité de débris de souches , qui ont une grande valeur comme bois de chauffage.

Depuis vingt ans , je suis dans l'usage , quand je coupe des bois dont le fonds est assez bon , d'en retirer un autre produit que le bois.

Si la terre est douce et propre aux pommes de terre , je fais travailler tout le bois , et je laisse les souches des arbres à découvert. Au printemps je sème des pommes de terre , en ayant le soin de placer sur le tubercule , ou mieux dessous , une poignée de fumier ; on couvre de suite avec le râteau. L'année d'après je fais attacher les jeunes jets et je sème encore des pommes de terre. Ce travail , pendant ces deux années , donne une grande vigueur aux taillis.

Voici une expérience qui ne laisse pas que d'avoir une grande importance,

Dans le Lauragais j'avais un bois de trois hectares à couper en 1826, le sol était d'assez bonne qualité ; à côté se trouvait un champ de la même grandeur, d'un médiocre produit. Pendant l'hiver je fis dégazonner, par mes maîtres-valets et des journaliers, tout le bois avec le pelle-versoir à deux pointes. Deux tomberaux se succédant toute la journée, transportaient ce gazon dans le champ voisin, par rangées très peu espacées. Le premier février le bois avait été entièrement dégazonné. On fit étendre les gazons et passer la herse, et on donna à ce champ plusieurs façons pour ameublir la terre. Au mois d'avril on y sema du maïs après une bonne pluie, et j'obtins une récolte extraordinaire. Le maïs récolté, on sema du blé, et on eut une bien belle récolte. Depuis, ce champ est un des meilleurs de la métairie.

Quant au bois, j'y fis semer de l'avoine, qu'on recouvrit légèrement avec des râteaux. La récolte souffrit de la sécheresse et ne donna qu'une récolte ordinaire ; mais il paraît que le sol dégagé de la mousse par le travail du dégazonnage, et pouvant laisser pénétrer les eaux de la pluie facilement, avait acquis une grande vigueur, puisque la première pousse des arbres fut très belle. Depuis on a observé que ce bois pourra être coupé deux ans plutôt qu'à l'ordinaire.

Du côté de Castres, plusieurs petits propriétaires, quand ils défrichent des bois un peu clairs, écobuent le terrain, sèment du seigle et obtiennent ainsi deux belles récoltes sans nuire à la croissance du bois. En agriculture, on ne doit jamais négliger ces moyens d'augmenter son revenu , et dans cette occasion l'opération est d'autant avantageuse qu'elle active la croissance du bois et fournit beaucoup de paille.

Art. 2.

Clairières des bois.

Dans les bois qui ont de grandes clairières, et qu'on désire regarnir , il faut profiter de l'année de la coupe pour planter des chênes de cinq , huit et même dix ans. On objectera que des chênes de cet âge auront de la peine à réussir. C'est cependant une chose facile, et dont le succès ne tient qu'à la manière d'arracher les arbres et de les planter.

L'importance de cet objet me fait un devoir d'entrer dans quelques détails ; je dois cependant dire que ce ne peut être règle générale, mais plutôt une exception, puisqu'il faut un sol sablonneux ; ayant de la profondeur, et situé près d'une rivière ; telle est la position où je me suis trouvé.

En 1808, je semai un bois de chêne sur un terrain médiocre, dans lequel le sable de rivière dominait.

A l'âge de six ans, je commençai à éclaircir les petits chênes ; mais pensant que cet arbre pivotant profondément, devait retirer sa principale substance bien plus du pivot que des racines traçantes, j'en conclus qu'en arrachant l'arbre avec soin sans briser la racine pivotante, et le remplaçant dans un trou d'une égale profondeur, je serais certain de la réussite.

Je voulus exécuter cette idée, et je fis déchausser des arbres aussi bas que possible sans endommager la racine, trois ou quatre hommes saisissant alors avec les deux mains la tige en dessous du collet et réunissant leurs efforts, parvenaient facilement à arracher la racine pivotante sans la rompre, ensuite on creusait des trous pour la replantation de 97 centimètres de large sur 97 centimètres de profondeur: mais comme le pivot avait souvent de un mètre 30 millimètres à un mètre 949 millimètres de longueur, on enfonçait au milieu du trou un pieu de fer de la longueur nécessaire, et on y introduisait le pivot de l'arbre, en ayant le soin de ne pas replier la pointe. La reprise de tous les chênes plantés ainsi, fut générale, et je continuai les années suivantes la même méthode. Il est, en effet, facile de voir que les arbres résistent d'autant mieux à la sécheresse des étés, que leur racine pivotante et nourricière se trouve à un grande profondeur. Je suis parvenu ainsi à planter des chênes de quatorze ans. J'ai aussi observé qu'en plantant des chênes dans de grands trous où l'eau s'était conservée et qu'on vidait, les arbres plantés immédiatement dans cette terre *boulbène* fortement humectée, réussissaient parfaitement ; cela prouve l'importance de maintenir la fraîcheur pour la réussite des arbres. Sous ce rapport, le Nord est plus favorisé que nous. Voici un moyen :

Si on est à portée d'avoir facilement des cailloux, il faut entourer le pied de l'arbre d'un petit tas de cailloux à une épaisseur de 4 à 16 centimètres. De cette manière l'eau de la pluie pénètre facilement aux racines; les cailloux empêchent le soleil de pomper l'humidité, et les mauvaises herbes ont peine à végéter. J'ai été amené à ce résultat par l'observation suivante : Ayant planté plusieurs chênes dans le même terrain, je m'aperçus qu'au bout de vingt ans, il y avait plusieurs chênes dont la circonférence était d'un tiers plus grande que celle des autres arbres, en en cherchant la cause, j'observai que les pieds des premiers arbres étaient au milieu d'un tas de cailloux, qu'on y avait déposé par hasard en les sortant d'un champ; depuis j'ai observé que les arbres garnis de cailloux au pied, ont résisté à la grande sécheresse de 1839.

ART. 3.

CROISSANCE DES BOIS (1).

Nous devons à M. Waistell, des expériences sur la croissance des arbres, et sur leur valeur à chaque âge.

(1) Malgré la différence qui doit exister dans la manière de soigner les bois dans le Sud-Ouest, j'ai cru qu'il pourrait être utile de connaître les principes que nos agronomes du Nord et les Allemands ont fait connaître. La Maison Rustique du xixe siècle, les Dictionnaires d'Agriculture, un Traité sur les bois, de M. de Morand, et quelques auteurs allemands, ne laissent rien à désirer sur cet objet.

AGE.		VALEUR DU TAILLIS.	AGE.		VALEUR DU TAILLIS.
1		1	13		169
2		4	14		196
3		9	15		225
4		16	16		256
5		25	17		289
6		36	18		324
7		49	19		361
8		64	20		400
9		81	30		900
10		100	40		1600
11		121	80		6400
12		144			

Ainsi un taillis de 40 ans, a seize fois plus de valeur qu'un taillis de dix ans, quatre fois davantage qu'un taillis de vingt-six ans, et deux fois plus qu'un taillis de 28 ans.

Art. 4.

QUAND FAUT-IL COUPER LES BOIS?

À quel âge faut-il couper les bois? C'est là une question difficile à résoudre, et qui tient à la facilité du débit. Dans un sol moyen, la croissance des bois donne dans dix ans en valeur, le carré de l'âge. Ainsi à dix ans c'est 100^l et à vingt ans 400^l. La croissance et la durée des bois tiennent à la profondeur du sol; c'est donc au propriétaire à étudier son sol et à fixer le moment de couper. Je peux citer un exemple dans ce genre : j'ai un bois dont le sol est composé d'assez bonne grave, à la profondeur d'un mètre; au dessous se trouve un tuf rouge, espèce de marne calcaire. Quand le bois que j'avais semé eut atteint l'âge de dix-huit ans, je m'aperçus que quelques branches de la tête du chêne se séchaient ; l'année d'après j'en observai davantage. J'en conclus que la racine pivotante ayant atteint le tuf, ne pouvait plus fournir sa portion de nourriture au tronc et aux branches, qu'il n'y avait alors que la racine traçante, insuffisante pour fournir la sève nécessaire. Je fis couper ce bois ras de tronc ; et depuis je le coupe tous les dix-huit ans.

Il se trouve quelques localités, telles que les montagnes qui forment les côteaux du riche vallon de Saint-Amans (Tarn), où l'on voit le chêne végéter avec force dans un terrain tout couvert de gros rochers isolés et où on n'aperçoit que quelques espaces de terre noire. Le chêne enfonçant son pivot dans l'intervalle des rochers, quelquefois même dans leurs fentes sinueuses, pénétrant dans un sol vigoureux, et se trouvant à l'abri de la sécheresse par les rochers qui couvrent le sol, acquiert une forte croissance.

Si le bois est situé dans un pays de vignobles, dont le principal débit soit des cerceaux et des fagots, comme dans la Bresse et dans nos contrées, où le peuple a plus besoin de fagots que de bûches, il vaut mieux couper à six ou à dix ans.

Art. 5.

VALEUR DU TAILLIS EN RAISON DE L'AGE.

Pour bien se fixer, établissons la valeur du taillis

en raison de l'âge, en calculant la croissance selon la proportion que le propriétaire aura constatée, nous trouverons :

qu'à 5 ans un taillis se vendra. . . . . . . 50 ^{fr}

10. 105

15. 159

20. 214

Examinons l'exploitation de dix ans, nous aurons :

1° Valeur à dix ans. . . . . . 105 fr.) 260,
2° Intérêts à 4 pour cent. . . 50 } au lieu de
3° Dans vingt ans. . . . . . . 260) 214.

Il y aura donc un bénéfice de 46 francs à couper tous les dix ans.

Ce qui se passe dans l'arrondissement de Castres (Tarn), vient à l'appui de ces aperçus. On est dans l'usage de couper le bois de chauffage à l'âge de dix à vingt ans. La charretée qui équivaut à un stère 640 mill. se vend, pris sur le bois, 10 francs, et les 100 fagots 20 francs. Nul doute que deux charretées de bûches ont une plus grande valeur que deux charretées de 50 fagots chacune ; et cependant le prix de vente est le même. La raison est facile à trouver : le peuple des campagnes a besoin de petit bois pour cuire le maïs et pour chauffer son four ; il préfère alors acheter des fagots. Je crois que les bûches seraient plus économiques, en les coupant l'hiver en parcelles.

Le propriétaire qui veut vendre un bois est souvent embarrassé pour connaître la valeur qu'il doit lui donner. Voici un tableau approximatif qui peut servir à le guider.

AGE DU TAILLIS.	PRODUIT DE L'HECTARE D'UN TAILLIS SUR UN		
années.	sol excellent.	sol médiocre.	sol pauvre.
	nombre de stères.	nombre de stères.	nombre de stères.
20	180	100	70
25	270	140	81

Mais pour connaître encore plus exactement la valeur de son bois, voici un moyen que j'ai vu mettre en usage par un de mes voisins de campagne. Quand il voulait acheter un bois dont la contenance est connue, il formait avec de la ficelle un carré dans la partie du bois de moyenne croissance; il comptait ensuite les pieds d'arbres contenus dans le carré; puis il choisissait l'arbre qui lui paraissait de moyenne grosseur; il en mesurait la hauteur, et établissait le nombre de bûches devant servir à former un stère; et par suite, ce que la totalité du bois pourrait fournir. De cette manière, il achetait le bois à un prix qui lui donnait son chauffage gratis.

ART. 6.

CHARBON.

Il y a des positions sur les montagnes, où il est plus avantageux de convertir ses bois en charbon que de les vendre pour le chauffage. Voici quelques données utiles à ce sujet:

Un stère de bois taillis de seize à dix-huit ans, rend 24 centimètres de charbon.

Un stère de taillis âgé de vingt-et-un à trente ans, donne 31 centimètres. Le poids des 34 centimètres de charbon varie de 7 à 9 kilog. Il en résulte que, terme moyen, un bois taillis de vingt-quatre ans rend le quart de son poids en charbon.

Les charbons provenant des bois durs comme le chêne, le charme, l'orme, l'érable, le corneiller, l'épine noire, l'alier, le pommier, valent un cinquième de plus que les charbons faits avec du bois doux, ainsi :

RAPPORTS EN CHIFFRES.

Le Sycomore.	165	L'Aulne.	88
Le Frêne.	165	Le Saule.	109
Le Hêtre.	160	Sapin commun.	113
L'Orme.	141	Mélèze.	136
Le Chêne blanc.	146	Le Bouleau.	145
Tilleul.	99	Le Charme.	168

Pour faire usage de ce tableau, nous supposerons qu'une mesure de charbon de hêtre vaut 10 fr. Voyons combien vaudra la même mesure de bois de tilleul.

Voici la formule : 160, chiffre de hêtre, est à 99, chiffre du tilleul, comme 10 est à 6 fr. 25 c., valeur du charbon de tilleul.

Voici une autre observation intéressante que nous devons à un savant forestier allemand : M. Hartig nous fait connaître la durée de divers bois employés comme pieux dans la terre. Après un grand nombre d'expériences faites avec le plus grand soin, il a trouvé que des pieux de 7 centimètres et demi d'équarrissage, qu'on enfonce en terre, se sont pourris dans l'ordre suivant :

Le tilleul, l'aulne, et l'érable argenté, en : 3 ans.
Le saule, le marronnier, le platane, en : 4
L'érable, le hêtre, le bouleau, en 5.
L'orme, le frêne, le charme, le peuplier, en 7
L'acacia, le chêne, le pin silvestre, le pin commun et le sapin, n'ont été, après sept ans, pourris qu'à la profondeur de 2 centimètres.

Cette proportion se trouve pour les pieux enfoncés dans la terre; mais quand c'est dans l'eau, le chêne dure un siècle; le hêtre, l'ormeau se conservent parfaitement dans l'eau: aussi pour les bois de construction des barques il faut laisser les planches et les chevrons six mois ou un an dans l'eau, les faire ensuite sécher à l'ombre, et ce bois est alors d'une grande durée.

J'ai fait, une année, une expérience qui m'a bien réussi. J'avais une roue hydraulique à construire: je fis faire une cuvette en tole de un mètre 949 millimètres de long, de 65 centimètres de large, et autant de profondeur; je la remplis à moitié d'huile de graine et je fis bouillir dedans les rayons et les courbes de la roue pendant une demi-heure; après avoir ôté le bois, je fis peser le résidu et j'eus plus de poids que celui de l'huile, ce que j'attribuai à l'eau contenue dans le bois que l'huile faisait sortir. Il en résulta que ce bois avait acquis une dureté extraordinaire, et que la couche d'huile le préservait de l'humidité quand il fut employé. Je croirais 'qu'on pourrait employer ce moyen pour augmenter la durée des roues de voiture.

Ce même M. Hartig nous fait connaître la valeur de diverses essences d'arbres, soit pour la construction, soit pour brûler. Le tableau ci-après nous donne un moyen bien simple. La supériorité est en raison des chiffres.

ESSENCES D'ARBRES.	COMME GROS BOIS DE CONSTRUCTION.	COMME RONDINS A BRULER.
Le sycomore............	176	131
Le frêne..............	156	117
Le hêtre..............	154	154
L'orme..............	126	96
Chêne blanc............	123	112
Tilleul	96	72
L'aulne..............	81	76
Le saule..............	72	75
Peuplier d'Italie........	68	57
Sapin commun..........	110	70

Pour se servir de ce tableau, une règle de trois suffit. Supposons que le stère de bois de chêne blanc, vaille 12 fr. Nous prenons dans le tableau à la colonne *rondin à bruler*, le chiffre du chêne blanc 112, et le peuplier d'Italie, chiffre 57. Nous disons alors 112 : 57 :: 12 : 6 fr. 13 c.

Pour le gros bois, supposons les 34 centimètres de sapin à 3 fr., nous dirons : Si le chiffre *sapin*, 110 cube, coûte 3 fr., combien le chêne blanc vaudra, et nous trouvons 3 fr. 35 c.

Art. 7.

Taille des arbres d'alignement.

La taille de ces arbres exige des soins entendus ; on doit commencer par le chêne et l'orme à trois ans. Toutes les branches latérales doivent être enlevées, celles du haut restent, et c'est sur elles que se concentre la sève ; il faut que la partie coupée ne présente aucune aspérité. Ce système de taille doit continuer de deux en trois ans, jusqu'à l'âge de dix ans. Alors il faut établir, au moyen des branches, un rapport entre la circonférence de la tige et la hauteur, puisque la grosseur augmente aux dépends de la hauteur. Un arbre de dix ans doit avoir en grosseur de 27 millimètres de circonférence sur chaque 406 millimètres de hauteur ; deux ans plus tard, ce rapport augmente de nouveau. La tige doit avoir alors 27 millimètres de circonférence sur chaque 325 millimètres de hauteur ; enfin, quand l'arbre arrive à sa maturité, la circonférence doit être à la tige comme 1 est à 9.

Pour obtenir ces résultats, il faut lorsque les arbres ont de 3 mètres 25 centimètres à 4 mètres 54 centimètres de hauteur, écourter avec soin, les branches les plus vieilles, ainsi que celles qui se rapprochent du sommet, de manière que toutes les branches réunies présentent l'aspect d'un cône ouvert et régulier.

Les proportions ne sont pas les mêmes pour tous les arbres. Le tilleul, le saule, le peuplier, exigent un cône très allongé, le cèdre du Liban, le sapin, peuvent être taillés jusqu'au sommet.

La différence dans le prix de vente est importante; elle est de 25 à 30 pour cent en faveur des arbres taillés, et s'élève à 60 pour cent pour les ormeaux (1).

Art. 8.

Pépinières.

Dans les domaines assez considérables, l'établissement d'une pépinière peut être une bonne spéculation; surtout si on est à portée d'une ville. Le succès obtenu par M. de Boissezon, dans son beau domaine de Gourjade, près Castres, peut servir d'exemple.

La difficulté de se procurer de bons sujets, les frais d'achat et de transport, les accidents qu'on éprouve, et le danger surtout d'être trompé dans le choix des espèces quand les pépinières sont éloignées, tous ces inconvénients réunis doivent engager les propriétaires à en établir chez eux. Ils y trouveront l'avantage d'avoir des plants déjà acclimatés, de pouvoir les faire arracher avec soin et de les planter les racines encore fraîches.

Le propriétaire qui veut établir une pépinière à son usage, ne doit élever que les espèces d'arbres qui conviennent à la qualité de sa terre. Ainsi il choisira l'ormeau, le frêne, l'acacia, le chêne, les diverses espèces de peuplier, le platane, le vernis du Japon, le noyer et l'érable; et comme arbres fruitiers, le pêcher, l'abricotier, le pommier, le

______

(1) Quelques-unes de ces règles ont été extraites des cours d'Agriculture et de la Maison Rustique, excellent ouvrage qu'on ne saurait trop consulter.

cérisier, le prunier, le coignassier, l'amandier, tous
destinés à son usage ou à son agrément.

L'exposition qui convient le mieux aux pépinières
dans notre climat, est le Sud-Ouest, à l'abri, si
c'est possible, du vent d'autan. La qualité du sol
doit absorber franchement l'humidité.

Le défoncement du terrain est d'absolue nécessité ; et à un mètre 30 centimètres de profondeur,
si la couche inférieure n'est pas infertile.

Au printemps, quand le sol travaillé plusieurs fois
est bien ameubli, on forme de grandes planches
légèrement bombées, de manière à laisser écouler
l'eau de la pluie dans de petits réservoirs d'un mètre
dans tous les sens, bâtis avec de la chaux hidrauli-
que. Il faut encore avoir un puits, les arrosages
étant nécessaires pour les semer,

Un certain nombre de planches sont destinées aux
arbres forestiers, dont la hauteur exige qu'ils soient
placés dans la partie Ouest et Nord de la pépinière.
On sème à la suite de ces premières planches les
fruitiers élevés, puis les fruitiers à demi-tige, les
arbres verts, et enfin les arbrisseaux d'agrément.
De cette manière l'ombre des grands arbres ne nuira
pas aux arbres des autres planches.

Art. 9.

Semis.

Il est important de bien conserver la graine : il y
en a un grand nombre qui perdent dans peu de temps
la propriété de germination ; telles sont la graine de
l'orme, du bouleau, du charme, du hêtre, du châ-

taignier, du frêne et de l'érable, il faut donc les semer le plutôt possible, ou du moins les *stratifier* (1), c'est-à-dire, mettre alternativement dans un vase, une couche de graines et une couche de sable, de mousse ou de cendres, etc., de cette manière les graines n'éprouvant pas le contact de l'air, ne s'altèrent que lentement.

Les petites graines doivent être semées à la volée, mais peu couvertes avec un léger rateau : celles de la grosseur de la semence du frêne doivent être enterrées à la profondeur d'un centimètre.

Les châtaigniers et les glands à 27 millimètres. En principe, il faut moins de profondeur pour les graines dans les terres compactes que dans les terres légères. Dans notre climat si chaud, il faut avoir le soin d'arroser les pépinières et les sarcler avec soin. Pour opérer le semis, on trace au cordeau des raies de 18 centimètres; on sème les pépins clairs, mais après s'être assuré que trempés dans l'eau, ils ne surnagent pas.

Le moment le plus favorable pour semer les graines des arbres fruitiers à noyaux, est tout le mois de mars et d'avril ; quand le semis est fait, on répand dessus de la litière menue, afin d'éviter, en cas de pluie, l'affaissement du sol.

L'hiver suivant on peut arracher les plants et les transplanter dans une nouvelle pépinière, en les plaçant à 48 centimètres l'un de l'autre ; il faut bien conserver les racines. J'observerai encore qu'il

(1) Cette expression de chimie indique le moyen de conserver aux grains la faculté de germer.

est plus avantageux de ne transplanter que les plants les plus vigoureux, parce que j'ai éprouvé souvent que ceux qui sont très minces périssent par cette opération. Cette nouvelle pépinière exige les mêmes soins que la première. Au mois d'août on choisit les plants qui ont poussé avec plus de vigueur pour les greffer en écusson à œil dormant, et on attendra à l'autre année pour greffer le reste.

Art. 10.

MOYENS DE PROLONGER LA DURÉE DES PÊCHERS EN ESPALIER.

Les pêchers et les abricotiers exigeant d'être greffés sur des pommiers ou des amandiers, il est inutile d'en faire des semis. Ce principe des jardiniers du Nord me paraît trop exclusif dans notre Midi ; surtout aux environs de Toulouse, on obtient de très beaux pêchers venus de noyaux.

On se plaint beaucoup dans notre Midi, du peu de durée des pêchers transplantés des pépinières. Je vais faire connaître un moyen de conservation que m'a indiqué un grand amateur des espaliers de pêchers, et qui a bien voulu diriger la belle plantation que j'ai formée dans mon jardin.

Il attribuait le peu de durée des pêchers à la transplantation et à l'empressement que l'on met à leur faire produire du fruit beaucoup trop tôt, ce qui les épuise promptement.

Voici la manière dont mon espalier a été formé.

A l'exposition du levant, le long d'une muraille de 3 mètres 89 centimètres de hauteur, on a creusé

une tranchée de 1 mètre 949 millimètres de large
sur 97 millimètres de profondeur. Sur le terrain bien aplani on a semé, de 6 mètres 78 centimètres en 6 mètres 78 centimètres, des amandes,
trois à chaque place, formant un triangle, et dans
l'intervalle des 6 mètres 78 centimètres, on a planté
des pêchers des pépinières de Toulouse.

L'année suivante on arracha les jeunes plants les
plus faibles, en ne laissant en place que les plus vigoureux, on greffa ensuite ces derniers plants avec
des sujets des plus belles espèces. A la troisième
année, la greffe ayant bien pris, on commença à
former l'espalier en attachant les branches à un
treillage de six rangs de fil d'archal, assujettis à la
muraille avec des chevilles de fer ; ce fil fut peint en
couleur noire à l'huile, afin de le préserver de la
rouille. Les montants du treillage étaient formés
avec des baguettes de noisetier sauvage qui durent
longtemps, voilà l'espalier terminé, et qui commence
à se couvrir de fleurs ; mais c'est alors qu'il est
important de l'empêcher de porter du fruit, au
moins pendant les trois premières années, et pour
cela, il faut faire tomber les fleurs à mesure qu'elles
se forment. Cet arbre, ménagé ainsi, dure longtemps et peut porter du fruit pendant vingt ans.
L'espalier que j'ai cité a été formé en 1812, et il y a
des pêchers qui donnent encore.

Il est sans doute pénible de ne pas récolter les
fruits pendant trois ans ; aussi est-ce comme conso-
lation qu'on a planté dans les intervalles des pêchers
de l'espalier, des arbres venus des pépinières, qui ont

donné des fruits avant ceux de l'espalier; et quand ceux-ci ont pu donner, tous ces pêchers de pépinières ont été transplantés dans d'autres lieux.

Malheureusement les variations rapides de notre climat s'opposent à ce que nous jouissions de cette abondance de fruits que l'on a dans le Nord. Presque toujours, quand nos pêchers et nos abricotiers sont en fleur, une rosée blanche, précédant ordinairement le vent d'autan, détruit nos espérances. On pourrait remédier en partie à cet accident en couvrant les arbres de paillassons; mais ce sont des soins qui ne s'accordent pas avec la négligence de nos paysans. Je me suis contenté de former une espèce de toit plat avec deux planches à côté l'une de l'autre, appuyant sur des supports en bois placés dans la muraille, et qu'on peut replier quand la rosée est passée : comme la gelée blanche tombe perpendiculairement, ce petit toit suffit pour préserver les fleurs.

Les peupliers de toute espèce, les saules, les aulnes, les platanes, les catulpas, exigent des terrains frais et se plaisent dans les vallons. Les ormeaux, le chêne, le vernis du Japon, l'acacia et le mûrier prospèrent dans des terrains secs et sablonneux, le frêne et le noyer demandent des sols profonds et frais.

Les opinions ne sont pas fixes sur les avantages ou les inconvénients d'étêter les plants qu'on met en pépinière.

J'ai fait plusieurs essais dans ce genre, et j'en ai conclu que, du moins pour les chênes, il vaut mieux ne pas les étêter, et se borner seulement à rogner les petites pousses latérales.

Art. 11.

Boutures.

Il y a plusieurs manières de faire des boutures : lorsque la terre est bien défoncée et ameublie, on forme de petites tranchées de 6 à 8 centimètres de profondeur et distantes de 65 centimètres. Au mois de mars, on choisit des pousses bien saines de l'année précédente, que l'on prend sur les plus beaux arbres, et on les place dans la tranchée à 33 centimètres l'une de l'autre, et on remplit la tranchée de terre bien ameublie ; on coupe ensuite le haut des boutures en bec de flûte, au troisième œil au-dessus de terre. Cette méthode est fort bonne, mais elle exige trop de soin.

Une méthode plus simple, c'est, quand le terrain est bien préparé, de planter des boutures dans des trous faits avec un plantoir en fer le long d'un cordeau, à 33 centimètres de distance les uns des autres, les rangées espacées de 66 centimètres ; on a le soin de chausser les plants avec de la terre ameublie, on les étête ensuite au troisième œil.

Quant aux boutures de peuplier et de saule, dont on veut garnir les bords de rivière et les alluvions, connues sous le nom de *ramiers*, opération qui a le double avantage de fournir beaucoup de bois et de défendre le terrain des inondations, on se sert, pour ces plantations, d'un grand plantoir en fer de 1 mètre 30 centimètres, qu'on enfonce avec un maillet ; on place ensuite dans les trous des branches de peuplier ou de saule de 1 mètre 62 centimètres à

1 mètre 949 millimètres de long, qu'on a eu soin de réserver lors de l'émondage des arbres. Ce genre de plantation a l'avantage d'être à l'abri du troupeau, mais aussi les fortes crues d'eau font périr beaucoup de ces plants.

Une manière plus sûre et préférable, en ce qu'elle procure des atterrissements, c'est de planter tout le terrain d'alluvion avec un plantoir, à rangs très rapprochés, et d'étêter les plants à 32 centimètres de terre. Mais avec cette méthode, il faut préserver cette plantation de la dent du troupeau, en formant une haie morte avec des acacias.

En général, je crois encore qu'on se presse trop d'arracher les sujets des pépinières, pour les mettre en place. Deux ans, c'est trop tôt; j'ai adopté la méthode de ne planter qu'à quatre ans; l'arbre a ainsi plus de moyens de résister aux accidents.

Art. 12.

Semis de bois de chêne, formant aussi pépinière.

Ayant destiné un terrain très médiocre à former un bois, je le fis bien labourer et nettoyer des herbes; le sol était très sablonneux, mêlé d'une petite partie d'argile; je fis creuser des tranchées de 81 centimètres et demi de profondeur et de 65 centimètres de large. Au commencement de novembre, on sema dans les tranchées, à 32 centimètres de distance, des glands fraîchement ramassés, que l'on couvrit légèrement de terre.

L'année suivante, on arracha la moitié des jeunes

13

plants, qui furent plantés en pépinière. Le terrain semé fut travaillé deux fois.

A l'âge de six ans, on éclaircit encore les chênes et on planta ceux qui étaient assez longs dans des vacants, et autour des champs, mais autant que possible dans la direction du nord au sud, afin de former une sorte d'abri aux récoltes contre le vent d'autan. On continua la même opération chaque année, en faisant usage de la méthode que j'ai indiquée pour enlever les arbres sans endommager le pivot ; et quand les arbres furent à une distance convenable, on cessa d'en arracher. C'est de cette manière que j'ai formé un bois d'une belle venue, et j'ai eu en même temps une pépinière pendant dix ans.

L'acacia, qui a été pendant quelque temps en grande faveur, avait perdu beaucoup de sa réputation à cause du préjudice que cet arbre porte aux récoltes par ses racines traçantes ; mais depuis qu'on s'est aperçu que le bois est excellent pour les roues des voitures, qu'on peut l'employer comme cheville dans les roues hydrauliques, qu'on s'en sert avantageusement comme pieu, mais surtout que sa croissance est d'une rapidité extraordinaire, on est revenu à le faire entrer dans les plantations. Il est excellent pour les échalas des vignes.

Le hasard m'a procuré une pépinière d'acacia bien commode. J'avais un terrain planté d'acacias en allée ; je voulus détruire les acacias, et en conséquence, je fis arracher tous les troncs, en coupant la racine rez-terre sans faire de grands trous.

L'année d'après, toutes les racines donnèrent une immensité de rejetons ; je me décidai à les conserver, en les préservant des troupeaux : ce petit local m'a fourni une quantité bien considérable de sujets et le moyen de former de bonnes haies. L'acacia a le grand avantage de venir dans tous les terrains.

En principe, il est convenable de ne pas planter autour des champs des arbres à racines traçantes, comme l'ormeau, le mûrier, l'acacia, etc. Les arbres à pivot ne nuisent aux récoltes que par l'ombre, et dans ce cas, il faut avoir le soin de couper les branches qui s'étendent sur le champ.

TABLEAU DES DIFFÉRENTS MOYENS DE MULTIPLIER LES ARBRES.

NATURE DES ARBRES.	MOYENS DE LES MULTIPLIER.	NATURE DES ARBRES.	MOYENS DE LES MULTIPLIER.
Fruitiers.		Châtaignier.	
Abricotier.	Greff. sur amandier et prunier.	Chêne.	De semence.
Pêcher.		Cormier.	
Amandier.	Semis amandes.	Cornouiller.	
Noisetier.	Rejetons.	Frêne.	
Prunier.	Semis de noyaux.	Erable.	Graine, marcotte.
Cérisier.		Mûrier.	
Figuier.	Rejet., bouture.	Hêtre.	
Grenadier.	Marcottes, bour.	Marronnier.	
Poirier.	Greff. sur frêne sauvage.	Mélèse.	De semence.
Pommier.		Noyer.	
Acacia.	Sem. et rejetons.	Orme.	
Aulne.	Rejetons.	Tilleul.	Graine, rejeton et marcotte.
Alisier.	Bouture.	Tremble.	
Charme.	Semence.	Platane.	Marcotte, bouture.
		Peuplier.	
		Saule.	Bouture.
		Osier.	Marcotte, bout.
		Cytise.	Graine, marcott.

ART. 13.

CLÔTURE, HAIES VIVES.

Les agriculteurs sont partagés sur l'importance des haies vives ; si j'osais émettre mon opinion à ce sujet, je dirais que je considère les haies comme peu avantageuses dans nos contrées, par l'impossibilité de les tenir intactes, et à cause du tort qu'elles portent aux récoltes par la réverbération du soleil et la rosée qu'elles conservent. Je regarderais cependant comme très utiles les haies vives d'aubépine, employées à clore les parcs, les jardins et les vignes. Sous ce point de vue, je crois qu'il est convenable d'indiquer les procédés à suivre pour former de bonnes haies.

L'aubépine ou épine blanche, est l'arbrisseau qui forme les meilleures haies : il se multiplie de plant enraciné, de provins, de boutures, et encore mieux par le semis. Le bois en est dur, pesant et casse difficilement : ses racines tracent fort peu, tandis que ses nombreuses branches armées d'épines s'entrelacent facilement ; ses rameaux servent au chauffage des fours, et donnent beaucoup de chaleur.

Les semis d'aubépine ne lèvent que la deuxième année, il faut en semer les graines dans une terre bien ameublie, par rayons espacés de 16 centimètres, et les couvrir d'environ 54 millimètres de terre : si le printemps est sec, il faut arroser de temps en temps.

La plantation des plants ne doit se faire qu'à l'âge

de deux et même mieux, à trois ans ; à cet effet, on ouvre un fossé de 32 centimètres de large sur 65 centimètres de profondeur. Après avoir remis là terre, on tend un cordeau, et on place les plants à 11 ou 16 centimètres de distance les uns des autres, dans une seule rangée. Plusieurs personnes croient plus avantageux de planter les haies doubles ; pour moi, je préfère les haies simples, plus faciles à travailler et à sarcler. La première année de la plantation, il faut couper les plants à quatre doigts au-dessus de terre ; l'année suivante, on incline les premiers jets dans toute la longueur de la haie, et on les fixe avec des joncs. On verra bientôt partir de cette convexité, des rameaux qui, s'entrecroisant avec les tiges courbées, formeront une barrière serrée. Si, dans la suite, il se forme quelques clairières, on les remplit en couchant les tiges les plus voisines ; cette manière vaut mieux que de planter de nouveaux sujets.

Voici une expérience d'un propriétaire du Nord, remarquable par ses effets. Trois haies ayant été plantées en même temps, l'une fut soumise à la tonte par le haut et les deux côtés ; la deuxième, des deux côtés seulement, et il laissa croître la troisième en toute liberté : à l'âge de douze ans, ces haies présentaient entre elles une différence remarquable.

Les tiges de la première étaient restées très faibles, la seconde était impénétrable et parfaitement garnie dans toute sa hauteur.

La troisième était aussi très forte, mais le bas des tiges était complètement dégarni.

Il résulte de cette expérience qu'il ne faut pas été-
ter les haies ; seulement, les tondre des deux côtés
au printemps une fois par an.

Quelques agronomes préfèrent multiplier l'aubépine par boutures : cette opération demande des soins,
et en agriculture on ne doit s'attacher qu'aux procédés les plus simples, et les moins coûteux.

Dans les pépinières de Toulouse, on peut se procurer de beaux plants pour 5 ou 6 fr. le mille.

On peut aussi former des haies d'acacias, mais
alors il faut que ce soit dans un terrain où les racines traçantes ne puissent pas nuire.

Les Anglais prônent beaucoup l'usage d'entourer
les champs avec de bonnes haies, et ils ont raison : la
majorité de leurs terres sont consacrées à l'engraissement des bestiaux, soit en les semant en prairies ou
en fourrages artificiels, etc. Ces pâturages étant en-
tourés de haies, on se contente d'enfermer les bestiaux dans un enclos et un enfant suffit pour les surveiller. Mais pour nous, c'est une chose très difficile
de les conserver intactes : l'habitude de laisser voguer
les cochons, et la négligence des paysans et des bergers, s'opposeront toujours à ce que nous puissions
conserver de bonnes clôtures, non seulement autour
des champs, mais encore autour de nos parcs.

CHAPITRE XVIII.

Engrais.

Nous rangerons les engrais en trois classes : engrais animaux, engrais végétaux et engrais minéraux ; et de leur mélange, nous composerons ceux des champs, des prés et des vignes, en indiquant la meilleure manière de les employer, d'après leurs qualités respectives.

ARTICLE PREMIER.

Engrais des champs.

Presque partout les engrais sont abandonnés à l'incurie et à l'ignorance des métayers ; les propriétaires mêmes, par apathie, négligent une surveillance si nécessaire, et se privent des belles récoltes que leur procureraient des fumiers mieux composés et plus abondants. Placés dans de grands trous, sans aucun mélange de terre, abandonnés aux dégâts de nombreuses volailles, dévorés par le soleil et lavés par les pluies, nos fumiers ont perdu les principes essentiels à la végétation, et diminué de quantité, lorsqu'on les jette sur le sol où ils ne peuvent guère produire d'effet.

ART. 2.

Construction des fumiers.

Le trou à fumier doit être creusé aussi près que possible de l'étable, sur un terrain légèrement exhaussé : 48 centimètres de profondeur suffisent, en ménageant une pente douce sur un des côtés, pour que les charrettes puissent en sortir aisément. Le fond du trou est pavé, ou garni de glaise bien battue. A côté, j'en fais creuser un autre moins grand, et d'une profondeur de 1 mètre 30 centimètres. C'est dans ce dernier que l'on conduit les eaux de pluie qui lavent les environs des étables. Le plus grand se divise en deux, par une petite séparation en terre battue, de 32 centimètres à peu près de hauteur : sur un des côtés joignant les deux creux, j'ai bâti un petit puits de 1 mètre 30 centimètres à 1 mètre 62 centimètres de profondeur ; le purin du tas du fumier s'y ramasse, et avec une petite pompe portative on arrose facilement le grand tas de fumier. C'est surtout dans les fortes chaleurs de l'été que cette opération est nécessaire.

Toutes les semaines, le fumier de l'étable à bœufs est placé dans une des divisions, et forme une épaisseur de 48 centimètres ; après avoir été aplani, il est recouvert d'une couche de terre ou de marne, dont une provision se trouve toujours disposée tout autour, et de cette manière la volaille ne peut plus l'éparpiller. Quand le fumier, ainsi préparé pendant l'hiver, est destiné à être porté au printemps sur des terres boulbènes, je me sers de marne pour le couvrir. J'y trouve le double avantage d'économiser la terre que j'emploie à cet usage et de donner aux boulbènes un peu de calcaire, partie essentielle dont elles manquent : si, au contraire, le fumier est destiné pour les terre-forts, je préfère la bonne terre.

Chaque mois, on enlève le fumier des bergeries et

des étables à cochons ; on l'étend sur la totalité du trou qu'on a commencé à remplir, et on le recouvre de terre. Ce mélange prévient l'évaporation des gaz qui produisent au printemps une fermentation active et précoce, qui convertit le fumier en terreau. Lorsque le premier tas est parvenu à la hauteur de 1 mètre 50 centimètres, je fais répandre dessus 244 kil. 75 h. ou 293 kil. 7 h. de chaux vive, qu'on réduit en poudre en l'éteignant légèrement avec un peu d'eau, et dont on recouvre la totalité de la superficie. Ensuite le tas est continué jusqu'à la hauteur de 1 mètre 62 centimètres ou 1 mètre 949 millimètres ; parvenu à ce point, il est recouvert d'une plus forte couche de terre. On procède de la même manière pour le tas de la seconde division. Dans le courant de l'été, si la sécheresse se prolonge, il faut arroser les fumiers, en ayant le soin de répandre l'eau tout à la fois dans de petits creux que l'on y a faits, de 1 mètre 949 millimètres à 1 mètre 949 millimètres. La masse d'eau versée parvient jusqu'au fond, et établit dans la masse une fermentation générale. On doit toujours se servir de préférence de l'eau du réservoir, qui est à côté des fumiers et reboucher les creux aussitôt que l'arrosement est terminé.

ART. 3.

ÉPOQUE DU TRANSPORT DES FUMIERS.

L'usage, dans plusieurs pays, est de conserver les fumiers au moins un an ; mais je crois que dans nos départements, cette méthode serait pernicieuse à cause de la chaleur du climat, qui, produisant une fermentation très active, en diminuerait extrêmement la quantité; c'est une expérience que j'ai faite, et qui m'a occasionné une perte de moitié sur mes fumiers.

De bons agronomes du Lauragais, pour lesquels je professe une haute estime, sont dans l'usage de ne transporter leurs fumiers qu'une seule fois dans l'année; cela explique la difficulté qu'ils éprouvent de ne pouvoir fumer chaque année qu'une petite partie des champs destinés aux blés. Je citerai pour exemple un propriétaire de Caraman, un de nos meilleurs agronomes qui, sur un domaine de 17 hect. de semence, et où on nourrit dix bêtes bovines, trois cochons, une jument et 220 moutons, ne lui donne le moyen que de fumer 2 hectares 50 centiares, il est vrai, avec 25 charretées de fumier par 50 ares. Ce peu de terre fumée indique nécessairement un vice auquel M. de Villèle peut rémédier facilement, ce serait de porter le fumier à ses champs trois fois dans l'année. Sans doute le fumier, gardé toute l'année, est plus consommé. C'est ainsi qu'on l'emploie en Flandre, mais la position est différente; ils ont besoin de compost pour leur lin et le colza, et le climat, étant moins chaud et moins sec, ne diminue pas autant la quantité de fumier. Les premières années, je conservai mon fumier un an, mais j'éprouvai une perte de moitié. Ce qui vient à l'appui de ce raisonnement, c'est qu'au moment des semailles, si on transporte sur un champ le fumier

en sortant de l'étable et qu'on sème dessus, on observera que la récolte est plus belle que sur les autres
champs fumés.

Les agronomes sont partagés d'opinion sur le temps
le plus convenable au transport des fumiers dans les
champs. Quelques-uns fixent le mois de mars, ou le
moment des semailles ; pour moi, je préfère le mois
de mai et celui de septembre, en voici les motifs :

En préférant le mois de mars pour le premier
transport, on ne saurait se flatter que le fumier soit
bien consommé. Les pluies de l'hiver auront entre-
tenu, il est vrai, une grande humidité dans le tas,
mais le froid n'aura-t-il pas empêché une fermentation nécessaire, qui ne s'établit que dans le mois
d'avril, par une juste proportion d'humidité et de
chaleur, au moyen desquelles le fumier acquiert les
principes essentiels à la végétation ? A cette raison
péremptoire, j'en joindrai une autre. Au mois de
mai, on achève de semer le maïs, et tout de suite
on s'empresse de donner une seconde façon aux
terres destinées aux blés. Il est alors avantageux de
porter au fur et à mesure le fumier, afin de l'enfouir
et de l'amalgamer parfaitement avec la terre par ce
second labour. Je dois cependant observer que
depuis l'introduction du média-sativa, il faut semer en mars et avril ; il est avantageux, si le
temps le permet, de fumer le champ où on veut
semer cette graine, afin que le blé qu'on sèmera
après trouve un sol bien net.

Quant à la seconde époque du transport, en
choisissant le mois de septembre, on a l'avantage que

la première pluie fera naître les herbes, qui périront par les labours suivants. En retardant, au contraire, jusqu'aux semailles, il serait à craindre que le mauvais temps ne vous empêchât de transporter vos fumiers ; et, lorsqu'il s'agit de deux à trois cents charretées, il est bon de prendre d'avance ses précautions, pour les boulbènes surtout, qui demandent des semailles faites de bonne heure.

Si le fumier est destiné aux *terre-forts*, nouvel embarras ; car on ne connaît pas le moment des semailles, puisqu'il faut de l'humidité pour les faire. Si, d'un autre côté, on le transporte à l'avance, on court le danger, s'il survient de grandes chaleurs, que les tas ne se dessèchent, et, s'il tombe de fortes pluies, qu'ils ne soient lavés, et ne produisent, dans l'un et l'autre cas, que fort peu d'effet. On pourrait dire que cet inconvénient cesserait en recouvrant le fumier à mesure qu'il est transporté ; mais cela serait contraire au principe, qu'il ne faut pas labourer les *terre-forts* après les premières pluies de septembre (voyez *Préparation des terres*), les terres bien préparées par cinq labours, devant se rasseoir, afin qu'il se forme à la surface une sorte de croûte, ce qui est fort avantageux. C'est par tous ces motifs réunis, que j'oserai établir les règles suivantes :

1° Le mois d'avril ou de mai, pour premier transport du fumier ; il est plus consommé, et peut être recouvert par le second labour.

2° Le mois de septembre, pour le second transport : on fait périr les mauvaises herbes, et on ne compromet pas les semailles des boulbènes.

Art. 4.

Soins a prendre dans l'emploi du fumier.

Les paysans ont, je crois, une mauvaise manière d'employer les fumiers. Quand ils les ont portés dans les champs, il les divisent en petits tas, et les laissent ainsi pendant sept ou huit jours. Le soleil les dessèche, et s'il survient quelque forte pluie, les tas sont lavés, et il ne reste plus qu'une paille infertile; aussi n'aperçoit-on de beaux blés que sur l'emplacement des tas; voici la méthode que je suis :

J'emploie le plus de charrettes dont je puisse disposer, ordinairement cinq ou six, et deux journaliers aident à charger. Après l'attelée du matin, quelques hommes jettent le fumier avec des fourches, et des femmes l'éparpillent avec les mains. A l'attelée du soir, on envoie le nombre de paires de bœufs nécessaire pour couvrir avec la charrue à oreille tout le fumier qui a été répandu. Je dois ajouter que si c'est au mois de septembre que l'on fume pour le blé, en donnant la dernière façon, je ne couvre le fumier qu'avec l'araire garni de deux bâtons en remplacement de l'oreille, de cette manière l'engrais n'est pas enfoncé trop bas et peut agir alors sur le blé, tandis qu'enterré avec la charrue à versoir, il est en dessous des racines du blé et produit peu d'effet. C'est pour cette raison que le blé semé sur le fumier menu, mis à la surface du champ, réussit si bien.

Les autres paires continuent le transport du fumier, qui sera de même jeté et répandu le soir pour être recouvert le lendemain matin. De cette manière le fumier est enfoui desuite, et s'il survient de la pluie, on peut suspendre le transport sans inconvénient. Le fumier bien pourri ne peut pas couvrir autant de terre que celui qui est encore grossier. J'ai observé que quinze charretées, plus petites (1) que celles de Toulouse, fument parfaitement une contenance de 50 ares.

Il faut attendre au moins un mois avant de labourer les champs fumés, afin que l'engrais puisse s'amalgamer avec le sol. Les mauvaises herbes ont d'ailleurs le temps de naître, et périssent alors par les labours. C'est surtout quand on emploie du fumier de cheval, qu'il faut avoir le soin de le porter dans les champs un mois avant que l'on sème, de cette manière on détruit la graine d'avoine que contient ce fumier. Aussi crois-je avantageux de ne pas donner cette troisième façon avec la charrue à oreille, et de préférer l'araire, afin de ne pas rappeler à la surface du sol le fumier enfoui.

Depuis le mois de mai jusqu'au mois de septembre, époque du second transport, je fais composer les fumiers de la même manière, en observant seulement de mettre les couches plus épaisses, afin que la fermentation soit plus active.

C'est à l'époque des fourrages consommés en vert, que le propriétaire doit surveiller la tenue des éta-

(1) Mes charretées de fumier ne devant être transportées qu'en plaine, pèsent, l'une dans l'autre, 1,000 kilo.

bles. Je ferai à ce sujet une observation sur la mauvaise construction du pavé des écuries à bœufs. Presque partout on a pratiqué une inclinaison qui fait que l'engrais liquide séjourne à une extrémité, et souvent même il y a un conduit d'écoulement en dehors. Si l'on tirait parti de ce purin, se serait bien fait, mais c'est difficile avec la paresse de nos paysans. Il est aisé de concevoir que l'on diminue, ainsi la quantité et la qualité du fumier. Quant à mes étables, elles sont pavées de manière que le sol en soit de niveau dans le sens de leur longueur, mais un peu relevé vers la crèche, de sorte que chaque place de bœuf étant bien garnie de paille, peut absorber l'engrais liquide. Si on craint que le pavé ne soit de trop de dépense, on peut se contenter de faire battre le sol avec de la glaise, et tous les trois ans on en enlève une couche pour la transporter dans les champs ou dans les vignes, et on la remplace par de nouvelle terre.

Le second transport de fumier est étendu et couvert de la même manière que le précédent.

Celui qui se fait depuis le second transport jusqu'au moment des semailles, doit être porté dans les champs au sortir de l'étable. De bons agriculteurs du Lauragais sont d'avis que le fumier grossier, composé des grosses tiges du maïs, dont les bœufs ont mangé les feuilles, produit plus d'effet sur le blé que le fumier ordinaire, lorsqu'on a eu le soin de le transporter en sortant de l'étable. J'en ai fait l'heureuse expérience, que j'attribue à l'engrais liquide, absorbé par la partie spongieuse des tiges du maïs.

Le grand tas du fumier de l'hiver doit être augmenté par le soin particulier que doivent avoir les métayers de se procurer une certaine quantité d'une espèce de terreau qu'ils appellent *terrades*. Pour atteindre ce but, il faut faire répandre aux environs des étables, et devant la porte de la mauvaise paille, qui, se mêlant avec la boue par le passage journalier des bestiaux, procure, tous les quinze jours, un supplément d'engrais excellent. (1).

Quand on a retiré le fumier des bergeries, on doit enlever la terre qu'on avait mise au fond, et la remplacer par d'autre. (Voy. *Bergerie.*) Cette opération se fait quatre fois l'an, et à chacune j'extrais de quinze à vingt tombereaux d'une terre noire, que je disperse sur les différentes espèces d'engrais.

Il est aisé de concevoir que la formation de ces engrais exige une grande quantité de paille ; c'est aussi vers ce but que j'ai dirigé toute mon attention, et si je suis parvenu à former chaque année une quantité considérable de charretées de fumier, je le dois à l'avance de paille que m'a procuré l'écobuage. (Voyez *Écobuage.*) J'ajouterai que, considérant l'intérêt comme un grand mobile en agriculture, j'ai trouvé de l'avantage à récompenser les maîtres-valets des soins que j'indique, par une légère gratification.

Art. 5.

Engrais des prés.

Après avoir traité en détail des engrais des terres

---

(1) Ce n'est pas à l'agronome de salon que j'adresse ce conseil, mais bien à celui qui ne craint pas de braver la boue qui se trouve auprès de ses étables.

arables, je vais indiquer les moyens que je mets en usage pour me procurer ceux que je crois les plus avantageux aux prairies et aux luzernes. J'ai fait creuser auprès des étables une assez grande fosse dont le fond a été garni d'une forte couche de gros fumier ; on le recouvre d'une autre couche de vieux mortiers, de plâtras, cendres de lessive, balayures de cour et de débris de cuisine ; sur cette seconde couche, on jette du gazon mêlé de bonne terre de fossé ou de marne, et de cendres de four à chaux. Toutes les fois qu'on ôte le fumier des écuries, on réserve pour l'engrais des prés, la partie la plus menue et les balayures, où l'on mêle par intervalle de la terre extraite de la bergerie. Dans le courant de l'année, j'emploie, à trois reprises, 200 kilogrammes de chaux vive, je la fais étendre sur la fosse et arroser légèrement ; elle se dissout, pénètre dans toute la masse, et y établit une fermentation active. C'était en 1819 que j'indiquais ce procédé.

On verra, dans les détails que j'indique pour les divers engrais, que j'avais pressenti la belle découverte de l'engrais-Jauffret, qui devrait être généralement répandu. M. Jauffret a eu une heureuse idée de créer, au moyen d'un procédé simple, une masse d'engrais supplémentaires, qui donnât les moyens d'établir la culture en ligne. Sa découverte a été perfectionnée par M. Tirrel, chimiste, avocat distingué, homme d'esprit et doué d'une persévérance qui assurera le succès de la noble mission qu'il s'est imposée. Il publie un journal entièrement consacré à la propagation de l'engrais-Jauffret et des sels végétatifs qu'il a composé.

Lors de la préparation de l'aire pour battre le blé, on transporte tout le ratissage dans la mare pratiquée à côté du grand tas du fumier pour les champs ; bientôt cet amas d'herbe et de terre de l'aire éprouve une fermentation que favorise le mélange de l'eau noire de la mare. Au bout d'un certain temps, on retire ce fumier, que l'on dépose sur le bord, où il est laissé en tas jusqu'à ce qu'il soit transporté plus tard sur les divers engrais. J'ai encore le soin, pour cette opération, de choisir le moment où l'on doit enlever le fumier des bergeries, afin que ce mélange acquière les qualités nécessaires.

Tous ces détails sont minutieux sans doute, et exigent une surveillance active ; mais c'est ainsi seulement que j'ai pu parvenir à me procurer annuellement cent charretées d'un excellent engrais, et cela sans nuire à la quantité de fumier destiné aux terres qui doivent produire du blé.

C'est au mois de janvier que, profitant d'une gelée à glace, je fais transporter mes engrais sur les prés, où ils sont laissés en petits tas, et au moment où l'on prévoit qu'il va pleuvoir, on les étend avec soin. Après la pluie, on passe dessus une branche d'arbre assez forte, au moyen de laquelle un homme écrase les petites mottes.

Les cendres des fours à chaux, la suie, le plâtre, la chaux vive, peuvent être employés avec succès comme engrais des prés. (Voyez ces articles.)

Depuis six ans, j'ai trouvé un moyen d'augmenter

considérablement l'engrais pour mes prés. Deux fois l'an, quand le fumier est enlevé du grand trou, j'y fais transporter vingt tombereaux de bonne terre. C'est sur cette couche que l'on dépose le fumier. Dans l'été, il faut avoir le soin de l'arroser avec du purin conservé dans le puits, et voici la manière que j'ai adopté : on fait sur la surface du fumier des petits trous, et on les remplit avec une comporte de purin. Cette eau pénétrant facilement dans l'in_térieur, produit dans peu de jours une grande fermentation, et l'eau qui a pris une partie des sels, en imbibe la couche de terre. Dans l'hiver, les pluies agissent de même. C'est donc l'hiver que je transporte cet engrais dans les prés, en ayant le soin de le bien diviser. Les résultats en sont admirables ; les quatre grands trous de fumier me procurent, de cette manière, 150 charretées d'excellent engrais.

ART. 6.

ENGRAIS DES VIGNES.

Je vais indiquer maintenant ma méthode de composer un engrais destiné à augmenter la quantité de raisin, sans qu'il nuise cependant à la qualité du vin. Il se compose de deux manières.

J'ai fait construire, devant la porte de ma bergerie, une petite cour fermée, dans laquelle on étend, au printemps, de douze à seize charretées de terre, et par dessus un peu de paille. Vers le mois de mai, avant de commencer le parcage dans les champs, le troupeau passe les nuits chaudes dans cette cour, où il s'arrête habituellement une demi-heure avant de rentrer le soir dans la bergerie. Au bout d'un mois, les valets remuent cette terre sens dessus dessous, remettent un peu de paille, et continuent ainsi de mois en mois. Les pluies de l'hiver pénétrant cette masse, la réduisent en bon terreau : transporté au printemps aux pieds des souches, il leur donne une grande vigueur, sans nuire, comme le fumier ordinaire, à la qualité du vin.

Le second procédé consiste dans le mélange de la colombine, ou fiente de pigeon, avec le marc de raisin. Après les vendanges, on transporte chaque jour plusieurs grands paniers de ce marc dans le pigeonnier. Les pépins des raisins qui fournissent une nourriture excellente pour les pigeons, sont un moyen d'augmenter la colombine, en les engageant à séjourner plus longtemps dans le colombier.

Quand le tas est assez considérable, ou l'enlève et on le met sous le pigeonnier, en y mêlant tout ce qu'on a retiré des nids, et au bout de deux mois, ce mélange est transporté dans un creux auprès des étables à cochons. On commence par mettre au fonds une forte couche de fumier de cochon, et par dessus le mélange extrait du pigeonnier ; on y ajoute, enfin, les fientes des oies, canards et autres volailles.

Mes étables à cochons sont construites de manière que l'écoulement du liquide de chaque loge soit dirigé dans le creux dont je viens de parler, et contribue ainsi à bonifier l'engrais. Le fumier de cochon étant de sa nature frais et onctueux, tandis que la colombine est, au contraire, un engrais sec et chaud, il en résulte un amalgame parfait pour les vignes.

Si le mois de février est beau , je n'attends pas plus longtemps pour le faire transporter ; des journaliers déchaussent les souches , et des femmes portent dans des paniers le terreau , qu'elles déposent au pied de chacune, en le recouvrant légèrement pour qu'il ne se dessèche pas. De cette manière , les premières pluies font pénétrer les sels végétaux dont il abonde jusqu'aux racines , et l'on jouit la même année de l'effet de l'amendement.

ART. 7.

EFFET DE LA TONTE DES DRAPS SUR LES VIGNES.

Il y a huit ans que j'ai établi une grande usine pour filer la laine et apprêter les draps. En affermant cet établissement, je m'étais réservé les débris de tonte des draps et des bourres· et balayures, que je faisais ramasser avec soin. Tous ces débris doivent être mis dans un local qui ne soit pas sujet au feu , ce mélange de laine et d'huile occasionnant une fermentation qui enflamme quelquefois le tas : cet engrais est vraiment admirable pour les vignes. Dans l'hiver on déchausse un peu le pied des souches ; des femmes mettent dans ce creux deux poignées de bourre ou tonte et on le recouvre desuite : s'il pleut assez dans l'hiver , l'effet s'en fait sentir au printemps , à la couleur foncée des feuilles. C'est ainsi que dans l'espace de quelques années , j'ai réparé entièrement mes vignes. Le prix de cet engrais est de deux francs les 48 kil. 9 h. Il est fort recherché pour les vignes du Bas-Languedoc.

Mais quelle est la cause de l'effet si extraordinaire

de cet engrais? Serait-ce l'huile contenue dans ces bourres? J'ai le projet de répandre un peu d'huile au pied de quelques souches, comme essai.

Un de nos plus zélés et de nos meilleurs agronomes, M. de Vacquier, est d'avis que ce sont les parcelles de laine qui agissent sur les vignes. Il motive son opinion sur ce que la laine est une substance animale, comme les plumes, les cuirs, la corne, les cheveux, etc. Il a employé avec succès, des débris de vieux tapis et de lisière achetés à Toulouse, à raison de 2 fr. 50 c. les 48 kil. 9 h.

ART. 8.

ENGRAIS VÉGÉTAUX COMME AMENDEMENT.

L'amendement produit par la culture des fourrages artificiels, tels que la luzerne, le sainfoin ou esparcette, et le trèfle de Hollande, est sans doute la base de tous les bons systèmes d'agriculture. Les grandes ressources qu'ils fournissent pour la nourriture des bestiaux, ont permis de défricher les vieilles prairies; on a pu obtenir ainsi de grands produits en grains, et former de bons assolements. C'est donc à l'introduction des fourrages artificiels dans notre système de culture, que le Midi doit l'accroissement de ses produits agricoles.

Les engrais végétaux que fournit l'enfouissement des plantes, sont d'un grand effet, et cependant cet amendement si précieux et si économique est trop négligé.

La vesce noire pour fourrage peut être considérée comme un léger amendement, quand on la sème avant l'hiver, et qu'on a le soin de la faucher avant que la graine soit un peu formée. Dans les bons fonds, ce fourrage acquiert au printemps un luxe de végétation qui fait, qu'à la moindre pluie, malgré le dixième d'avoine qu'on a mêlé avec la graine, toutes les tiges se couchent, les parties basses jaunissent, et quand on fauche le fourrage, elles restent sur le sol, et fournissent ainsi un engrais végétal avantageux, si on a le soin de labourer le champ au fur et à mesure. On ne saurait trop cultiver cet excellent fourrage qui s'accorde si bien avec nos divers assolements. (1)

J'ai éprouvé de bons résultats du blé noir semé à la fin de février, et enfoui quand la plante est bien en fleur. C'est surtout aux boulbènes douces que cet amendement convient.

Les fèves, les vesces noires, le seigle enfoui lors de la floraison, produisent de bons effets, mais ils ne sont pas en proportion de la dépense, j'y ai renoncé.

Mais de tous les engrais végétaux, aucun n'est comparable à l'amendement produit par le lupin. Les grands résultats que j'ai obtenu me font un devoir d'appeler l'attention des agronomes sur cette plante précieuse. D'ailleurs, s'il faut, pour qu'on adopte avec confiance une nouvelle culture, que le

______

(1) Il y a bien longtemps que **M.** le marquis Descouloubre a défriché tous les prés qu'il avait dans la belle terre de Vielle-Vigne, ou il sème 400 hectolitres de blé. Tout le bétail nécessaire pour cette exploitation est nourri avec les vesces noires produites par 34 hectolitres 18 litres de ce fourrage.

temps en ait consacré les avantages, le lupin peut être cité en première ligne, puisque les Romains l'employaient pour l'amélioration de leurs terres. Caton et Columelle le citent avec éloge. (1)

ART. 9.

LUPIN.

Il existe cinq variétés de lupin, mais c'est celui à fleurs blanches qu'on doit préférer. Les qualités de terre qui conviennent à cette plante sont les boulbènes sablonneuses, terres lisses, propres au seigle, surtout celles où l'on cultive avec succès, les pommes de terre. La propriété du lupin est de fournir au sol, par la décomposition de ses tiges, une portion d'humus plus considérable que celle des autres végétaux. On le concevra facilement, si on observe la hauteur extraordinaire des tiges et les nombreux bouquets des branches.

Les ouvrages d'agriculture ne donnent que 43 à 54 centimètres de hauteur au lupin ; cependant, sur nos terres de qualité médiocre, j'ai obtenu presque chaque année, des tiges de un mètre 30 centimètres de hauteur, j'en ai même présenté à la Société d'Agriculture de Toulouse, d'un mètre 62 centimètres de haut. Cette différence dans la végétation de la plante tient peut-être à la faculté que nous avons de pouvoir semer le lupin avant l'hiver, et j'ai, en effet, observé qu'en le semant au

---

(1) Il y a trente ans que j'ai introduit dans ce département la culture du lupin ; à ce sujet la Société centrale d'agriculture de Paris, a bien voulu m'honorer d'une médaille d'or.

printemps, même au commencement de février, il y avait une grande différence avec celui semé au mois de septembre.

Voici le mode de culture que je suis :

J'ai toujours trouvé un grand avantage à semer le lupin après avoir arraché les pommes de terre, l'extraction des tubercules ameublissant parfaitement le sol. Il suffit de donner un seul labour avec l'araire; on passe une herse légère, et on sème la graine de lupin à raison de deux tiers d'hectolitre par contenance de terre où on sèmerait un hectolitre de blé; il faut couvrir la graine bien légèrement, soit avec une herse, soit avec un fagot d'épines. Pendant l'hiver, la végétation est lente; la plante résiste à six et sept degrés de froid. Aux premières pluies du printemps, elle s'élève rapidement, se garnit de nombreux bouquets assez semblables à ceux du marronnier, et couvre le sol de manière à ce qu'on ne puisse y pénétrer qu'avec peine; il paraîtrait même que l'ombre du lupin détruit les mauvaises herbes, même le radis sauvage, et rend le sol parfaitement net.

Au mois de juin, quand on s'aperçoit que les fleurs du bas des tiges commencent à passer, il faut profiter de la première pluie pour procéder à l'enfouissement : il y a deux moyens de faire cette opération, l'un consiste à faire arracher les tiges par des femmes, travail facile, puisque le lupin n'a qu'une seule racine pivotante; à mesure qu'on les arrache, les femmes les placent couchées dans une forte raie faite avec la charrue à versoir; une autre charrue, ouvrant une nouvelle raie à côté, recouvre la première. Cette méthode est sans nul doute fort bonne, mais elle entraîne des frais de journaliers. L'autre moyen, plus économique et que j'ai adopté, consiste à faire passer sur le champ de lupin une échelle de charrette chargée d'une grosse pierre; la plante, grasse de sa nature, se couche sans difficulté, et on peut alors l'enfouir aisément. On conçoit très bien quel est l'effet d'un amendement formé par la décomposition d'une masse si considérable de plantes; aussi se fait-il sentir plusieurs années, il donne même la facilité de substituer la culture du méteil à celle du seigle. Ce n'est qu'aux approches des semailles qu'on donne une façon avec l'araire en travers du labour de l'enfouissement, et on est fort surpris de ne trouver aucun vestige des plantes; toutes ces tiges sont converties en humus. Avec un si puissant engrais, on peut semer du méteil sur des terres légères, et du blé sur les terres plus fortes.

Pour récolter la graine, il faut attendre que les gousses soient jaunes; on arrache alors les tiges, on les bat sur le champ même; les débris en paille, assez considérables, sont étendus sur le champ qui l'a produit, et au moment des semailles on y met le feu, en y ajoutant, si les localités le permettent, quelques fagots de genêts ou de fougère sèche. De cette manière, on n'aperçoit pas de différence dans la récolte. Au reste, la Providence, si admirable dans ses prévisions, en donnant une végétation si extraordinaire à cette plante, ne lui a donné, comme je l'ai dit, qu'une seule racine pivotante; c'est donc de l'atmosphère qu'elle doit recevoir sa nourriture.

Tous les essais que j'ai faits pour utiliser la graine n'ont pas donné d'heureux résultats, quoique macérée dans l'eau courante pendant vingt-quatre heures. Cependant, après l'avoir fait bouillir et macérer dans l'eau, on peut l'employer à petites doses dans les maladies des troupeaux, connues sous le nom de pourriture. (1)

Au reste, cette amertume, qui se trouve aussi dans les feuilles, les préserve de la dent des moutons et des cochons.

Il serait bien à désirer que les propriétaires de boulbènes douces et sablonneuses voulussent bien faire usage de ce puissant engrais, si facile à employer et si bon marché. C'est encore un bon amendement pour les vignes, dans les plaines, sur des terres peu compactes.

ART. 10.

ENGRAIS MINÉRAUX. — CHAUX.

Toutes les terres peuvent être amendées avec la chaux, pourvu qu'elles ne contiennent pas de calcaire ; c'est donc les diverses variétés de boulbènes qui conviennent parfaitement à cet amendement. Malheureusement la quantité de chaux qu'il faut employer, et son prix élevé s'opposent à ce que ce

____

(1) C'est à l'un de nos artistes vétérinaires les plus distingués, **M. Rey**, de Castres, que l'on doit la guérison des moutons affectés de la pourriture, au moyen d'un traitement dans lequel il fait un grand usage du lupin.

mode d'amendement puisse être généralement employé.

La chaux opère sur la terre de diverses manières; elle détruit les insectes , elle empêche le tassement du sol. Quelques agronomes prétendent qu'elle garantit du brouillard et des rosées ; mais il n'y a encore eu rien de positif à cet égard.

Art. 11.

Sur la manière de l'employer.

Des propriétaires , et je suis du nombre, avaient porté la chaux sortant du four, sur les terres dans les premiers jours de septembre , on formait de petits cônes pointus qu'on recouvrait de terre , et au moment des semailles on répandait avec la pelle tous les petits tas , et on semait le blé. Les résultats furent peu avantageux , et cela devait être ; en suivant ce mode, la chaux n'est pas complètement éteinte , elle détruit toutes les matières végétales et animales contenues dans le sol , elle absorbe le carbone si nécessaire aux plantes et appauvrit la terre ; d'ailleurs , la chaux n'est pas également réduite en poudre. Il est plus sage de mettre en magasin sa chaux, et au mois de mars on la transporte sur les champs, qu'on a préalablement labourés et hersés; on recouvre la chaux avec la charrue , et on la laisse pendant deux mois sans travailler afin de bien l'amalgamer avec la terre. On herse plusieurs fois ; au mois de mai, on sème des haricots , à raies espacées de deux mètres ; une femme sème les haricots dans la raie faite par la charrue ; une autre femme jette sur chaque grain une poignée de l'engrais en poudre , et une autre femme recouvre légèrement. Comme on peut labourer l'intervalle des raies facilement , le champ est bien préparé pour le blé , et on a obtenu une assez bonne récolte d'haricots , sans fatiguer en rien le sol.

Art. 12.

Quantité de chaux.

Les agronomes qui sont à portée d'avoir la chaux à un prix modique , comme aux environs d'Albi , ont employé jusqu'à 9,790 kilog. 2 hec. par demi-hectare , et ont obtenu des récoltes extraordinaires. Il paraîtrait que la quantité de chaux à employer devrait varier selon la qualité des terres. Dans la terre légère , sablonneuse , propre au seigle , il faut au moins 3.426 kilog. 57 hec. par demi-hectare. Si la chaux ne revient qu'à 80 centimes les 50 kilog., si on peut l'obtenir meilleur marché , on doit augmenter la quantité. On ne saurait trop prendre des soins pour éviter que l'eau séjourne dans les champs.

L'effet de la chaux n'augmentant pas l'humus qu'il peut y avoir dans les champs , détruit, pour ainsi dire , cet agent de fertilité. Il faut donc le réparer par la culture des fourrages artificiels, qui sont ordinairement très productifs , après le chaulage des champs. De cette manière on rend à la terre la fertilité qu'elle a perdue et on a obtenu une très belle récolte de blé.

Quelque avantage qu'il y ait à chauler les terres, il faut éviter l'excès. Un propriétaire des environs d'Albi, du côté de Cramau, qui emploie la chaux en quantité, de 9,790 kilog. 2 hec., et 14,685 kil. 3 hec. par hectare, s'est aperçu, après un certain nombre d'années, que sa terre devenait improductive. il a suspendu l'emploi de la chaux.

Art. 13.

Platre.

De tous les engrais que nous pouvons employer pour l'amendement des fourrages artificiels, tels que la luzerne, le trèfle, le sainfoin, le farouch et les vesces, le plâtre est sans contredit le plus précieux, tant par la propriété qu'il a de doubler pour ainsi dire le produit des fourrages, que par la grande économie. C'est à la découverte de ce précieux engrais, dû aux agronomes Suisses, que nous avons pu introduire dans nos cultures l'usage des fourrages artificiels.

Depuis quarante-et-un ans que je fais usage du plâtre, j'en ai éprouvé de bons effets : je dois cependant observer que depuis un certain nombre d'années, les champs qui ont reçu plusieurs fois l'amendement du plâtre, n'en éprouvent plus un effet aussi actif. M. le comte de Villèle, à Mourville, a fait la même observation. Il semblerait que l'effet chimique opéré par le plâtre sur les parties de terre qui conviennent aux fourrages, ayant produit son effet, il faudrait attendre la recomposition du même élément. Pour revenir au plâtre, j'ai été confirmé l'année dernière dans cette idée, par l'observation que je fis, qu'ayant plâtré un champ de fourrage qui n'avait jamais reçu cet amendement, l'effet qu'il produisit fut de doubler le produit, tandis que le morceau laissé sans plâtrer put à peine être fauché. Et un champ à côté, qui avait été plâtré plusieurs fois, n'éprouva qu'un léger amendement, et il y eut peu de différence entre la partie plâtrée et celle qui ne l'avait pas été. Si ces observations sont exactes, il faudrait en conclure, que pour retrouver l'amendement du plâtre il faut défoncer le sol déjà saturé du plâtre, et aller chercher dans la couche inférieure une terre vierge susceptible de recevoir cet amendement.

Art. 14.

QUANTITÉ DE PLATRE.

Les agronomes varient sur le plus ou le moins de plâtre qu'il est nécessaire de répandre sur les fourrages artificiels. Le docteur Canolle, après plusieurs expériences comparatives, faites dans les environs de Poitiers, a trouvé qu'il fallait 734 k. 26 h. par 56 ares 98 cen. M. de Villèle Campolliac, dont les expériences ont été faites avec l'exactitude qui le distinguait, a trouvé que 244 k. 73 h. ou 293 k. 1 h., produisaient le même effet que 489 k. 51 h. La différence qui existe dans les résultats de ces agronomes si distingués, ne doit tenir qu'à la quantité plus ou moins considérable du principe *inconnu* qui agit d'une manière si extraordinaire sur les fourrages artificiels (1). Il existe d'ailleurs une grande variété de plâtre, dont la qualité peut influer sur le plus ou le moins de vertu comme amendement, et il serait bien utile de constater, par des expériences, les variétés de plâtre qu'il convient d'employer.

Je dois dire que la fraude qui existe même aux carrières de plâtre, par le mélange de craie et de sable, peut contribuer à diminuer l'effet du plâtre. Je conseille de n'acheter du plâtre qu'après l'avoir essayé avec de l'eau, pour voir s'il fait une forte prise.

Les expériences du docteur *Canolle*, nous font connaître l'effet de divers engrais sur la luzerne, comparativement avec le plâtre ; il a trouvé que des portions égales de 584 mètres chacune, ont produit en luzerne sèche, étant amendée avec les engrais suivants.

ÉQUIVALENT DES ENGRAIS.

Avec la suie.	6 quintaux.	
Les cendres.	4	50 ½ kil.
Fumier de brebis. . .	4	
Fumier de cheval. . .	3	80
Du terreau.	2	90
La colombine. . . .	2	

La dépense totale de ces six sortes d'engrais, a été de 216 fr., ce qui a porté le prix de 48 k. 9 h. de luzerne à 9 fr., tandis qu'un espace semblable

---

(1) Il faut observer que le plâtre ne produit aucun effet sur les prés, il n'y a que les parties où se trouve du trèfle jaune, qui en éprouvent un bon effet.

amendé avec le plâtre, a produit 244 k. 75 h. de foin de luzerne, qui ne sont revenus qu'à 1 f. 20 c. chacun.

Pendant les années qui suivirent cette expérience, l'effet du plâtre maintint le même produit sur la luzerne, tandis que sur les autres parties, l'amendement diminua sensiblement. Il faut observer que M. Canolle a employé du plâtre sortant du four et pulvérisé. Aurait-il ainsi plus de force végétative?

Il peut être intéressant de connaître les expériences faites par M. de Villèle, sur la quantité de plâtre nécessaire par 56 ares 98 centiares.

FOURRAGES artificiels.	QUANTITÉ de plâtre répandu en novembre.	QUANTITÉ de fourrage sec de la partie plâtrée.	FOURRAGE sec de la partie non plâtrée.	BÉNÉFICE en fourrage sec par le plâtre.
Esparcette. Terre douce, légère et en pente..........	487 kilogr.	2047 kilog.	1380 kilog.	667 kilog.
Terre plus forte..........	187	2490	1395	1095
Terre idem...	375	2010	1417	592
Trèfle. Bonne boulbéne..........	277	3240	1570	1660
Idem......	405	2527	1590	937
En plâtre cru.	1312	1725	835	870

Malgré la haute confiance que j'avais dans l'exactitude de mon honorable ami, je me suis livré à plusieurs expériences comparatives, qui m'ont amené à constater la diminution de l'effet fertilisant du plâtre.

J'ai encore observé que l'effet du plâtre cru, si le

printemps est sec , se fait peu sentir la première année.

Nous pouvons donc conclure de ces expériences , qu'il n'est pas nécessaire de répandre le plâtre cuit en grande quantité , puisque 269 k. 22 h. par 56 ares 98 centiares produisent un plus grand bénéfice que 385 kil.

Que sur du sainfoin , 183 k. 56 h. net, produisent plus d'effet que 367 kil. 13 h. Que le plâtre est un des engrais le plus actif qu'on puisse employer.

Le plâtre agit avec moins d'effet sur les vesces , et légèrement sur le maïs ; j'y ai renoncé.

D'après de nombreuses expériences , on a fixé l'époque de répandre le plâtre au mois de novembre ou de février. Je préfère cette dernière, en ce qu'elle fixe pour les métayers le moment où il ne faut plus faire dépaître les fourrages artificiels. Mais quel que soit le moment qu'on choisisse, il faut commencer par faire enlever les cailloux qui peuvent se trouver sur les champs. On choisit ensuite un jour bien calme, et à l'heure qui suit ou précède le lever du soleil , on commence à jeter le plâtre. Les hommes qui font cette opération doivent marcher de front, se tenir un peu courbés, et jeter le plâtre comme on sème le blé. Il ne faut pas laisser d'intervalle sans plâtre , sauf le petit carré qu'on laisse comme terme de comparaison. Si le vent se lève, il faut cesser : un brouillard sans vent , ou une bruine sont des moments précieux pour plâtrer.

Art. 15.

MARNE.

Cette substance est connue depuis longtemps comme propre à l'amélioration de nos terres ; on a cependant attribué quelque fois à la marne des effets nuisibles. Le peuple dit qu'elle enrichit les pères, mais ruine les enfants : heureusement cet adage ne s'est pas vérifié.

La marne est une combinaison de carbonate de chaux avec l'argile, qu'on a vainement essayé d'imiter. On appelle marne *argileuse*, celle qui contient de moitié à deux tiers d'argile ; elle est composée de carbone de chaux, de silice, d'argile, et d'une partie d'oxide de fer ou magnésie.

Certaines plantes annoncent l'existence de la marne dans le sein de la terre. Dans le nombre on peut remarquer le tussilage ou pas d'âne, le tussilage des Alpes, la sauge glutineuse ou la sauge des prés. Toutes ces plantes végètent avec vigueur sur les terrains qui contiennent des bancs de marne. On a observé aussi, que lorsque le trèfle jaune abonde sur un terrain qui n'a pas été fumé, c'est un indice de la marne. Il en est de même des ronces épaisses.

Elle varie beaucoup pour la couleur, mais les différences en ce genre ne sont nullement un indice de sa qualité. Quelquefois la marne est douce et molle et se réduit en poudre sous les doigts, alors on la nomme *terreuse*. D'autres fois elle est blanche et savonneuse; enfin, il y a une marne aussi dure que la pierre, les Anglais la nomment marne de roche.

Comme il est essentiel de connaître la qualité de marne qu'on peut employer avec succès, je vais indiquer le moyen de l'analyser.

Art. 16.

ANALYSE DE LA MARNE.

On pèse cinq décagrammes de marne bien sèche et on la met dans un vase avec du vinaigre, jusqu'à ce qu'elle ne produise plus d'effervescence. On ajoute alors une petite quantité d'eau à diverses reprises, on remue vivement avec un bâton, de manière à bien délayer l'argile, et desuite on décante dans un autre vase après un instant de repos, pour laisser le sable se précipiter, on ramasse ce sable, on le fait sécher, et on le pèse. Quand l'argile qui est restée dans le second vase s'est entièrement précipitée au fond, et que l'eau est devenue claire, on décante avec précaution et on fait évaporer le reste de l'eau, soit au soleil, soit au four. Le poids de l'argile connu, on l'ajoute avec celui du sable. Le total étant ensuite soustrait du poids du morceau de marne, on obtient une différence qui indique la quantité de calcaire contenue dans la marne.

La marne ne convient qu'aux terres qui sont privées de calcaire; ainsi, les boulbènes, les lisses, et autres variétés de ce genre éprouvent les meilleurs effets de la marne.

Les agronomes ne sont pas d'accord sur la quantité de marne qu'il faut employer par demi-hectare. Les uns conseillent de porter 400 tombereaux; d'autres 250 et même seulement 200. Il est à présumer que des avis si divers ne proviennent que des différentes qualités des marnes et du sol qu'on veut amender. Si votre terrain est une boulbène très sablonneuse, nul doute qu'une marne fortement argileuse ne produise de bons effets, et qu'une grande quantité n'aura pas d'inconvénient. Si, au contraire, le sol est une boulbène forte et argileuse, il ne faudra qu'une marne calcaire et savonneuse, et en moindre quantité.

En Ecosse, on calcule qu'il faut de 750 à 1000 tombereaux par hectare.

Les essais que j'ai faits pour amender une boulbène forte avec de la marne très argileuse, ne m'ont point réussi, et confirment ainsi ce que je viens d'exposer.

C'est donc aux propriétaires à s'assurer d'abord, par l'analyse, de la nature de leur marne, et ensuite par un petit essai, de l'effet de cette marne sur ses terres. Il ne faut pas se faire illusion : l'amélioration avec la marne étant fort coûteuse, elle ne doit s'entreprendre en grand qu'avec la certitude du succès.

ART. 17.

ÉQUIVALENT DES ENGRAIS.

M. Payen, un de nos plus savants chimistes, s'est livré à un grand nombre d'expériences, pour former un tableau de l'équivalent des engrais. Ce savant professeur établit pour base, qu'il faut 40 kilogr. de gaz azote pour opérer la fumure normale d'un

hectare , et 10,000 kilogr. de fumier d'étable contenant 41 kilogr. d'azote.

Cette quantité prise pour base , voici le tableau
que M. Payen a dressé :

SUBSTANCES.	AZOTE pour 1000.	équivalent.	SUBSTANCES.	AZOTE pour 1000.	équivalent.
Fumier d'étable.	4 0	10,000	Excréments de vache.	3 2	12,500
Paille de pois.	17 9	2,233	— de cheval.	3 5	7,270
— d'avoine.	2 8	14,283	Urine de vache.	4 4	9,090
— d'orge.	2 5	17,300	— de cheval.	7 4	5,400
— de seigle.	1 7	23,320	— de porc.	6 5	6,340
— de froment.	4 9	8,160	— de mouton.	11 4	3,600
Foins de madia.	5 7	8,200	— de chèvre.	21 6	1,840
Betteraves.	5 0	8,000	Colombine.	83 0	480
Pommes de terre.	5 5	7,272	Litière de vers à soie.	32 9	1,215
Carottes.	8 5	4,700	Suie de houille.	13 3	2,962
Herbes de prairie.	5 3	7,547	Suie de bois.	11 5	3,478
Genets, tiges, feuilles.	12 2	3,272	Poudrette belloni.	38 5	1,030
Feuilles de chênes.	11 7	2,777	Cendres.	6 5	6,150
— de peupliers.	5 3	7,434	Sang.	27 1	1,476
— d'acacia.	40 0	0,000	Plumes.	155 4	290
— de bruyère.	17 4	2,200	Chiffons de laine.	179 8	222
Graines de lupin.	34 9	1,146	Râpure de corne.	143 6	228
Marc de raisin.	18 3	1,185	Pulpe de pomme de terre.	5 3	7 600
Tourteaux de lin.	52 0	769	Suc.	3 8	10,638
Colza.	49 2	813	Eau de féculerie.	0 6	64,616
Madia.	50 6	790	Dépôt.	3 6	11,110
			Sciure d'acacia.	0 9	13,790
			Sciure de chêne.	5 4	7,440

Ce tableau peut être d'une grande utilité dans la formation des engrais, puisqu'un grand nombre de substances que l'on néglige, contenant une certaine quantité d'azote, mélangées avec d'autres engrais, peuvent en augmenter la quantité, D'après le principe établi par M. Payen, 40 kilogr. d'azote sont suffisants pour fumer un hectare de terre cultivée en céréale. Ce principe a été combattu par d'autres chimistes. On a observé que l'azote seul ne suffit pas pour les céréales ; qu'il y a d'autres agents qui constituent la végétation, et qu'on peut obtenir par divers mélanges d'engrais. Ainsi, si les propriétaires adoptaient mon système d'engrais en poudre, il leur serait facile d'en augmenter la quantité et la qualité. Ainsi les tourteaux de lin, de madia, ayant le chiffre de 52 et de 50, tandis que le fumier d'étable n'a que le chiffre 4, en les réduisant en poudre et les mêlant avec mon engrais, on augmente évidemment la quantité d'azote. Les chiffons de laine, ayant le chiffre de 179, doivent nécessairement produire le grand effet qu'on aperçoit dans les vignes fumées avec de la tondelle de draps.

Il eût été à désirer que M. Payen indiquât la quantité d'acide sulfurique ou de potasse qu'on mêlerait avec de l'eau de fumier et dont on se servirait pour arroser les tas de fumier et les prairies. Je vais, cette année, faire des expériences sur cet engrais liquide. Je suis d'autant plus porté à adopter cette méthode, que depuis plusieurs années j'arrose une prairie avec un liquide imprégné de soude et de savon employés aux foulons de mon usine. L'effet qu'il a produit sur mon pré est extraordinaire, et j'en ai conclu qu'en mêlant à l'eau de fumier, de la potasse, de la soude et de l'acide sulfurique, on doit obtenir le même effet améliorant. Il ne reste plus qu'à fixer la quantité d'eau nécessaire par demi-kilogr. de potasse et de soude, et si la dépense n'est pas trop élevée.

Si nous obtenons ce nouvel engrais pour nos prairies, nous augmenterons nos fourrages et nous conserverons nos fumiers pour les autres terres.

CHAPITRE XIX.

AMÉLIORATION ET RÉPARATIONS DES TERRES.

L'amélioration des terres, objet si important pour la prospérité de notre agriculture, exige une active surveillance, et des dépenses faites avec économie et intelligence. Je vais indiquer les diverses améliorations et réparations que j'ai exécutées, et que je crois pouvoir convenir à nos terres et à notre climat, ce sont :

L'écobuage,

Le marnage.,

Les transports de terre,

L'usage de la galère,

Le défoncement d'après ma méthode,

Les fossés ouverts,

Les fossés couverts,

Les réservoirs artificiels,

ARTICLE PREMIER.

L'ÉCOBUAGE.

La théorie de l'écobuage a donné lieu à beaucoup de discussions. L'abbé Rozier s'est prononcé fortement contre cette méthode, en avouant cependant qu'il n'avait fait aucune expérience à cet égard.

L'écobuage rend le sol moins compacte, moins tenace et moins susceptible de retenir l'humidité. Quand ce procédé est convenablement appliqué, il peut convertir un sol roide, humide et froid, en un sol adouci, sec et chaud, et par conséquent beaucoup plus propre à la végétation.

On a rapporté son effet à beaucoup de causes ; il est probable qu'on doit attribuer cette amélioration extraordinaire à la diminution de cohérence des glaises, à la conversion des racines des plantes en humus, et enfin à la matière charbonneuse qui s'amalgame avec les cendres.

En partant de ces principes sur l'effet chimique de l'écobuage, nous trouverons que tous les sols qui contiennent une grande quantité de racines végétales, tels que les vieux prés, les pâtis, les terres en gazon servant de dépaissance, seront améliorés par ce moyen.

Mais dans les sables grossiers, et dans les terres riches qui sont composées dans de justes proportions, enfin, dans tous les sols dont la composition est légère et la matière suffisamment soluble, ainsi

que dans les sables stériles, le procédé de l'écobuage devient inutile, et même quelquefois perni-
cieux, et en cela la pratique s'accorde avec la théorie.
Appliquons maintenant ces principes à nos différentes espèces de terres, et nous trouverons que les
vieux prés dont le sol est composé d'une boulbène
mêlée fortement d'argile, les prés humides sujets
aux joncs, ceux sur des terre-forts d'une nature
compacte et difficiles à travailler, sont les terrains
qui éprouvent un amendement considérable par l'é-
cobuage. Dans les uns et dans les autres la grande
quantité de cendres change, pour ainsi dire, la nature du sol, et le rapproche de celui de nos terres
bâtardes de première qualité, espèces de terres les
plus productives du Midi de la France.

D'après ces mêmes principes, les prés dont le
fonds approche des terres bâtardes, riches et substan-
tielles, et qui produisent beaucoup de foin, ne doivent être écobués que quand il s'agit de les renouveler : l'opération devient alors très utile, soit par
les grands produits en grains qu'on en retire, soit
par l'amélioration du sol quand on le remet en pré.

Par la même raison, les terres sablonneuses ne
pourraient que perdre par l'écobuage, puisque cette
opération tendrait à changer en cendres la partie peu
considérable d'alumine qui les fertilise en leur servant
d'amalgame. On obtiendrait certainement quelques
bonnes récoltes ; mais je craindrais que la terre n'en
fût appauvrie par la suite.

Laissons donc en prés ceux qui sont établis sur des
sols légers, sablonneux, aux bords des ruisseaux, de-

même que ceux qui sont sur des terrains riches qu'on peut arroser à volonté. De cette manière, la théorie se trouvera d'accord avec l'expérience, qui ne veut ni de vains systèmes, ni de règles générales.

ART. 2

MANIÈRE D'ÉCOBUER.

Le procédé que je vais indiquer, pour écobuer les prés, est le même que celui que j'ai fait connaître il y a quelques années : on y verra que l'opération la plus coûteuse et la plus pénible est le dégazonnement avec la houe. Mais la découverte que j'ai faite, en 1818, d'une charrue qui enlève les gazons d'une manière facile et égale, pourra donner à beaucoup de propriétaires les moyens d'adopter la méthode de l'écobuage. On trouvera la description de cette nouvelle charrue à l'article des outils aratoires (Voy. la planche, nos 7 et 8). Cependant, comme il serait possible que dans certaines localités on fût dans le cas de faire enlever les gazons d'après mon ancienne méthode, je vais en indiquer le procédé.

Pour ne pas perdre la récolte du foin, on avance de quelques jours la fauchaison de la partie du pré qu'on veut écobuer. On réunit un grand nombre de journaliers, afin de profiter de l'humidité de la terre. Un d'eux commence à marquer, le long d'un cordeau, des bandes de 32 à 43 centimètres de large avec l'instrument tranchant dont on se sert pour tracer les rigoles des prés. Chaque journalier, en se servant d'une forte houe (*foussou*), enlève les gazons de chaque bande, à 54 millimètres à peu près d'épaisseur ; il replie les carreaux de manière que l'herbe se trouve en dedans. Ce premier ouvrage peut se donner à prix fait, et selon que le travail est plus ou moins aisé, au prix de 25 à 40 fr. les 56 ares 98 centiares de 3,000 mètres.

ART. 3.

Nouvelle manière d'enlever le gazon.

Au moyen de ma nouvelle charrue (Voy. art. *outils*, nᵒˢ 7 et 8), on enlève le gazon avec la plus grande facilité, en bandes larges de 16 à 22 centimètres, et de l'épaisseur de 81 millimètres à peu près. Ce travail est de la plus grande régularité, et fatigue si peu les bestiaux, que des vaches peuvent le faire aisément. Voilà une grande économie de temps et d'argent, mais ce n'est pas encore tout. Les gazons étant enlevés plus épais, produisent presque le double de cendres, et donnent la facilité de bonifier d'autres terres. Jusqu'à présent j'étais dans l'usage d'amender quelques champs avec la cendrée des prés écobués : mais l'année dernière, voyant la grande quantité de fourneaux que me procurait ma nouvelle charrue, j'ai eu l'idée de faire transporter, avec des tombereaux, les bandes de gazon, et d'en former des fourneaux sur les champs que je voulais réparer. J'ai trouvé ainsi l'avantage de mêler dans la construction de ces derniers, des mottes de terre, et au moyen du feu d'augmenter la quantité des cendrcs. Je les ai fait construire en lignes parallèles, alignés en tout sens, afin de pouvoir labourér le champ dans deux directions croisées. Par ce nouvel essai, le sol a pu profiter de l'amendement extraordinaire que procure le feu sur la place où l'on a construit le fourneau, et qui est tel, que la récolte s'y couche toujours.

Je me suis servi avec le plus grand succès de cette nouvelle charrue, pour dégazonner et écobuer, cette même année, 284 ares 9 centiares de trèfle de trois ans, et 335 ares 88 centiares de luzerne de huit ans.

ART. 4.

CONSTRUCTION DES FOURNEAUX.

Quelle que soit la manière dont on aura enlevé le gazon, il faut, quand le temps paraît fixé au beau, employer des femmes et des enfants pour faire sécher les morceaux de gazon ; on les dresse les uns contre les autres, afin que l'air les sèche plus facilement : une grande perfection dans ce travail est inutile, et il m'est arrivé souvent, lorsque la journée était chaude, de former le soir des fourneaux avec le gazon qu'on avait dressé le matin. Pour leur construction, on emploie des femmes et des enfants et deux ou trois hommes qui conduisent l'opération.

On établit d'abord une base ronde de un mètre 624 millimètres à un mètre 949 millimètres de diamètre, formée de deux couches de gazon. On place ensuite la moitié d'un fagot de genet ou *broustille* bien sèche, de la valeur de 5 à 10 centimes, une des extrémités du fagot sortant en dehors du fourneau

du côté d'où vient le vent. On forme alors une espèce
de voûte, en plaçant les gazons à plat les uns sur les
autres, et rétrécissant insensiblement, de manière à
terminer la voûte au dessus du fagot. On continue de
placer rapidement des morceaux de gazon, toujours
en diminuant insensiblement, ce qui donne au fourneau la forme d'un pain de sucre. Le plus ou le moins
de hauteur est aussi indifférent que la perfection qu'on
voudrait mettre dans l'ouvrage : un mètre 624 millimètres, à un mètre 949 millimètres, m'ont paru
une hauteur convenable. Je conseillerai d'établir
l'ouverture de chaque fourneau du côté du vent
d'ouest ou nord : cette exposition vaut mieux que celle
du vent d'autan (sud-est) qui fait brûler beaucoup
trop vite le fagot.

Demi-heure avant le coucher du soleil, il faut
mettre le feu aux fourneaux. Un peu de vent est
nécessaire pour que le feu pénètre dans l'intérieur :
s'il n'en fait pas, il faut attendre un temps plus
favorable, sans craindre que la pluie puisse gâter
les fourneaux. Du moment que le feu est établi
dans l'intérieur, il faut avoir le soin de fermer l'ouverture avec du gazon, afin qu'il ne soit alimenté
que par l'air qui s'insinue entre les interstices des
pièces de gazon. Le soir même ou le lendemain
matin, un homme doit examiner tous les fourneaux,
pour voir si la force du feu n'a pas produit des fentes,
et alors il resserre la terre en frappant fortement
les crevasses avec le plat de la houe. Le feu ne trouvant pas d'issue, se conserve longtemps, produit
plus de cendrée et d'une qualité plus charbonneuse.

Il faut, pour qu'elle soit parfaite, qu'une partie devienne d'un rouge terne, et que la plus forte reste noire. Il est aisé de concevoir que, quand elle est trop rouge, l'alumine ayant éprouvé un trop grand feu, se rapproche de la brique, et devient alors infertile.

Dans le mois de septembre, s'il survient quelque forte pluie qui empêche de labourer les autres champs, on peut employer ce temps utilement en faisant préparer les terrains écobués. On choisit pour cela une matinée bien calme, et on répand également les cendres des fourneaux tout au tour, en se servant de la pelle, mais il ne faut pas en laisser sur la place même des fourneaux, parce que le grain verserait : on peut juger par cela même quel amendement produit le seul effet du feu.

La quantité de cendres étant très considérable, surtout d'après ma nouvelle manière de dégazonner, on peut employer utilement le surplus de ce qui est nécessaire, soit en faisant transporter les gazons comme je l'ai déjà indiqué, soit en portant les cendres sur des champs qu'on veut semer cette même année. Dans ce dernier cas, on peut extraire un tombereau de cendres par deux fourneaux.

Quand la cendre est également répandue, on donne deux légers labours croisés, avec l'araire, en ayant le soin de ne pas labourer profond : ce simple travail suffit.

ART. 5.

SEMAILLES DE TERRES ÉCOBUÉES.

Dans les derniers jours d'octobre, et même plus tard, s'il survient une forte pluie qui empêche d'ensemencer les autres terres, on peut en toute sûreté semer les terres écobuées, quelle que soit l'humidité. Il est essentiel de n'employer que du seigle; tout autre grain verserait : il faut même que le seigle soit clair, tout au plus deux tiers de semence et mieux encore moitié, si le sol est fort bon.

ART. 6.

ASSOLEMENT.

La première récolte est en seigle. Du moment que les gerbes sont enlevées, il faut s'empresser de faire labourer ce champ. On prépare cette terre comme les autres, mais en lui donnant moins de façons. Le blé de Roussillon, à trois quarts de semence, m'a paru le grain le plus avantageux pour cette seconde année. La troisième, on peut encore semer du blé. Cependant, sur des prés bas, m'étant aperçu que les herbes avaient nui au blé, j'ai trouvé plus avantageux de le remplacer par le méteil, composé d'un tiers de seigle de montagne et de deux tiers de blé *moussole blanche.* Cela m'a fort bien réussi. La quatrième année, j'ai semé du maïs, préparé à la charrue : j'observerai encore à ce sujet, que sur certains prés écobués dans des endroits élevés, le maïs a été

16

superbe, tandis que sur des prés bas, humides et frais, la récolte en a été médiocre; ce que j'ai attribué à ce que la terre étant trop en l'air, le maïs avait péri en partie, par la maladie que nous appelons *gamat*. Cet inconvénient m'a engagé à le remplacer par de l'avoine, semée au mois de septembre de la troisième année. On peut voir, à l'article des assolements, ce qui est indiqué pour les diverses natures des prés.

ART. 7.

EXPÉRIENCE DE L'ÉCOBUAGE.

8,085 mètres 94 centimètres, faisant partie d'une grande prairie d'un bon fonds, arrosable au printemps, mais dont le produit en foin n'était pas considérable, à cause de sa longue existence en pré, furent écobués en 1813.

ANNÉES.	RÉCOLTES.		FRAIS	PRIX	PRODUIT NET.
	en gerbes.	en grains.	de semence et de récolte.	moyen des grains.	
1814	Seigle. . 684	52 hectolitres.	9 hectolitres.	16 fr. l'hectol.	682 fr.
1815	Blé. . . 480	32 — 2	5 — 6	21	559
1816	Blé. . . 452	26 — 1	5 — 3	21	435
1817	Maïs.	18	9	16	144
1818	Avoine. 1,010	109	18	8 50 c.	773
					2583 fr.
		Valeur de 2632 gerbes de paille.			460
					3043 fr.

DÉPENSE. . . . . . . {
En perte de foin pendant cinq années. 625
Frais d'écobuage. . . . . 312 } 1177
Frais de labour pour cinq ans. . . . . 240 }

Revenu net de cinq années. . . . . 1866 fr.

Revenu net d'un hectare et demi par annéé. . . . . 373 fr.

On voudra bien observer que ce produit net est
bien supérieur à celui de nos meilleurs fonds , et
cela sans jachère. Depuis dix ans , j'ai écobué plus
de 31 hectares 34 ares de terre de différente nature ,
et j'ai constamment éprouvé les meilleurs résultats.
Après neuf récoltes consécutives de grains , le trèfle ,
semé à la dixième année , a donné deux belles coupes de fourrage.

ART. 8.

IMPORTANCE DE L'ÉCOBUAGE.

Nous ne saurions trop insister sur les avantages
de l'écobuage, puisque nous lui devrons un changement important dans notre agriculture du Sud-
Ouest. Dans le nouveau système que j'indique ,
d'après une expérience de quarante ans , on voudra
bien observer qu'il procure une grande augmentation de revenu , sans accroître de beaucoup la
dépense , et donne en même temps le moyen de
bonifier les autres terres. Jusqu'à présent , la dépense assez forte d'enlever les gazons , la difficulté
de faire cette opération dans les temps de sécheresse,
le défaut de bras , employés alors aux divers travaux du maïs ; enfin , la crainte de ne pas bien
réussir dans cette opération , paraissaient des obstacles difficiles à vaincre pour introduire cette grande
amélioration. Maintenant, par le moyen de ma nouvelle charrue , tous ces obstacles sont en partie dé-
truits. Le grand comme le petit propriétaire pourra
écobuer les mauvais prés , les pâtis , les vacants ,

même des bois clairs , s'il a eu soin de les couper très près de terre. On pourra aussi écobuer , comme je l'ai fait cette année , de vieilles luzernes de dix ans , et des trèfles de trois ans , et par cette utile opération , donner une plus grande valeur à ses terres. Ce système est donc fondé sur les principes du défrichement des prés , au moyen de l'écobuage , et du remplacement des prés par les fourrages artificiels.

Il en résulte dix récoltes consécutives de grains , dont sept en céréales. Cette grande avance de paille procurera des engrais considérables , et par suite , des récoltes plus belles encore. Enfin , les prés écobués , remis en prairie , produiront plus de fourrage, si on a le soin de former ces prés naturels avec des graines bien choisies. (Voyez *Prés naturels.*)

Des expériences si concluantes , si décisives , doivent détruire sans doute tous les raisonnements scientifiques avec lesquels on voulait proscrire une des plus grandes améliorations de notre agriculture. Au reste , l'opinion de l'abbé *Rozier* avait été combattue par Arthur-Young , qui déclare , dans ses ouvrages , que l'amendement produit par l'écobuage lui a paru supérieur à tous les autres.

ART. 9.

TRANSPORTS DE TERRE.

Le transport des terres sur nos champs est sans doute une des plus importantes améliorations de l'agriculture, mais il exige d'être fait avec intelligence et économie.

Il est essentiel de choisir une bonne terre pour la transporter sur les champs médiocres, afin que l'amélioration soit plus durable. Les propriétaires soigneux doivent avoir pour cet objet un chantier ouvert, afin de pouvoir, selon les circonstances, employer le temps des maîtres-valets. Le mode que l'on suit à Castelnaudary pour les réparations des champs, si bien indiqué par M. *Gardeilh*, est sans doute fort avantageux; mais je crains que cette méthode, qui embrasse de grands espaces, ne soit très coûteuse. Je craindrais même qu'elle n'eût l'inconvénient de transporter la bonne terre dans des parties du champ qui, bonnes de leur nature, n'auraient pas besoin de cet amendement, tandis qu'elle serait plus utile sur les parties maigres. Au reste, en rendant justice aux connaissances de cet excellent agriculteur, je vais indiquer les divers procédés que je suis.

Lorsque la sécheresse commence à se faire sentir, et que le vent d'autan souffle pendant quelques jours au commencement du printemps, on reconnaît facilement les parties du champ qui n'ont pas de fond, et qui reposent sur une couche de cailloux, sur du tuf, ou bien sur une carrière de pierre. (Les paysans appellent ces veines de terre *cressals*). Il faut faire son observation sur le blé, qui prend une teinte jaunâtre dans tous les espaces maigres, et les dessine parfaitement. J'en fais alors marquer avec des morceaux de brique tous les contours. Après la récolte, dans l'automne et l'hiver, on sonde le terrain des endroits marqués. Si c'est le séjour des eaux, ou défaut d'écoulement, qui a nui à la récolte, j'y remédie par un grand fossé couvert. Si la terre végétale a peu d'épaisseur, et qu'elle soit assise sur une couche de cailloux ou de tuf, j'ai recours alors aux transports de terre. Sans ces observations, on ferait des travaux fort coûteux, qui n'opéreraient qu'une légère amélioration, peu en rapport avec la dépense. Il est plus simple et plus économique de faire usage dans ce cas du défoncement, comme on le verra ensuite.

Je profite des beaux jours d'hiver pour terrer fortement les endroits que j'ai marqués, soit avec de la terre prise aux bords des champs qui sont exhaussés, soit par d'autres terres que j'enlève des bords de la rivière, ou des chemins d'agrément ou de service qui sont à portée. La bonne terre enlevée de ces chemins est remplacée, lorsque c'est nécessaire, par du gravier, sur lequel je laisse un peu de bonne terre : on unit le terrain, on y sème quelques graines de foin, et au bout de peu d'années, ces mêmes endroits offrent une bonne dépaissance pour les troupeaux. Si le gazon du terrain que j'enlève est assez fourni, j'en profite pour établir quelques fourneaux sur la partie du champ où on fait les transports de terre, et ce mélange de cendres et de terre apportée est vraiment admirable.

Pour rendre l'opération des transports vraiment utile, il faut employer plusieurs tombereaux et un nombre de chargeurs suffisant. J'emploie ordinairement quatre tombereaux et quatre chargeurs quand la distance n'est pas très rapprochée : il est impossible de donner rien de fixe à cet égard. Après les attelées, les chargeurs étendent la terre, et en préparent de nouvelle pour le transport du soir.

Les hivers pluvieux s'opposent souvent à cette excellente amélioration : aussi n'est-ce qu'au printemps [qu'on peut exécuter de grands transports de terre. Ces réparations sont d'autant plus faciles pour moi, que, dans mon système de culture, je n'ai qu'un certain nombre de champs à couvrir à cette époque.

Pour donner une idée du travail qu'on peut effectuer à cette époque, je me permettrai de citer celui que j'ai fait en 1818. J'avais un champ de trèfle de 335 ares 88 centiares, dont le sol était composé d'une boulbène douce, mêlée par intervalle d'une couche de gravier. Je fis marquer avec des piquets toutes les parties médiocres du champ, qu'on reconnaissait aisément au peu de hauteur du trèfle. Tout le champ fut fauché, et donné en vert aux bestiaux, et de suite on commença le transport de terre. 3,150 tombereaux de terre gazonnée, enlevés d'une grande allée qui bordait le champ, furent étendus sur les parties maigres. Ce travail se fit dans tout le courant de mai. Pendant les mois de mars et d'avril, 1,860 tombereaux d'excellente terre furent transportés sur une vigne, et placés aux pieds des souches, que l'on déchaussait au fur et à mesure.

C'est aussi à cette époque que je fais transporter, au tour des fossés à fumier, la provision de terre nécessaire pour les couvrir dans le courant de l'été.

Il est rare que dans l'automne on puisse faire de grands transports, à cause de la préparation et des soins que demandent les semailles. Cependant, si après avoir semé les boulbènes par un temps sec, on est obligé d'attendre la pluie pour semer les *terre-forts*, on peut profiter de cet intervalle en s'occupant des améliorations des champs.

Aʀт. 10.

Usage de la galère. *(Voy. la planche n°. 16.)*

On se sert de la galère pour niveler les champs, en transportant d'une manière économique la terre du bord des pièces dans les creux. Cette opération exige une paire de bœufs, un enfant pour les conduire et un bouvier pour tenir la galère. Ce travail est fort bon dans certaines circonstances, surtout quand le transport est peu éloigné, autrement je préfère me servir du tombereau, en ce qu'il donne le moyen de porter la terre sur les parties les plus élevées des champs, tandis que la galère porte la terre dans les creux, qui ordinairement ont assez de fond. D'ailleurs, en enlevant la terre des bords du champ qui sont exaussés, on la nivelle en donnant de l'écoulement aux eaux. Au reste, on peut remédier à l'inconvénient de leur séjour, soit par des fossés couverts, soit en dirigeant un fossé ouvert dans cette direction, et en comblant le vieux fossé avec des pierres.

DÉFONCEMENT D'APRÈS MA MÉTHODE.

Trente ans d'expérience, 56 hectares 98 ares de terre défoncés pour le maïs, 12 hectares 53 ares pour la luzerne et le trèfle, m'ont mis à même d'apprécier parfaitement les avantages de la nouvelle méthode dont j'ai eu l'idée en 1809, pour le défoncement de mes terres, et dont les résultats m'engagent à la présenter comme une importante amélioration.

Je fus conduit à cette découverte par l'étude que je faisais de mon terrain, je m'étais aperçu qu'en dessous de la première couche, à 16 ou 22 centimètres de profondeur, se trouvait un lit de terre marneuse, ou terre rousse compacte, qui empêchait les eaux pluviales de pénétrer dans les couches inférieures. Ces eaux séjournant pendant l'hiver dans la première couche, pourrissaient pour ainsi dire la terre, lui ôtaient toute sa force, et nuisaient beaucoup aux blés. De même dans les années de sécheresse, le séjour des eaux faisait que la terre se crevassait facilement, et le maïs périssait d'ordinaire. Pour remédier à d'aussi graves inconvénients, je sentis qu'il n'y avait d'autre remède que de donner plus de profondeur à la terre, afin de faciliter la filtration des eaux. Plusieurs moyens se présentaient pour cela.

La forte charrue anglaise attelée de deux paires de bœufs, pouvait remuer la terre à la profondeur

de 44 cent. J'essayai ce moyen, mais je m'aperçus
que je portais à la surface du sol plusieurs centimètres de terre de la couche infertile, et qu'au lieu
d'améliorer mon champ, je l'appauvrissais pour plusieurs années. J'aurais pu faire usage de la méthode
que l'on suit à *Castelnaudary*, de défoncer le terrain,
en creusant des fossés qui servissent à combler ceux
qui les auraient précédés, de la même manière dont
nous procédons pour *fonder* les vignes. Cette méthode, excellente dans ce dernier cas, n'est bonne
que dans les fonds profonds ; mais dans ceux qui ne
le sont pas, elle a le même inconvénient que nous
avons signalé pour la charrue anglaise ; ce mode est
d'ailleurs fort coûteux.

Je suis dans l'usage de donner aux ouvriers qui
coupent ma récolte une certaine quantité de terre
qu'ils sont chargés de *pelleverser* et de cultiver à
moitié. Je leur proposai l'essai de ma nouvelle méthode, qui consistait à réunir les avantages de la
bèche à deux pointes, avec l'économie de la charrue,
et en évitant cependant l'inconvénient de transporter
à la surface une trop grande quantité de terre infertile.
Je m'engageai à fournir les paires de bœufs nécessaires, et eux s'engagèrent à pelleverser dans la raie que
tracerait la charrue. (1)

(1) Qu'il me soit permis de citer un fait. M. de Vismes, préfet du Tarn,
vint visiter Hauterive à une époque où je faisais un défoncement avec seize
hommes et deux paires de bœufs. Il demanda à un vieux paysan, quelle
était la valeur du demi-hectare? Celui-ci lui répondit qu'il en donnerait
800 fr.; et après le défoncement, dit le préfet? Si Monsieur en voulait
800, je les lui donnerais. Votre méthode est jugée, me dit le préfet.

Art. 12.

Mode d'exécution.

Sur un champ partagé suivant sa longueur en seize parties égales, j'établis un nombre égal d'ouvriers sur une seule ligne, chacun au commencement de sa portion. A mesure que les bœufs ouvrent une large raie, avec une charrue dont le versoir est un peu plus fort que ceux dont on se sert ordinairement, l'ouvrier entre dans la raie, et *pelleverse* la partie qui lui est attribuée. Les bêches, ayant deux pointes de 32 centimètres de long, ne peuvent enlever que la terre contenue entre ces pointes, et ce qui en reste de remuée et qui se détache de la bêche, retombe dans la raie. Les bœufs, après avoir achevé le sillon, reviennent à l'autre bout, la charrue renversée, ce que nos laboureurs appellent *raie-perdue*. Ils tracent alors un second sillon à côté du premier, et pour cela, le bœuf de gauche entre dans la raie précédemment faite, tandis que celui de droite reste par dessus le sol. Alors le laboureur, appuyant fortement sur la charrue, qui d'ailleurs est attirée de haut en bas par la position du bœuf de gauche, ouvre une raie profonde, en comblant avec le versoir qui n'éprouve pas de résistance, celles que les journaliers viennent de creuser.

Il faut deux paires de bœufs par seize hommes, et une charrue de rechange en cas d'accident. Si ce travail se fait avec soin, on obtiendra dans les *terreforts* 43 centimètres de profondeur, et jusqu'à 49 centimètres dans les boulbènes.

Remarquez que ce travail étant pénible pour le bœuf de gauche, il faudra diviser la journée de travail en trois attelées, en changeant chaque fois les paires de bœufs; ce qui concordera d'ailleurs avec les intervalles de repos des journaliers. Le travail des hommes est d'un tiers plus long que pour le pelleversage ordinaire, à cause de la difficulté de mettre de l'ensemble entre tant d'ouvriers, et par suite des accidents qui peuvent survenir. On sait aussi que la couche inférieure étant très compacte, le travail en devient beaucoup plus pénible.

J'oserais croire, que si j'ai rendu quelque service à l'agriculture pratique; ce défoncement est un des plus importants par les résultats que j'ai obtenus.

Art. 13.

AVANTAGES DU DÉFONCEMENT.

Le maïs du champ sur lequel l'opération a été faite chaque année, comparé avec celui à la bêche dans la même terre, a donné un tiers de récolte de plus. J'ai observé plusieurs fois que dans les étés secs, à la suite d'un vent d'autan prolongé, le maïs commençait à jaunir dans les parties cultivées à la bêche, tandis qu'il conservait sa couleur verte dans la partie défoncée.

En examinant l'effet de ce défoncement, nous trouvons que la terre a été travaillée à 43 centimètres de profondeur, et que néanmoins il n'y a eu que la moitié tout au plus de la terre vierge qui ait été portée à la surface, le reste se trouvant mêlé avec une partie de la terre végétale que l'oreille de la charrue avait précipitée au fond de la raie. Ce défoncement de 43 centimètres, donnant la facilité à la pluie de pénétrer dans les couches inférieures, fait que les récoltes souffrent moins dans les années pluvieuses, et même avec la sécheresse : ici l'expérience est d'accord avec la théorie.

Si de tels avantages sont réels pour le maïs, combien un mode de défoncement si économique doit-il être encore plus utile pour la culture du pastel, de la betterave champêtre et du tabac, qui exigent des terres profondément travaillées? Mais c'est surtout pour la réussite des fourrages artificiels à racines pivotantes, que ce genre de culture est d'une grande importance. Plusieurs observations m'ont prouvé que, dans les terres qui avaient été défoncées, la luzerne et le sainfoin présentaient une différence très importante avec ces mêmes fourrages semés dans des terres cultivées selon les procédés ordinaires.

J'ai eu des sainfoins qui, à leur cinquième année de rapport, offraient, sur des défoncements, une végétation aussi belle qu'à la seconde. Depuis longtemps, je ne sème de la luzerne que sur des terrains défoncés, et toujours j'ai obtenu des fourrages beaucoup plus beaux. Des femmes peuvent enfin remplacer les hommes sur les terres douces. Comme l'amélioration des terres par les fourrages artificiels est toujours en raison de leur produit, nous pouvons espérer, par ce moyen, d'atteindre le grand but de l'agriculture, qui est d'obtenir le plus de produit, aux moindres frais possibles. Je ne saurais mieux finir que par cette observation : les paysans, qui répugnent presque toujours à adopter des méthodes nouvelles, se sont emparés de celle-ci avec une ardeur qui démontre la bonne opinion qu'ils en ont conçue.

ART. 14.

FOSSÉS OUVERTS.

Pour la culture des champs d'une vaste étendue, on croit trouver une grande économie, parce qu'on n'a que peu de fossés à entretenir, que les labours sont plus faciles, et qu'il y a plus de terrain en rapport; c'est cependant la plus mauvaise, car ces faibles avantages n'équivalent nullement au tort que cause à la récolte le séjour des eaux, qui, ne trouvant pas de fossés pour les recueillir, se réunissent lorsqu'il survient quelque fort orage, forment des courants rapides, et entraînent les terres dans les bas-fonds. Il arrive enfin que dans les champs qui n'ont pas beaucoup de pente, les eaux séjournent et enlèvent à la terre toute sa vigueur, si la couche végétale surtout n'a pas une grande profondeur.

On doit donc consulter l'inclinaison de ses champs et leur nature, pour les diviser par des fossés ouverts, qui puissent dessécher les parties exposées au séjour des eaux. Ils doivent être tracés le plus possible en droite ligne, et aboutir à des *fossés maîtres*, qui, à leur tour, se dégorgeront dans quelque réservoir naturel ou artificiel.

Tous les quatre ou cinq ans, lorsque je m'aperçois qu'un fossé s'est élargi par l'effet des gelées, j'en fais ouvrir un nouveau à 2 mètres 50 centimètres de distance ; le vieux est rempli en partie de pierres, et on achève de le combler avec la terre du fossé neuf. Cette méthode a le grand avantage de bonifier une certaine étendue du champ, et de donner, par le moyen des fossés couverts, un écoulement plus facile aux eaux. Cette amélioration n'a pu s'exécuter, chez moi, que par la facilité que j'ai d'employer une grande quantité de pierres, dont l'extraction améliore en même temps le terrain.

Ce changement successif des fossés indique que je n'ai aucun arbre autour de mes champs ; le coup d'œil peut y perdre quelque chose, mais les récoltes y gagnent beaucoup. Je ne plante des arbres, et même le chêne seulement, que sur les bords des grands fossés, qui, par leur position, ne doivent jamais être changés, et dont surtout la direction est du nord au sud. Dans ce cas, je plante les chênes très rapprochés, et entièrement au bord. Cet arbre étant à racines pivotantes, fait moins de mal aux récoltes que tout autre, et, dans cette direction, il diminue la violence du vent d'autan : il me semble que nous avons tort de négliger ces précautions dans un pays où ce vent produit de si grands ravages. Nous sommes moins prévoyants en cela que les propriétaires des montagnes *d'Angles* dans le Castrais, qui ont le soin d'établir des plantations très serrées de houx du côté des champs, dans la direction d'où vient ce vent destructeur. Les chênes réussi-

raient toujours , même en les plantant forts , si on
voulait apporter à cette opération le soin que j'indiquerai ci-après. (Voyez *Plantation*.)

ART. 15.

FOSSÉS COUVERTS OU PIERREUX.

Il est aisé d'observer que les récoltes du blé ou du
maïs ne sont jamais plus belles que sur l'emplacement des fossés couverts ; aussi, ce genre de réparation est-il d'une grande importance dans les champs
de *terre-forts*, qui n'ont pas une pente bien prononcée.

Il est essentiel d'en bien reconnaître à l'avance l'emplacement. Pour cela, on doit, après la cessation
d'une forte et longue pluie, se transporter sur les
champs : les parties noyées restent humides au coup-
d'œil, tandis que les parties saines commencent à se
sécher. On marque alors la place du fossé principal et celle des branches latérales.

Lorsqu'on veut construire les fossés couverts, on
fait une longue tranchée de 65 centimètres de large
sur 82 centimètres de profondeur, plus ou moins.

Le fossé bien nettoyé, les ouvriers placent des cailloux ou des pierres de chaque côté, de manière à
former une rigole de 13 ou 16 centimètres de hauteur sur autant de largeur. On la recouvre ensuite
avec deux pierres plates, en observant de garnir les
joints avec de plus petites. Quand tout le fossé est
ainsi disposé, répandez dessus un peu de paille ou

17

des feuilles sèches , pour empêcher la terre de pénétrer dans la rigole , et recouvrez le tout avec la terre qui avait été retirée du fossé. Lorsque les localités ne permettent pas de se procurer facilement des pierres, vous pouvez les remplacer par des branches d'aulne, des sarments verts ou de petits fagots verts de chêne, dont vous remplissez le fossé en les pressant très fort : jetez par dessus de la paille et recouvrez de terre. Ce moyen ne sera pas de longue durée, car , dès que le bois sera pourri, les fossés s'engorgeront.

J'ai éprouvé de si bons résultats de la construction des fossés pierreux, que l'on me permettra d'insister fortement sur cette amélioration. D'après mon système de changer successivement tous les fossés de mes champs en mettant des pierres dans les anciens, j'ai dû en construire une grande quantité , surtout avec la facilité que j'avais de me procurer des matériaux, en défonçant un grand terrain que j'ai planté en vigne. Aussi le relevé des fossés couverts que j'ai faits jusqu'à 1839 se monte à plus de 46,776 mètres , et une telle réparation a l'immense avantage d'être pour ainsi dire éternelle.

Art. 16.

AMÉLIORATION PAR LE CHANGEMENT DES CHEMINS DE SERVICE.

Les chemins de communication ou de service, entre mes métairies, m'ont aussi fourni un moyen d'amélioration qui n'est pas à négliger. Je commence à tracer mon chemin aussi droit que possible, en lui donnant la largeur suffisante pour une charrette. Je fais faire un petit fossé de chaque côté, en jetant la terre dans le milieu du chemin, de manière à lui donner une forme bombée. Au printemps, je fais jeter sur ce chemin un mélange de graine de luzerne, de trèfle et de sainfoin, qui est recouvert par un coup de herse. L'herbe produite fournit annuellement quelques ressources pour la dépaissance des troupeaux, et les graines qui se ressèment d'elles-mêmes amendent ainsi le sol. Chaque dixième année, je trace le chemin immédiatement à côté, en prenant la même largeur; je n'ai qu'un fossé à faire, un des vieux servant pour le nouveau chemin; l'autre est recreusé et formé en fossé couvert, ce qui le met sans autre travail au niveau du reste du champ, et l'ancien chemin est *pelleversé* pour du maïs. Il est inutile d'ajouter que ce terrain amendé par dix ans de repos, par les fourrages et par le passage continuel des bestiaux, doit donner de belles récoltes pendant longtemps. Cette amélioration, qui ne laisse pas d'être considérable pour moi, à cause de la longueur de mes chemins de service, m'a parfaitement réussi.

CHAPITRE XX.

TROUPEAU.

Nous voici parvenus à une des parties les plus importantes de notre agriculture, soit comme produit, soit comme moyen d'amender les champs. Malheureusement, la manière de tenir les troupeaux, et les soins qu'ils exigent sont abandonnés à l'incurie de bergers, d'une telle ignorance, qu'il est très difficile d'améliorer la race des bêtes à laine.

Je vais essayer de faire connaître mes divers procédés pour la conduite des troupeaux, mais je crois convenable de décrire auparavant la construction de mes bergeries.

ARTICLE PREMIER.

BERGERIE.

Mes bergeries sont très rapprochées des étables à bœufs et des fosses destinées aux fumiers. Le bâtiment n'a pour couverture que le toit, afin d'éviter la grande chaleur des étables. J'ai d'ailleurs eu le soin de ne pas établir des granges au-dessus, parce qu'elles ont l'inconvénient de tenir trop chaudement le troupeau et de communiquer au foin que l'on y renferme une odeur très désagréable pour les bestiaux.

Un des abus qu'il soit le plus important de réformer dans la tenue des bergeries, c'est l'usage déplorable de n'enlever le fumier que deux fois dans l'année, et cela par un sentiment de cupidité : le paysan calcule qu'en laissant le fumier s'amonceler dans la bergerie, il y entretient une grande chaleur qui augmente le suint des bêtes à laine, et par suite, le poids de la toison. Les propriétaires éclairés doivent donc s'opposer à un usage qui n'est pas moins préjudiciable à leurs intérêts que contraire à la délicatesse;

usage d'ailleurs qui n'est d'aucun avantage pour eux, car le marchand, qu'on ne saurait aisément tromper, fixe, d'après cette supercherie, le prix qu'il doit donner de la laine.

Le bâtiment de ma bergerie est un carré long, ayant deux portes vis-à-vis l'une de l'autre, assez grandes pour le passage des charrettes ; l'une d'elles donne dans une petite cour fermée qui précède la principale entrée de la bergerie, et où se forme l'engrais destiné aux vignes (voyez *Engrais*). Une petite grange à foin de plain-pied se trouve sur un des côtés, et communique par une porte avec la bergerie. C'est dans cette grange qu'on enferme tout le foin de choix, la luzerne des troisièmes coupes, les dépouilles des haricots, vesces, ers, etc. C'est encore dans cet endroit que le berger prépare le mélange de paille et de foin destiné au troupeau.

Les deux grandes portes donnent le moyen d'enlever le fumier plus facilement, et en même temps de pouvoir transporter la forte couche de terre que j'ai soin de faire répandre sur le sol toutes les fois qu'on en retire le fumier. Des lucarnes sont pratiquées dans toute la longueur du bâtiment.

Dans l'intérieur j'ai fait construire de petites crèches carrelées, ayant au-dessus un râtelier presque droit. D'autres râteliers, en forme de berceaux, sont établis au milieu, et au moyen de quelques poulies, ils se hissent en haut sous le toit, quand on n'en a plus besoin. De cette manière, chaque bête à laine trouve assez de place pour manger de la paille pendant la nuit. Des claies portatives, que l'on peut ôter facilement, et qui se fixent avec des crochets, servent à former les diverses séparations nécessaires aux brebis, aux agneaux et aux bêtes malades. Des auges, en bois fort léger, dans lesquelles on donne du son mêlé avec un peu de sel, ont une place marquée, et elles se rattachent à volonté à la toiture (1).

La nécessité où se trouve le berger de se servir d'une lanterne pour surveiller les brebis qui mettent bas, donne lieu souvent à des incendies. Aussi les propriétaires ne sauraient trop surveiller leurs bergers et leurs métayers, s'assurer que les lanternes sont en bon état, et surtout empêcher que la lampe soit fixée en dehors de la lanterne : c'est là une des causes de la plupart des incendies.

ART. 2.

BERGERS.

Mais ce n'est pas tout d'avoir de bonnes bergeries et le fourrage nécessaire, il faut encore de bons bergers ; ce qui est le plus difficile à se procurer. L'ignorance de cette classe d'hommes est presque générale, et tant que nous ne serons pas parvenus à avoir des bergers instruits, nous ne pouvons pas espérer de former de grands établissements de troupeaux de mérinos. L'éducation des bergers serait donc un grand bienfait pour l'agriculture du Midi ; mais nous

____

(1) Sans doute, un grand nombre d'agronomes ont chez eux des bergeries plus considérables, et construites avec un luxe qui satisfait l'amour-propre ; mais dans une culture bien entendue, il faut, en fait de constructions rurales, le nécessaire : le luxe ne porte pas de revenus.

ne saurions obtenir ce résultat important que de la création de l'école vétérinaire, qui a été établie à Toulouse. Pour obtenir un résultat positif, il faudrait que les conseils-généraux de six à huit départements voisins entretinsent, à leur frais, des élèves bergers. C'est ainsi que Rambouillet a fourni une pépinière excellente de bons bergers.

Dans l'état d'ignorance et avec les préjugés de nos bergers actuels, c'est au propriétaire à diriger et à surveiller lui-même les soins importants qu'exigent ses troupeaux.

ART. 3.

BREBIS ET MOUTONS.

On connaît l'âge des bêtes à laine par l'inspection des dents de devant de la mâchoire inférieure. Elles sont d'abord au nombre de huit, pointues et peu larges; on les appelle dents de lait. Dans la seconde année, les deux du milieu tombent et sont remplacées par deux autres beaucoup plus longues et plus larges. Dans la troisième année, deux autres dents de lait, de chaque côté de celles du milieu, sont remplacées par deux semblables; en sorte, qu'à trois ans, il y a quatre dents larges et deux pointues de chaque côté. Dans la quatrième année, il tombe encore une dent pointue de chaque côté. Dans la cinquième, il n'y a plus de dents pointues, elles ont toutes été remplacées par des dents larges. Passé cette époque, on ne peut plus connaître l'âge des bêtes à laine, que par l'état des dents plus ou moins usées. A celui de sept à huit ans, les dents du milieu se cassent, de manière à ne plus dépasser les gencives.

Les signes de la bonne santé des bêtes à laine, sont la tête haute, l'œil vif et bien ouvert, le front et le museau secs, les naseaux humides sans mucosité, la bouche vermeille, la laine fortement adhérente à la peau, qui doit être rouge et souple, un bon appétit, la veine bonne et le jarret fort. Pour connaître la veine, on relève, avec le pouce de la main droite, la paupière supérieure de l'œil, et avec le pouce de la main gauche on abaisse la paupière inférieure. Si les veines du blanc de l'œil et les chairs du coin de cet organe sont d'un rouge vif, c'est un signe de santé. Si, au contraire, l'œil est pâle, ses veines à peine visibles, et le grand angle du coin couleur de suif, on peut être certain que l'animal est attaqué de la pourriture.

Art. 4.

Choix des brebis.

Lorsqu'on veut composer un troupeau de brebis, il faut choisir celles qui ont le corps grand, les épaules et le dos larges, les yeux gros, clairs et vifs, le ventre grand, les mamelles longues, les jambes menues et courtes, la queue épaisse, et enfin, la laine fine et bien fournie.

Les brebis doivent avoir atteint au moins l'âge de dix-huit mois à deux ans, pour être livrées au bélier. Il serait même plus avantageux d'attendre jusqu'à la troisième année, elles auraient alors toute leur force, toute leur taille, et seraient plus en état de nourrir de beaux agneaux. Mais ces soins éclairés, qui exigent des séparations nombreuses dans le troupeau, ne peuvent s'exécuter que dans de grands établissements de mérinos, dont la valeur et le produit peuvent compenser tous les frais extraordinaires, tels que les gages considérables d'un berger instruit, l'entretien de chiens dressés, etc., etc. Je citerai pour modèle en ce genre, le bel établissement de M. le marquis de Castelbajac, à Caumont (Gers). Aussi les riches propriétaires qui désireraient former de grands troupeaux de race pure, ne sauraient-ils mieux faire que d'examiner, sur les lieux, tous les détails de ce bel établissement. On y verra qu'un berger, venu de l'école de Rambouillet, avec un aide et trois chiens, conduit 500 mérinos, et qu'il suffit au parcage de 17 hectares 9 centiares de terre, qui produisent ainsi de magnifiques récoltes. La laine, dont le poids en suint est ordinairement de 1,468 kilog. 53 h. se vend à un prix très élevé; la vente des béliers, des brebis âgées et des moutons, augmente encore ce produit, dont il faut distraire les frais, qui consistent dans la nourriture et les gages de deux bergers, et la dépense de trois chiens. On peut évaluer ces divers objets à 1,500 fr. Le fourrage nécessaire pour l'année est calculé sur 48 kilogrammes 95 centigrammes de luzerne sèche par tête de bêtes à laine. Si on joint au produit considérable de ce troupeau, l'augmentation de récolte produite par le parcage de 17 hectares 09 centiares, on pourra juger quelle est l'importance d'un établissement pareil à celui de Caumont.

AGNEAUX.

Les brebis portent cinq mois ; pendant ce temps, il faut augmenter leur nourriture, les préserver de la fatigue et les conduire doucement. Les agneaux naissent ordinairement dans l'hiver. C'est alors que les bergers doivent redoubler de soins pour leur troupeau. Les brebis, pour la plupart, ne produisent qu'un agneau ; il arrive cependant que quelques-unes en donnent deux : j'ai même connu, dans le duché de Brunswick, une race de brebis, qu'un propriétaire avait fait venir d'Angleterre, et qui produisaient trois agneaux. Il arrive quelquefois que des brebis n'aiment pas leurs petits ; on doit alors répandre un peu de sel sur les agneaux, afin d'engager les mères à les lécher. Si cela ne suffit pas, il faut les obliger à se laisser têter en les retenant de force. Il est essentiel de couper avec soin la laine qui peut se trouver auprès du pis des brebis, afin d'éviter que les agneaux n'en avalent quelques brins.

Quand on destine les agneaux à être engraissés pour la boucherie, on ne les laisse point sortir de l'étable, et on leur donne un peu de son mêlé avec de la farine d'ers. A mesure que les agneaux sont vendus, on fait têter leurs mères par ceux des autres, qui s'engraissent alors beaucoup mieux. Cet usage présente de grands avantages aux environs de Toulouse, où le lait de brebis est fort estimé et les agneaux d'un grand débit pour la boucherie. Aussi voit-on assez communément une brebis rapporter, par an, environ 12 fr. de profit, tant par le lait et l'agneau que par la laine.

Quand on n'a pas une pareille ressource, il faut élever les agneaux, afin de vendre les mâles comme moutons d'engrais, à l'âge de trois ans, et garder les femelles pour remplacer les brebis vieilles, celles qui sont stériles et enfin, celles que l'on perd par accident ou mortalité. Je dois dire que, depuis quelques années, la ville consomme beaucoup d'agneaux, ce qui fait qu'on les vend 9 et 10 fr., et même davantage, quand on les fait têter à deux brebis. Ce prix élevé a engagé plusieurs propriétaires, et je suis du nombre, à soigner pendant l'hiver un troupeau de brebis. On les achète en septembre 9 à 10 fr., on retire de l'agneau de 7 à 9 fr., supposons 7 fr., on vend la laine de 3 à 4 fr., et après que les brebis sont remises, on les vend pour la boucherie 8 fr. On peut donc calculer sur 11 fr. de bénéfice par brebis, et, en ôtant les frais, on a 9 fr. quitte et le fumier.

Quand on veut sevrer les agneaux, il faut les séparer de leurs mères et les conduire dans un coin de terre semé d'avoine et de vesces mêlées. On leur donne aussi, dans la crèche, un peu de luzerne ou de trèfle en vert, mais fort peu à la fois.

ART. 6.

BÉLIERS.

On ne saurait apporter trop de soin au choix des béliers ; c'est la base essentielle de la formation d'un bon troupeau, et une économie dans ce genre serait fort mal entendue.

Un bélier doit avoir la tête grosse, le nez camus, les naseaux courts, le front large, élevé, arrondi et entouré de laine, les yeux grands et vifs, les oreilles grandes, l'encolure large, le fanon pendant, le corps gros et allongé, le râble large, le ventre grand, les testicules gros, bien pendants et recouverts de laine, la croupe large et arrondie, et la queue longue. Il est, sans doute, difficile de trouver toutes ces qualités réunies, mais il faut tâcher d'en approcher le plus possible.

Il est, je crois, avantageux de ne donner les béliers aux brebis que dans le mois de septembre, afin que les agneaux naissent après les grands froids. Aux environs des grandes villes, il faut, au contraire, que les agneaux naissent de bonne heure, afin de les vendre avant le carême. Il ne peut donc y avoir de règle générale.

On doit avoir soin de ne se servir des béliers, qu'après l'âge de deux ans, et encore faut-il les ménager la première année. C'est à trois ans qu'ils sont dans toute leur force, et alors ils peuvent saillir de 50 à 60 brebis. On leur donne une petite ration d'avoine mêlée avec du sel concassé, tous les huit à dix jours seulement.

Art. 7.

Moutons.

Les moutons ne sont que les agneaux qui ont subi

la castration. Cette opération rend la chair de l'animal plus tendre, et le dispose à s'engraisser plus promptement.

Dans les métairies où l'on a des prairies susceptibles d'être arrosées, on entretient un troupeau de moutons, qui est engraissé et ensuite vendu pour l'Espagne; on le remplace, et on continue ce commerce, qui ne laisse pas d'être productif, quand on n'éprouve pas de mortalité. J'ai un troupeau dans ce genre, que je vends et renouvelle jusqu'à quatre fois dans l'année, et dont le profit peut être évalué, année commune, la laine comprise, de 5 à 6 fr. par tête.

Pour engraisser les moutons, il faut les conduire au pâturage de grand matin, les enfermer pendant la chaleur, les faire sortir de nouveau quand la fraîcheur est arrivée, les mener doucement et les faire boire plusieurs fois. Dans l'hiver, ils doivent aller souvent au pâturage, et on leur donne du fourrage sec dans la crèche. Lorsque les moutons sont gras, il faut se hâter de les vendre, car, sans ce soin, il y aurait à craindre qu'ils ne mourussent de la pourriture, suite ordinaire de la dépaissance avec la rosée ou dans des lieux humides. Cette même raison doit obliger les bergers qui conduisent des troupeaux de brebis à ne jamais les laisser paître que lorsque la rosée est entièrement dispersée, et même alors il vaut mieux ne mener le troupeau que dans des endroits élevés.

Il ne faut pas songer à engraisser les moutons avant l'âge de quatre à cinq ans. Cela devient alors plus facile, et, jusqu'à cette époque, le profit de la laine est considérable.

ART. 8.

SOINS A PRENDRE DES TROUPEAUX.

Il est indispensable de donner aux bêtes à laine une nourriture saine et en quantité suffisante ; on doit donc proportionner le nombre des brebis et des moutons aux ressources qu'on peut avoir en fourrages. Des expériences ont semblé prouver qu'il faut 3 kilogrammes 91 hectogrammes d'herbe par jour, pour nourrir un beau mouton, ou 98 hectogrammes de foin sec. Cette quantité, qui peut être nécessaire dans le Nord, ne l'est pas dans nos climats, où nos troupeaux sont nourris à bien meilleur marché. Cette différence pourrait tenir à la meilleure qualité de notre paille, beaucoup plus nourrissante que celle du Nord, et aussi à la ressource précieuse que nous fournissent les feuillées appelées *broust*. Ces feuillées se font avec les émondages de peupliers, saules, aulnes et même des chênes ; on en fait de petits fagots que l'on fait sécher pendant quelques jours, et qu'on enferme ensuite. Ces fagots sont une nourriture excellente pour les troupeaux dans les temps de pluie et de neige ; on les suspend dans la bergerie à la hauteur de la tête des moutons, et quand ils ont entièrement mangé la feuille, le bois sert aux métayers pour chauffer leur four.

Au commencement de septembre, je suis dans

l'usage de faire enfermer huit à dix charretées de ces fagots pour chaque troupeau, et, pour cela, les arbres qui peuvent fournir cette ressource ne sont émondés que tous les trois ans.

Ici se présente une grande question. L'émondage des peupliers, saules et aulnes, est-il préjudiciable aux arbres?

Cette question m'a fort occupé, et voici le résultat de mes observations :

Si les peupliers, les aulnes ou les saules sont sur un terrain qui n'ait pas un grand fonds, il est très utile de les émonder. Cette opération entretient leur vigueur et prolonge leur existence. En ne les émondant pas, la sève, étant absorbée par le grand nombre de branches, ne peut fournir à toutes les parties; l'arbre s'épuise, et vous apercevez bientôt que l'extrémité commence à jaunir; l'année d'après, elle sèche, et l'arbre meurt.

Si, au contraire, ces arbres se trouvent dans un fonds gras, substantiel et à portée de l'eau, ils ont en surabondance une sève nécessaire à la nourriture de leurs branches nombreuses; et, lorsque l'arbre a atteint toute sa croissance, il est plus sain et meilleur pour la charpente.

Les peupliers d'Italie, qui viennent si vîte, fournissent ainsi de belles poutres et des planches fort utiles. Le peuplier, connu sous le nom de peuplier de pays, quoique moins droit que celui d'Italie, est infiniment supérieur comme bois de charpente. En dernier résultat, le produit des fagots, tous les trois ans, ne laisse pas d'avoir une certaine valeur.

Maintenant se présente la question de savoir quelle est la quantité de fourrage sec qu'un propriétaire doit réserver pour son troupeau. Je croirais assez qu'en prenant en considération les ressources ordinaires du pâturage et de la dépaissance sur les jachères, et dans des bois plus ou moins étendus, 48 kil. 9 h. de fourrage sec, par tête de bête à laine mérinos, seraient suffisants en y ajoutant de la paille et les feuillées dont nous avons parlé plus haut. Pour les troupeaux communs, on donne moins de fourrage sec, mais beaucoup de paille qu'on a mêlée dans l'été avec du trèfle ou de la luzerne séchée sans pluie. Cette paille acquiert un parfum que les moutons aiment beaucoup.

ART. 9.

AMÉLIORATION DES TROUPEAUX ET DE LEUR LAINE.

Le bélier, ayant la plus grande influence sur la qualité des agneaux et sur la finesse de la laine, le meilleur moyen d'améliorer un troupeau serait sans doute de se procurer des béliers mérinos de la plus belle espèce, et, mieux encore, de ne le composer que de bêtes de race pure; mais peu de propriétaires dans nos départements seraient assez riches pour acheter un pareil troupeau, et d'ailleurs l'ignorance de nos bergers les dégoûterait de hasarder des capitaux considérables. Dans cet état de choses, je crois devoir conseiller aux propriétaires qui veulent améliorer leur troupeau sans beaucoup de frais, et sans doute c'est le plus grand nombre, de se procurer seulement de beaux béliers mérinos, et, avec des soins et une grande surveillance, ils parviendraient, par des croisements successifs, à avoir un troupeau dont la finesse de la laine pourrait rivaliser avec celle des bêtes de race pure. Il faut surtout avoir le soin de faire châtrer tous les agneaux, et de ne laisser porter les *agnelles* qu'après l'âge de deux ans.

Les principales qualités de la laine sont la blancheur, la longueur, la finesse et la force ou le nerf. Pour en connaître le degré de finesse, on prend une mèche de laine dont on écarte les filaments, et on les étend ensuite sur une étoffe noire, à côté des échantillons qui doivent servir de comparaison. Si on veut plus d'exactitude, on se sert d'un micromètre pour mesurer la grosseur du fil de laine, et on en reconnaît le nerf au poids qu'il peut soutenir.

Cette qualité est essentielle à observer pour assurer la durée des étoffes qu'on en fabrique, et c'est ce qui distingue éminemment la laine des mérinos de celle des métis; car cette dernière, qui atteint la plus grande finesse à la troisième et quatrième génération, n'a de longtemps ni la même force, ni la même élasticité. Il faut donc multiplier les croisements, ne jamais se servir de béliers métis, et bien observer que la laine des béliers de race pure ne soit pas mêlée de ce poil dur et luisant qu'on nomme *jarre*, et qui, s'apercevant aisément, déprécie beaucoup la laine fine. Avec les soins que j'indique, on peut espérer de parvenir dans peu d'années à former un troupeau qui donnera une laine comparable à celle des mérinos purs; mais, je le répète, ce sont des soins, de la dépense, et une grande surveillance qui peuvent seuls donner de bons résultats.

Cette amélioration des troupeaux, qui serait si avantageuse dans nos contrées, trouve un grand obstacle dans la difficulté qu'éprouvent les propriétaires de retirer des laines améliorées un prix supérieur à celui des laines communes.

L'Angleterre possède une laine propre au peigne, longue, lustrée et brillante, qui est indispensable pour certaines étoffes. On a essayé vainement de l'introduire en France.

La France ne possède pas toutes les laines nécessaires à ses fabriques.

Les laines de Saxe sont indispensables.

La laine d'Espagne est nerveuse, mais dure ; celle d'Allemagne, plus soyeuse et plus molle. La laine de France possède, à peu de chose près, la qualité de ces deux dernières. Toutes ces laines doivent se prêter un mutuel secours, et c'est de leur combinaison que le fabricant tire les plus heureux effets.

Art. 10.

Maladies des bêtes à laine.

Je n'entrerai pas dans tous les détails des diverses maladies auxquelles sont sujettes les bêtes à laine. L'ignorance des paysans et leur confiance aux charlatans sont les causes des pertes considérables que les propriétaires éprouvent chaque année ; et, par une économie mal entendue, ils négligent d'appeler des artistes vétérinaires instruits qui préviendraient les mortalités. Mais comme il arrive souvent qu'on n'est pas à portée de se procurer leur secours, je vais indiquer les deux maladies qui se montrent le plus communément, et le traitement qu'il convient d'y appliquer.

La pourriture est une des plus fréquentes et des plus dangereuses ; elle provient ordinairement de la négligence, ou même de la cupidité des bergers ; car souvent elle se déclare dans les biens dont les métayers ont été renouvelés. Ceux qui sortent ayant un grand intérêt à ce que l'estimation du troupeau soit très élevée, s'empressent de l'engraisser, en le conduisant, même avec la rosée, sur des dépaissances abondantes, et en lui donnant dans la bergerie du fourrage sec à discrétion. Il en résulte, qu'après leur départ aux mois de décembre ou de janvier, la pourriture se déclare et détruit une grande partie des bêtes à laine. Les automnes pluvieuses occasionnent aussi cette maladie, tant par la constitution humide de l'atmosphère qui produit le relâchement de la fibre musculaire, que par l'abondance des herbages. Le mouton engraisse prodigieusement, et l'expérience a prouvé que cet animal, une fois gras, doit être livré à la boucherie. On reconnaît que les bêtes à laine sont atteintes de la pourriture, à la tristesse de l'animal, à la pâleur de la peau, des lèvres et des gencives ; les veines du blanc de l'œil sont à peine apparentes, et l'on observe sous la ganache une bourse remplie d'eau.

Il est très difficile de guérir cette maladie quand elle est avancée : on peut la prévenir et même l'arrêter dans les commencements, en mettant les malades à un régime tonique. La difficulté d'astreindre les paysans à exécuter un traitement assez long, doit engager à préférer l'usage du pain médicamenteux, composé ainsi qu'il suit :

Avec de la farine de lupin et de blé ou de seigle, en égales quantités, on pétrit une pâte de la manière accoutumée, en y ajoutant de la poudre de gentiane et de sulfate de fer, 61 milligrammes de chacune par tête. On en fait plusieurs pains bien cuits, qu'on coupe par tranches, et dont on donne tous les matins pendant huit jours, un morceau gros comme la main, saupoudré de sel. Si le mal est trop violent pour céder à ce traitement, on le continue et on donne alternativement une fiole de vin médicamenteux, composé d'une certaine quantité de vin, dans lequel on a fait infuser pendant huit jours des plantes toniques, telles que la grande absinthe, la centaurée, etc. On y mêle une composition préparée avec du tartrite de potasse acidulé et de l'oxide noir de fer, un demi-kil. de chacun. On fait une pâte de ce mélange, qu'on met dans un vase de terre, et qu'on remue de temps en temps, en y ajoutant un peu d'eau. Par cette opération, le fer oxidé devient soluble dans le vin, et forme un excellent tonique. On le donne à la dose d'une fiole par chaque bête. C'est avec un pareil traitement que M. Rey, artiste vétérinaire de Castres, est parvenu à sauver un de mes troupeaux fortement attaqué de la pourriture : sur cent quarante-cinq bêtes, je n'en ai perdu que seize. (1)

La gale est encore une maladie très commune, mais peu dangereuse, quand le berger veut se donner la peine de la guérir.

Un bon moyen de la détruire entièrement est, de suite après la toison, de mettre à part toutes les bêtes atteintes de cette maladie, chose fort aisée à connaître quand on les tond. On frotte alors tous les boutons de gale avec un linge imbibé dans de l'eau d'une lessive forte, et on étend dessus un onguent composé de la manière que je vais indiquer :

Prenez de la graisse si c'est en hiver, et du suif si c'est en été, à peu près 49 centigrammes; faites fondre, et puis mêlez-y 24 centigrammes d'essence de térébenthine, remettez le tout sur le feu, et ajoutez-y 3 centigrammes d'onguent mercuriel.

Les gonflements produits sur les bêtes à laine par l'usage de la luzerne ou du trèfle en vert, exigent les mêmes traitements que nous avons prescrits pour les bœufs. (Voy. *Tympanite.*)

---

(1) M. Rey, un des plus habiles vétérinaires de nos cantons, a fait connaître, dans un excellent mémoire, la manière de traiter la pourriture et plusieurs autres maladies. Il a fait aussi des expériences intéressantes sur les moyens de guérir du *tourné*, maladie regardée comme incurable. Par une opération ingénieuse, il est en effet parvenu à sauver un certain nombre de moutons ; mais il attend, pour faire connaître cette importante découverte, que des expériences renouvelées lui donnent les moyens d'indiquer d'une manière certaine, l'époque où l'on peut faire l'opération, et reconnaître les signes indicatifs du siége du mal.

M. Guebmin, habile médecin à Castres, a essayé de guérir la pourriture avec le procédé homéopathique d'un millionième d'arsenic, il a bien réussi.

Parcage.

En terminant le chapitre des troupeaux, je ne saurais trop insister sur une des plus importantes améliorations que nous leur devons, celle du parcage, qui malheureusement est trop peu usitée dans nos départements du Midi. Cette excellente méthode, dont les avantages sont si bien reconnus dans le Nord pour amender la terre, devrait être plus généralement répandue. Il est vrai que le morcellement de nos domaines en petites métairies rend difficile l'établissement d'un nombreux troupeau, et qu'il n'y a que les grands propriétaires qui puissent en former de tels, ou bien en réunir plusieurs pour faire parquer avec quelque utilité : c'est ce dernier moyen que j'ai adopté moi-même.

L'opération du parcage exigeant que les bêtes à laine soient bien nourries, et ayant peu de ressources pour la dépaissance avant le mois de juin, je ne commence à faire parquer qu'à cette époque, où les herbes poussent avec vigueur, et donnent plus de moyens de nourriture.

Mon parc se divise en quatre parties, (Voy la planche n° 24.) deux portions sont destinées à deux troupeaux différents, et leur étendue est proportionnée au nombre des bêtes à laine que je veux faire parquer. Le grand parc en renferme 170 à 200, le petit une centaine. A minuit le berger se lève, et, en enlevant une claie des séparations, il fait passer

chaque troupeau dans le parc contigu. De cette manière, on parque chaque nuit 341 mètres carrés 88
centimètres, et un seul homme suffit pour surveiller
les deux troupeaux et opérer leur changement de
parc. Chaque matin, le berger du troupeau emprunté
à une autre métairie vient le chercher, et celui qui a
passé la nuit dans le parc ramène le sien à la bergerie.

La cahute du berger est tout simplement une
vieille charrette, sur laquelle on a construit avec des
planches une petite cabane fermée.

Il est prudent que le berger soit armé d'un fusil,
et que son chien reste attaché sous la charrette à cause
des loups et des chiens enragés. Si pendant la nuit
la pluie survient, le berger se hâte de faire rentrer
les deux troupeaux, et comme l'un deux se trouve
marqué, le mélange a peu d'inconvénients.

A la fin de septembre, si les rosées du matin deviennent froides, le berger fait retirer les bêtes avant le
lever du soleil.

Après trois nuits de parcage, on doit faire labourer avec la charrue à versoir, la partie déjà parquée,
une attelée suffit pour cela. Il vaudrait peut-être
mieux ne pas retarder autant. On doit encore observer qu'il faut parquer sur le second labour, après
avoir eu le soin de passer le rouleau sur le champ,
afin de le rendre uni.

Avec les soins que j'indique, je n'ai éprouvé aucun
inconvénient du parcage, et j'ai obtenu par ce moyen
de magnifiques récoltes.

La crainte que cette opération ne nuise aux troupeaux, fait que beaucoup de propriétaires hésitent

de l'adopter. Si quelque chose pouvait rassurer les gens timides ou à préjugés, et les convaincre que la trop grande chaleur des bergeries, est plus funeste aux bêtes à laine que le froid extérieur, il suffirait de citer une expérience certaine que le hasard a produite

Le propriétaire de la terre de Mousins, canton de Puylaurens, ayant à réformer de son troupeau 60 brebis de peu de valeur, eut l'idée de les établir, au commencement de l'hiver, dans une basse-cour fermée : on avait eu soin d'y mettre de la feuille et on les conduisait au dehors comme les autres. Ces bêtes essuyèrent tout l'hiver, le froid, la pluie et la neige : arriva le mois de mai, on fut fort surpris de voir que ces bêtes étaient dans un meilleur état que celles qui étaient resté dans les bergeries, et que pas une seule n'était morte.

Je ne cite ce fait que pour prouver le peu d'inconvénients qu'il y aurait à faire parquer les troupeaux pendant l'été,

Le nombre des propriétaires qui ont adopté la méthode de parquer, n'est pas considérable. J'ai suivi longtemps ce mode d'amender mes champs, mais la difficulté de trouver des bergers qui voulussent s'astreindre aux soins du parcage, les inconvénients des orages; en définitive, le surcroit de dépense, m'ont décidé à l'abandonner. D'ailleurs je n'étais pas bien convaincu qu'on dût donner la préférence à cet amendement, sur l'augmentation de fumier que procurerait la paille pourrie dans la bergerie. Cette opinion, qui n'était cependant établie

sur aucun fait, se trouve conforme à celle que vient d'émettre M. de Dombasle. « Ma bergerie, nous dit
» ce savant agronome, fournit annuellement 800
» voitures de fumier de 750 à 800 kilogr. En 1830,
» la rareté de la paille réduisit ce nombre à 400 :
» il est vrai que j'avais fait parquer avec 900 bêtes
» après l'agnelage, et je me suis aperçu que l'amen-
» dement qui résulte du parcage, ne compense
» pas le déficit qu'il occasionne sur la masse des
» fumiers. »

M. de Dombasle s'est occupé à connaître la quantité de fumier produit pendant une année par divers animaux. Il serait difficile d'établir dans le Midi nos calculs sur ces mêmes résultats, la quantité d'engrais dépendant plus ou moins de la récolte de paille dont on peut disposer, des soins que les métayers apportent à la tenue du tas de fumier, enfin du nombre de fois qu'on les transporte sur les champs. On conçoit, en effet, qu'avec la chaleur de notre climat, si on laissait toute l'année, les fumiers en tas, la fermentation qui en résulterait, en diminuerait la quantité d'un tiers : aussi, je crois avantageux, comme je l'ai dit, de transporter les fumiers au moins trois fois dans l'année, et, dans les intervalles, de les faire couvrir d'une couche de terre, de mélanger entre elles les diverses espèces d'engrais. Dans cette position, il est intéressant de connaître les résultats signalés par M. de Dombasle.

Deux bœufs ou vaches donnent par an 40 charretées de 750 kilogr.

Cochons, par nombre variable de 15 à 30, 38 ch.

un cheval . . . . 25 ch.

Deux mois parcage , 900 bêtes moutons et brebis . . . . 764 ch.

Lorsqu'on ne parque pas, on obtient un peu plus d'une voiture de fumier par bête à laine. Les chevaux de Roville , sont nourris avec dix kilogr. de luzerne sêche , et autant en valeur en grains ou carottes, c'est-à-dire vingt kilogr. de foin par jour.

Chaque cheval produisant 25 charretées de fumier, il en résulte que 100 kilogr. de fourrage produisent 222 kilogr. de fumier.

La ration d'une bête à laine est évaluée à un kilog. de foin par jour, ou l'équivalent en racines ou en nourriture aux pâturages ; c'est donc 365 kilogr. de foin par année, produisant 600 kilogr. de fumier.

Nous ne dépensons pas, à beaucoup près, autant de fourrage qu'à Roville, pour la nourriture de nos troupeaux. Nous devons cet avantage à notre bonne paille, à la feuillée et surtout à notre beau climat qui nous permet de les faire paître dans nos champs.

Je dois encore faire connaître une observation curieuse de M. de Dombasle. Il établit le principe que la quantité d'aliments nécessaires au soutien de la vie, dans les races d'animaux, est exactement proportionnelle à la pesanteur de leurs corps ; ainsi un mouton mérinos pesant 50 kilog. à jeun, a besoin de un kilogr. 66, hecto. de foin.

Depuis quelques années, plusieurs propriétaires du Midi cultivent la betterave, la carotte, et la pomme de terre pour nourriture du bétail et pour l'engrais des moutons. Je suis dans l'usage de donner deux rations de racines à mes vaches laitières, mais l'expérience m'a prouvé que la bonté du lait et l'augmentation de la crême tenaient encore plus à une addition de farine d'ers mêlée avec du son.

Ce sujet me conduit à faire connaître quelques résultats intéressants des nombreuses expériences de MM. de Dombasle et Thaër; ils serviront à guider les agronomes qui s'occupent d'engraisser des bœufs et des moutons.

IL FAUT	Pour égaliser en faculté nutritive 50 kilog. de luzerne sèche.	
	selon M. DE DOMBASLE	selon M. THAER
En tourteaux de lin	14 kilog. 93 h.	»
En orge	12 24	»
Avoine	18 35	»
Pommes de terre crues	51 39	97 kil. 9 h.
Pommes de terre cuites	39 16	»
Betteraves de Silésie	58 74	225 17
Carottes	84 18	130

Pour obtenir 48 kilogrammes 95 hecto. de graisse de huit moutons, il faut leur donner 164 kilo. 46 hecto. de pommes de terre, 82 kilo. 24 hecto. de tourteaux de lin et 41 hecto. de sel.

Si on supprime le sel, il faut 2 kilo. 32 hecto. de foin de plus.

Huit moutons engraissés à Roville avec 164 kilo. 46 hecto. de foin et 398 kilo. 45 hecto. de betterave de Silésie, ont donné 48 kilo. 95 hecto. de graisse, dans un temps plus court qu'avec les pommes de terre et les tourteaux ; ce qui prouve que c'est la meilleure manière d'engraisser les moutons et la plus simple.

Il faut donc cultiver des betteraves.

En terminant ces curieux essais, je dois observer que les expériences de ces savants agronomes ont été faites sur des moutons mérinos, et nous savons maintenant, du moins dans le Midi, que cette race engraisse moins facilement que celle du pays. Dans nos foires, les moutons mérinos ont une valeur d'un franc moindre que ceux du pays.

Depuis quelques années, M. Graux, fermier agronome dans le département de l'Ain, est parvenu à se procurer une laine longue, soyeuse et lustrée, d'une qualité analogue à celle de Dishley en Angleterre. C'est au hasard qu'il a dû cette découverte. Ayant aperçu dans ses agneaux un mâle qui avait une laine qui lui parut différer de celle de son troupeau, il le mit à part et en eut soin. A quatorze mois il l'employa à la reproduction avec ses autres béliers ; mais il ne découvrit dans ces agneaux, que deux mâles et femelles dont la qualité de la laine fut semblable à celle du père

A force de soin et de persévérance, M. Graux a formé de ce type un troupeau de 180 têtes. La laine semble approcher de celle de la race anglaise, avec plus de finesse et d'élasticité. La taille tient le milieu entre la haute taille mérinos et les moutons de Naz.

Le poids des toisons varie de 1 kilo. 47 hecto. ou 1 kilo. 96 hecto. lavées à dos. Celles de deux béliers ont pesé 2 kilo. 44 hecto. également lavées à dos. Le prix de cette nouvelle laine s'est porté à cinq fr. le demi kilo. lavée à dos.

La dernière enquête commerciale a prouvé que les laines à peigne manquaient à notre industrie. Il serait donc bien utile d'encourager la multiplication de la nouvelle race de M. Graux, afin de procurer à nos fabriques une variété de la laine à peigne des anglais.

La société centrale a donné une médaille d'or à M. Graux.

Art. 12.

DÉSINFECTION DES ÉTABLES.

On ne saurait trop faire usage des procédés de désinfection pour les étables, surtout si l'on a perdu subitement plusieurs bêtes à corne ou à laine. En voici un qui est fort simple.

On fait sortir tous les animaux des étables, on enlève avec soin le fumier, on nettoie les auges et les râteliers, et puis on place au milieu une terrine vernissée, remplie de charbons ardents; on y jette 76 milligr. de manganèse et 92 milligr. de sel commun; le tout bien pilé ensemble et un peu humecté, et ensuite 61 milligr. d'huile de vitriol du commerce, on se retire promptement, on ferme les ouvertures, et une heure après l'étable est désinfectée. Ces proportions conviennent à une écurie de six vaches

CHAPITRE XXI.

PLANTES OLÉAGINEUSES.

Nous voici arrivés à la culture des plantes oléagineuses trop négligées dans notre Midi, et cependant, elles s'accordent à merveille avec nos assolements

ARTICLE PREMIER.

COLZA

Cette plante si utile dans le Nord, commence à s'introduire dans le système de culture du Sud-Ouest; et malgré les inconvénients des vents d'autan, nous avons l'espoir qu'elle augmentera nos richesses agricoles. Ma propriété se trouvant aux débouchés des gorges de la Montagne-Noire, où le vent acquiert une si grande violence, mes premiers essais de culture de colza avaient peu réussi. Je persiste néanmoins à croire qu'en choisissant des localités moins exposées au vent, on peut obtenir de grands résultats. Je vais donc entrer dans tous les détails de culture de cette plante, comme on l'a adopté en Flandre.

Le colza exige une terre substantielle, ameublie, et bien fumée ; on obtient alors de grands résultats.

Mais on peut cependant le cultiver sur des terres bonnes, pourvu toutefois qu'elles puissent produire du maïs.

On sème le colza avant l'hiver, ou bien au printemps, soit à la volée, soit en plantant les plants qu'on avait semés dans une pépinière.

Dans les terrains médiocres, on doit préférer le semis à la volée à celui que l'on ferait avec des semoirs ; mais comme il faut espacer les plants, voici le moyen dont on fait usage dans le Nord. Quand le plant est assez fort pour être éclairci, on passe l'extirpateur, auquel on n'a laissé que les socs de derrière, de cette manière on forme de petites planches avec des intervalles vides qui permettent de le cultiver facilement : il faut, en suivant ce mode, cinq litres de grain par demi-hectare.

Quand on veut planter le colza, il faut faire des semis en pépinière. Dans le Nord, c'est au mois de juillet ; mais dans notre Midi, à cause de nos longues sécheresses, il faut retarder jusqu'au mois d'août. Il faut avoir le soin de ne pas semer épais, même arroser, si le temps est trop sec. Un plant qui atteint à 34 milli. et 40 milli. de tour au collet, ne devrait avoir que 22 à 27 centi. de hauteur, si le sol est bon.

La transplantation peut se faire de plusieurs manières. Si le sol est bien ameubli, on forme de petits sillons avec la charrue ; des femmes placent de dix à douze paires du plant sur le revers, et un nouveau tour de charrue couvre ce plant.

On peut aussi suivre la méthode que j'ai indiquée

pour les betteraves, se servir d'un cordeau, et de 30 à 30 centimètres planter le colza avec le plantoir du jardinier. Ce moyen est plus sur, et n'est pas plus coûteux.

Il est encore un autre moyen bien simple et peu coûteux, ce qui est précieux en agriculture, pour nous surtout, qui cultivons le maïs en grand, ce mode serait utile. Aux premiers jours de septembre, si le temps annonce la pluie, il faut semer à la volée la graine de colza dans le champ de maïs. La graine nait et prospère à l'abri de la plante, et quand le maïs est mûr, on a le soin de couper les pieds rez-terre, de transporter les tiges en dehors du champ et de les charger sur des charrettes.

La dépense que peut coûter ce travail, est bien compensée par les cendres des pieds de maïs que je fais brûler, comme je l'ai indiqué à l'article *engrais*. Cette année j'ai fait brûler les pieds de maïs de trois hectares, et j'en ai retiré six tombereaux de cendres noires dont je me suis servi pour l'engrais en poudre.

La maturité du maïs a lieu ordinairement vers la fin d'octobre, alors les plants de colza ont acquis une certaine force. On les éclaircit de manière à les espacer dans le long des raies de 16 à 22 centi. Cette distance suffit, parce qu'en semant à la volée, les graines ne sont pas restées sur le haut du sillon et sont descendues dans la raie, et par là il n'y a plus d'espace entre les plants de colza dans le sens de la largeur. Les plants éclaircis, on les chausse avec la terre que l'on prend du haut du sillon où se trouvait le maïs, de manière à former une petite rigole.

Le colza ainsi préparé prospère l'hiver, et au printemps, il suffit d'un bon sarclage jusqu'à la récolte. (1)

Il y a un insecte nommé l'*altise bleue* qui fait beaucoup de mal aux jeunes plants de colza. La seule manière de s'en préserver est de tremper la graine pendant douze à quinze heures dans une forte saumure.

Dans notre climat, le colza est mûr dans le courant de juin, on juge de sa maturité quand les tiges sont jaunes et la graine d'une teinte brune. C'est alors dans notre pays que l'on est exposé à perdre cette précieuse récolte par le vent d'autan qui coupe même les tiges. Il faut donc bien saisir le moment, consulter son baromètre, et si la baisse du mercure annonce l'approche du vent d'autan, il ne faut pas attendre une maturité parfaite. Si même on est surpris par la violence, il faut faire usage de la grande faulx et employer grand nombre de faucheurs.

Dans nos contrées où la pluie est rare, on peut faire sécher les tiges en les liant par javelles et les plaçant droites les unes à côté des autres formant un rond de un mètre 62 centimètres de diamètre; ce mode est plus économique que celui de former des meules. Quand on s'aperçoit que les gousses qui contiennent la graine sont sèches, on peut étendre des toiles sur le lieu même, y transporter les tiges de colza et les battre au fléau. S'il fait un peu de

(1) C'est à M. Anacharsis Combes, un des membres les plus zélés et instruits du comité de Castres, que nous devons cette méthode simple et économique.

19

vent, on vanne desuite, et on porte la graine au grenier en ayant le soin de bien l'étendre, afin d'éviter qu'elle ne s'échauffe. Quand on craint le mauvais temps, on charge, avec la rosée du matin, le colza sur les charrettes qu'on place sous un hangard et qu'on bat sur lieu, le plutôt possible.

On vient d'adopter dans le département de l'Oise un nouveau mode de culture qui présente des avantages. Au mois de juillet on sème à la volée, de la graine de colza sur un champ de pommes de terre dont on aura espacé les raies. La pomme de terre étant chaussée, la graine roule dans le sillon, naît promptement et sa végétation est protégée par la pomme de terre, et quand celle-ci est mûre, on l'arrache à main d'homme.

DES PRODUITS.

Dans les environs de Lille-en-Flandre, la graine de colza pèse, terme moyen, 72 kilog. l'hectolitre, et produit 34 hectolitres par hectare. Nous ne devons pas nous attendre, avec l'infériorité de nos terres, à de si grands résultats : cependant aux environs de Toulouse, dans d'excellents fonds, on est parvenu à récolter 22 hectolitres par hectare. Examinons maintenant le bénéfice de cette culture d'après les notes de M. de Dombasle.

Semis a la volée.

Dépense, loyer du terrain par hectare, deux
   années. . . . . 140 fr.
Engrais et frais 1ʳᵉ année. 120
Labours, deux à l'extirpateur. 50
Hersage. 10
Six litres de graine et semaille. 4
Faucillage. 10
Battage, vannage. 18

             Frais. . . . . . . 352 fr.

Produit moyen. 18 hectolitres à raison de
25 fr. 50 c. l'hectolitre. 459

    Reste de bénéfice net par hectare. . . 107 fr.

Le semis à demeure en ligne, donne 193. L'augmentation du produit provient de ce que le rapport a été de 22 hectolitres de grain, tandis qu'en semant à la volée il n'a été que de 18 hectolitres.

Transplantation en rayon.

Le terrain n'étant employé qu'une année, il y a diminution dans les frais : le bénéfice se trouve donc de 220 fr. 50 centimes.

Semé au printemps.

Le produit n'a été que de 14 hectol. et la dépense un peu plus forte que celle de la première année :

il en est résulté que le revenu n'a été que de 58 fr.

En suivant le mode que j'ai indiqué de semer sur un champ de maïs, il est sans doute probable que le produit de la graine ne sera ni de 22 hectol., ni même de 14; mais j'ai lieu de croire qu'on récoltera au moins 10 hectol., et comme les frais seraient réduits à un binage, à l'achat de la graine et aux frais de récolte, peut-être aurait-on un produit net plus considérable. Il faut observer seulement que le champ où l'on cultive le maïs, soit fortement fumé et sarclé. Il faut aussi le chausser légèrement.

D'après M. Gauzai . . . 960 kilog. de graine lui ont donné 380 kilog. d'huile et 520 kilog. de tourteaux.

On ne saurait trop faire d'efforts pour introduire cette excellente culture dans notre Sud-Ouest, surtout à une époque où nous n'avons pas tant à redouter la concurrence du Nord pour les produits du colza, depuis qu'ils consacrent leurs meilleurs fonds à la betterave.

Je dois cependant observer que le colza épuisant le sol, craignant le vent et exigeant des frais considérables, nous ne devons le cultiver que dans les meilleurs fonds et même fumés. Au reste, l'introduction de la madia-sativa dans notre culture du Sud-Ouest, remplacera insensiblement le colza.

ART. 2.

LE LIN.

Le lin n'est qu'une culture secondaire, dans cette partie de la France : nous ne pouvons pas le semer au printemps à cause de la sécheresse : nous sommes alors obligés de le semer à l'automne dans les terres les plus abritées du froid. Cette plante résiste peu à une forte gelée, ce qui rend cette culture bien chanceuse. Nous pouvons espérer cependant de pouvoir enrichir notre Sud-Ouest de cette plante précieuse, en adoptant le procédé que l'on suit dans le Nord.

On s'est aperçu que la graine de lin venue de Riga avait le grand avantage de venir plus promptement que celle de la France, de produire beaucoup et de donner un fil plus nerveux. Le succès obtenu dans ce genre a fait adopter généralement dans le Nord la culture du lin de Russie.

L'année dernière, n'ayant pu m'en procurer qu'une très petite quantité, et tard, je ne semai que dans le mois de mai, et dans trois mois je pus recueillir la graine. Cette année je me suis adressé à M. Vilmorin pour avoir de la véritable graine de Russie. J'en ai semé une partie du premier avril au 19, et une autre du premier mai au 8. La croissance a été bien contrariée jusqu'au 30 mai par une longue sécheresse, et cependant, elle promet une bonne récolte. J'ai besoin de quelques années d'expérience comparative pour bien me fixer. Il est même à présumer que la graine venue directement de Riga, résisterait plus au froid que la graine du pays. (1)

(1) Depuis, une grande expérience faite en 1837, sur le lin de Riga, nous a prouvé que ce lin semé en avril a donné en poids plus que le lin du pays semé à l'automne ; et que le fil était remarquablement d'une plus grande finesse.

Voici le mode de culture que j'ai adopté. Immédiatement après la récolte du blé, on choisit la meilleure partie d'un bon champ de terre bâtarde, on la laboure avec soin, en ameublissant bien le sol par plusieurs hersages. On fume avec du fumier bien pourri, et on recouvre à la charrue. Au mois de septembre, on sème la graine de lin de Russie à la volée, on recouvre avec l'araire, et des femmes passent ensuite le rateau, pour bien émotter et applanir le sol.

Si l'hiver est rigoureux, et que la récolte soit détruite, on laboure le terrain, on le prépare de nouveau, et dans les quinze premiers jours de mars, on sème de nouveau le lin de Russie. De cette manière on est à peu près certain de réussir dans cette précieuse récolte : il n'y a que l'achat de la graine de perdu. En semant cette deuxième fois, je croirais bien avantageux de semer avec le semoir-*Hugues* ; on y trouverait économie de semence, facilité pour le sarclage, et surtout l'avantage de répandre avec la graine l'engrais en poudre. (Voyez art. *Engrais*.) Je suis persuadé que le sol amélioré par la première fumure, et ensuite par l'engrais pulvurulent, ne peut que donner de grands résultats. Ce sera une nouvelle conquête bien précieuse pour notre pays, et qui peut entrer facilement dans les assolements. On peut obtenir ainsi trois récoltes dans deux ans. Première année, blé ; lin semé en septembre, la deuxième année, recueilli en juin et juillet et semé en navets pour la table, et immédiatement après, en céréales ou vesces noires pour fourrage.

Il faut un intervalle de quatre ou cinq ans entre le retour du lin sur la même terre.

On reconnaît la bonne qualité des grains, à leur pesanteur et au luisant de la graine. C'est l'indication pour faire la récolte,

Quand le lin est bien né, il faut avoir le soin de le bien sarcler. Dans le Nord, quand les tiges acquièrent une hauteur extraordinaire, on est obligé de les ramer. Nous n'avons pas à nous occuper de ce soin.

Je suis dans l'usage, quand la récolte de lin est bien née, d'en donner la culture totale à moitié profits, en me réservant, cependant, la totalité de la graine : on se charge du sarclage, d'arracher les plants, du rouissage, et autres opérations nécessaires, avant de former les écheveaux. Je me suis fort bien trouvé de ce mode de culture.

CULTURE DU LIN DE RIGA.

M. *Guibal Anne-Veaute*, qu'on est bien sûr de trouver à la tête d'une entreprise utile à son pays, vient de former une société pour créer à Castres une filature de fil de lin, à l'instar des riches établissements anglais. Cette grande fabrication qui donnerait plus de valeur à nos lins, engagerait les propriétaires du Sud-Ouest à les cultiver en grand. Il est vrai que les qualités de nos lins sont loin de valoir ceux de la Flandre et même des environs de Tarbes. Cela tiendrait-il à la qualité de nos terres ou bien aux principes de culture et de préparation que nous suivons?

Pour le succès de la Société linière, deux membres ont été étudier en Flandre et en Belgique cette riche culture. Ils ont fait venir de Riga 50 hectolitres de graines, qu'ils ont distribués à un grand nombre de propriétaires, auxquels la Société proposa d'acheter tout le lin récolté au moment de l'arrachage, pourvu qu'ils veuillent bien suivre le mode de culture qu'ils ont rapportée de la Belgique, en observant qu'il ne faudra pas attendre que la graine soit parfaitement mûre; elle doit achever sa maturité dans les tas; sans cela, le fil serait loin d'atteindre la beauté des lins du Nord. En mars 1842, j'ai semé de la graine de lin de Riga sur une terre bien fumée, et à côté j'en ai semé une planche avec le semoir et mon engrais en poudre. En 1841, j'avais récolté du lin semé avec le semoir, qui sans nul doute était au-dessus de tous les autres lins semés à l'entour.

Pour les opérations qui doivent suivre l'arrachage du lin, je vais indiquer la méthode que l'on suit en Belgique et en Flandre.

Après avoir laissé fermenter les tiges arrachées en petits tas relevés, et cela pendant sept à huit jours, il faut s'occuper du rouissage. C'est une des plus importantes opérations. Les propriétaires du Nord placent leur lin dans de grandes caisses en claires-voies, ayant les dimensions en rapport avec le lin récolté. Une caisse de 6 mètres 49 centimètres de long, sur 3 mètres 4 centimètres, peut contenir 3,000 kilog. de tiges de lin.

On place cette caisse au milieu du courant, au

moyen de deux pièces de bois inclinées, sur lesquelles on fait glisser la caisse. Une couche de paille est
placée au fond de la caisse et sur les côtés, et après
avoir arrangé tous les paquets de lin, on place le couvert qu'on charge avec des pierres.

Huit à dix jours suffisent pour un rouissage complet. On reconnaît que le lin est assez roui en prenant quelques brins dans la totalité et en détachant,
en commençant par le bas de la tige, les parties les
plus filamenteuses. Si elles ne se rompent pas et
que ce soit sans effort d'un bout à l'autre, l'opération
du rouissage est terminée. Le lin sorti de l'eau est mis
immédiatement à sécher sur un pré, en le laissant
en petits paquets. Quand ce lin est à peu près sec,
on défait les paquets et on les étend sur les prés,
en le retournant de temps en temps. Si le lin peut sécher, sans éprouver de pluies, pendant dix à douze
jours, le rouissage est parfait, et en voici la raison. Les tiges de lin au sortir de la caisse se garnissent d'une sorte de graisse, elle doit être pendant
le séchage absorbée par le lin, ce qui lui donne un
moëlleux et une souplesse qu'il conserve une fois
séché, tandis que s'il survient de la pluie la graisse
est entraînée par la pluie.

J'oserai croire qu'on pourrait éviter cet inconvénient en faisant usage de la toile imperméable dont
Hauterive a le secret, pour former dans quelques
minutes de petites tentes basses, sous lesquelles on
mettrait à la hâte le lin étendu. Cette opération est
d'autant plus facile que dans notre Sud-Ouest on peut
prévoir facilement la pluie, soit par un orage, soit

par changement de vent. Au demeurant, cette dépense serait peu de chose.

Au reste, j'ai le projet de soumettre cette belle découverte de l'imperméabilité des toiles à couvrir les gerbiers en pain de sucre, à avoir une tente prête pour couvrir les tas de blé dans l'aire, pour couvrir les bœufs quand ils sont en voyage et pour les habillements des paysans qu'ils appellent *brissaue*; enfin pour les cordes de charrettes qu'il faut renouveller sans cesse, à cause de la négligence des paysans, qui les font pourrir, faute de les faire sécher.

Le halage est l'opération par laquelle on enlève entièrement au lin, l'humidité qu'il conserve nécessairement plusieurs mois après l'avoir arraché.

C'est ordinairement dans un four qu'on place le lin. Si la température est trop élevée, le lin roussit et devient très cassant.

Dans la Picardie, cette opération se fait sur une grille en fer'ou en bois, suspendue à 1 mèt. 30 cent. du sol, le feu doit être peu ardent, alimenté avec les débris des chènevottes. On évite de produire beaucoup de flamme, non-seulement pour ne pas incendier les tiges, mais aussi pour conserver beaucoup de fumée. Le lin tourné continuellement est pénétré par la chaleur et par la vapeur produite par la fumée, est moins exposé à roussir et à sécher trop promptement.

Pendant que le lin est encore chaud, on le soumet aux opérations successives du *macquage*, du *broyage* et de l'*écanguage*.

Le *macquage* est une opération inconnue dans le Sud-Ouest ; elle consiste à étendre les lins sur une surface dure et unie et le frapper avec un instrument appelé *macque*.

On commence à frapper le lin sur les extrémités de sa tige et puis sur le milieu.

Le broyage. Cette opération, comme on l'exécute dans le Sud-Ouest, est très nuisible au lin. Les broyes en gros et en fin sont les deux outils dont on fait usage dans nos campagnes. Les femmes mettent une grande énergie et trop de temps à cette opération, qui n'enlève pas entièrement les brins rompus et même le bois ; d'ailleurs, les tiges n'étant pas assouplies par le macquage, se brisent en partie sous les dents des broyes. Il ne faut pas perdre de vue, que les lins n'étant pas élastiques, il faut éviter une tension trop forte, sans cela on détruirait les brins les plus précieux. Au reste, dans les pays où se récoltent les plus belles qualités de lin, on supprime entièrement le broyage ; alors l'écanguage suit immédiatement le macquage.

L'écanguage a pour but d'enlever aux masses de lin les parties de chènevotte qui restent encore. Cette opération est indispensable. Une planche perpendiculaire est fixée sur le sol au moyen d'un socle, que la pesanteur et la largeur de sa base maintient solidement. Cette planche, d'environ un mètre 25 c. de hauteur, est échancrée sur un des côtés, à une hauteur moyenne de la taille d'un homme : son élévation, à partir du sol, est ordinairement de 85 centimètres. Cette échancrure doit être rentrante dans sa partie inférieure, afin que l'écangue puisse glisser facilement le long de la planche. L'écangue est un espèce de grand couteau en bois dur et très mince, surmonté d'un volant qui sert à lui donner plus de poids. Le tranchant doit être émoussé.

L'ouvrier tient de la main gauche une masse de lin qu'il présente le long de la planche, en mettant la main à l'abri derrière l'échancrure ; il tient de la main droite l'écangue avec laquelle il frappe sur la masse de lin qui est suspendu, et dont il enlève par des secousses et un frottement rapide les portions de bois qui restaient dans le lin. L'écangue, ainsi lancée, va s'arrêter à une sangle tendue entre l'ouvrier et la planche, ce qui préserve ses jambes et relève l'écangue par son élasticité.

Si après l'opération il reste encore quelques parties de chènevotte, un ouvrier râcle légèrement les poignées de lin sur un tablier de cuir, au moyen d'un couteau en fer bien émoussé.

Après cette opération, le lin est d'une propreté complète.

Au reste, la société pour la filature de lin va faire des efforts pour simplifier toutes ces opérations. Elle a d'ailleurs eu l'intention d'établir des ateliers en grand pour ces opérations ; de manière que les propriétaires pourront vendre leur lin immédiatement après l'avoir arraché et en tirer un meilleur parti.

Art. 3.

NAVETTE.

Il y a deux sortes de navette, celle d'hiver et celle du printemps. La navette d'hiver se sème à la volée au commencement de septembre. Celle du printemps se plait dans les terres légères et sablonneuses. Cette plante donne moins de produit que le colza, mais aussi elle est moins exigeante sur la qualité du sol et sur les frais de culture. Lorsqu'une récolte a manqué par quelques intempéries, on peut la remplacer par la navette d'été, qu'on peut semer jusqu'à la fin de juin. La quantité de semence est de sept à huit litres par hectare. La navette d'hiver se sème à la fin de septembre. Le produit moyen d'un hectare de colza semé à la volée étant évalué à dix-huit hectolitres, la même qualité de terre, et la même étendue ne donnerait de navette que seize hectolitres de celle d'hiver, et que douze hectolitres de celle de printemps.

Art. 5.

CAMELINE.

C'est une des plantes oléagineuses qui conviennent le mieux à notre climat. Ses tiges sont frêles, n'ayant qu'une seule racine pivotante, elle épuise peu le sol et comme elle se recueille toujours dans l'été, on a encore le temps de bien préparer la terre pour les céréales. C'est de toutes les cultures des plantes oléagineuses, celle qui exige le moins du terrain de bonne qualité; elle se plait dans les terres légères, terres à seigle, même médiocres. Elle a d'ailleurs l'avantage d'être à l'abri des ravages de l'altise et des pucerons qui attaquent presque toutes les plantes oléagineuses.

On sème la cameline à la volée, à raison de quatre ou cinq kilogrammes de graine par hectare. Quand la plante a acquis une certaine force, il faut l'éclaircir de manière à laisser seize centimètres d'intervalle entre les plants.

Pour la récolte, on l'arrache facilement, après une pluie. On met les tiges en tas, comme le colza. Je me suis bien trouvé de battre ces tiges sur le champ même, en étendant des draps de distance en distance. Le plus léger vent suffit pour vanner. Le produit ordinaire de la cameline est de seize hectolitres de graine par hectare.

L'huile de cameline est très bonne à brûler ; elle a moins d'odeur et produit moins de fumée que celle de colza : il est vrai que celle-ci lui est supérieure sous d'autres rapports.

ART. 5.

MOUTARDES BLANCHE ET NOIRE.

J'ai cultivé pendant plusieurs années ces deux espèces de moutarde sans en obtenir de grands résultats. Je préfère la navette et surtout la cameline.

ART. 6.

L'OEILLETE GRISE.

Cette plante est bisannuelle. La graine produit de

la bonne huile ; mais elle exige des soins de sarclage. Sa culture est à peu de chose près la même que celle de la cameline, et produit un peu plus de graine.

Art. 7.

ARACHIDNE OU PISTACHE DE TERRE.

J'ai cultivé pendant deux ans cette plante précieuse pour l'Espagne. Elle avait été introduite dans les environs de Bordeaux avec quelques succès. La fève de cette plante donne une huile abondante, limpide, sans odeur, et presque aussi douce que celle d'olive. Le savon qu'on fait avec cette huile est très sec et inodore. Sa culture est facile : comme les gousses tendent à s'enfoncer dans la terre, il faut tenir la terre bien ameublie. J'étais parvenu à obtenir des gousses d'une belle grosseur ; mais quand vint le moment de la maturité, toutes ces gousses furent dévorées par des rats, et je n'eus qu'une médiocre récolte.

Art. 8.

MADIA-SATIVA.

L'introduction en France d'une nouvelle plante oléagineuse, telle que le *madia-sativa*, semble annoncer une conquête précieuse pour le Midi. Au mois d'Avril 1839, j'ai reçu un petit cornet de cette graine. Je la fis semer sur deux terrains de qualité différente. Ce ne fut qu'à la fin d'avril : c'était donc un retard de deux mois. Cette graine fut semée à la main dans des petites raies espacées de seize centimètres. Pendant les quatre mois que la plante a resté dans la terre, elle n'a reçu qu'une pluie ; et malgré cela, sa végétation a paru vigoureuse, et elle a pu former un grand nombre de petits bouquets contenant une graine menue, ce qui provenait apparemment de la longue et forte sécheresse. Voulant économiser la graine, je n'en ai remis qu'une partie à un pharmacien, pour en extraire l'huile. Cette opération a produit une huile claire, ayant un léger gout qu'on ne peut définir, mais qui serait, je crois, très facile de faire disparaître.

En 1841 le comice de Castres dont j'avais l'honneur d'être le président, essaya d'introduire dans ce département la culture du madia-sativa. Il parvint à se procurer 208 kilog. de graine dont une partie provenait de premiers essais, faits par quelques membres ; ces 208 kilog. ont donné en 1841, 192 hectolitres de graine.

Il résulte des diverses expériences faites par les membres du comice, que nous sommes assurés de pouvoir cultiver le madia avec succès.

Que cette plante épuise peu le sol et l'occupe beaucoup moins longtemps.

Qu'elle est moins difficile sur la qualité des terrains.

Qu'il lui faut peu d'engrais. Au reste en enfouissant les tiges, après en avoir extrait la graine, ou bien en étendant les plantes sur le sol et en y mettant le feu, on procure au sol un amendement utile pour le blé qu'on sème en automne.

Le madia résiste aux gelées ordinaires et à la séche-resse.

L'odeur qu'exhale la plante la protége contre les bestiaux et les insectes.

Cette culture doit nous procurer l'amoindrissement successif du système des jachères.

Et un résultat en huile dont le peuple peut se servir avec une grande économie.

Qui se récolte dans 110 jours d'été à raison de 5 hectolitres de produit et d'un kilogramme de semence pour 10 ares.

Que le poids d'un hectolitre de graine est de 50 kilog., ce qui donne 500 kilog. par hectare, ou 145 fr., en prenant pour base le prix par les fourlaux du Nord.

Le temps de semer le madia est du 10 mars à la fin d'avril, la terre bien ameublie. On sème à la vo-lée, et on recouvre avec la herse. Il faut 4 kilog. par demi-hectare.

Que le moment de la récolte est celui, où, en ou-vrant la fleur, on aperçoit que les graines noires sont devenues toutes grises. Voici la manière que j'ai adopté. Si l'état du sol le permet, on arrache les plantes avec la main et on en forme des tas comme on le fait pour le lin. Après quatre ou cinq jours de fermentation, on étend des toiles sur le champ et on bat les tas de madia. S'il fait un peu de vent, on vanne légèrement. On transporte la graine sur le plan-cher du grenier; on l'étend pour l'empêcher de s'échauffer. Les plantes sont étendues sur le sol, et quoique vertes, on y met le feu ; et on enfouit les cendres le plutôt possible. C'est un engrais excellent. On peut encore employer le madia comme amendement en l'enfouissant : son effet approche de celui du sarrasin, mais il est inférieur au lupin.

Cette plante pouvant être enfouie après 50 jours de végétation, nous donne un moyen de donner un engrais double aux terres destinées à être semées en blé ; mais dans ce cas il faut fumer pour le madia. On obtient ainsi des plantes plus grosses et plus hautes pour enfouir et on détruit les mauvaises herbes qu'aurait produit le fumier.

Quand on veut extraire l'huile de madia, il faut bien laver la graine dans un cuvier d'eau, dans lequel on verse un centième de l'eau d'acide sulfurique. On laisse sécher et on passe la graine à la presse hydraulique, ou bien à un moulin à huile. Si on passe la graine à froid, on obtient 21 pour cent. La pâte est de nouveau moulue et chauffée convenablement, on obtient 8 pour cent.

L'huile de madia ne peut être épurée par les mêmes moyens qu'on emploie pour celle de colza. Si on brûle le mucilage par l'acide sulfurique, on éprouve un déchet considérable. Il faut observer que, quand on lave la graine, il ne faut pas la laisser séjourner dans l'eau, car elle l'absorbe promptement, et alors elle donne peu d'huile.

Art. 9.

Sésame oriental.

Le sésame est une des plantes oléagineuses qui

produit le plus d'huile ; elle est en même temps plante d'ornement dans un parterre, sa floraison durant longtemps : ses fleurs sont blanches, légèrement rosées, placées dans toute la longueur de la tige ; la graine est de moitié plus petite que celle du lin, en ayant un peu la forme.

Le sésame étant une plante pivotante, exige un sol profond, bien ameubli, bien fumé et surtout très frais. Dans un terrain de cette nature, semé en ligne, sarclé, biné avant la floraison, il donne des récoltes très abondantes, pouvant s'élever à 1,000 kilog. de graine par hectare. Il faut quatre mois au sésame pour arriver à sa maturité complète ; de même que le madia, il en a l'inconvénient, si on le laisse trop mûrir. La récolte se fait, soit en arrachant, soit en coupant la plante ; elle se bat très facilement sur l'aire avec un léger fléau.

Parmi le sésame récolté aux environs de Marseille, en 1841, il y a eu des plantes qui se sont élevées à un mètre 25 centimètres de haut. Les graines produites par une de ces plantes, se sont montées à 14,000, pesant 25 grammes ; mais c'est un résultat extraordinaire. Plante pivotante, le sésame peut être placé au nombre de celles qui servent à nettoyer le sol. Par toutes ces considérations, la culture du sésame doit être adoptée de préférence à toutes les autres plantes oléagineuses que l'on peut cultiver dans le Sud-Ouest. Les essais nombreux que nous avons fait en l'année 1842, nous ont rassuré sur les craintes que cette plante, originaire des pays chauds, ne réussisse pas aussi bien dans ces départements que dans ceux de la Provence. La grande difficulté de cette culture est la germination : souvent la graine ne germe pas. Pour prévenir cet inconvénient, il faut, avant de la semer, la faire tremper vingt-quatre ou quarante-huit heures dans du purin et la couvrir le moins possible. Le semis en ligne est préférable et facile. On ouvre des raies avec l'*insilladou* (voir la planche) à 25 centimètres de distance ; une femme sème la graine dans les raies, et une autre la couvre avec un léger râteau ; on sarcle et on bine.

L'huile de sésame est plus douce et plus agréable que les autres huiles oléagineuses, moins blanche que celle d'arachidne ; mais ce qui milite le plus en sa faveur, c'est le rendement de la graine. Tandis que l'arachidne et le madia fournissent en huile trente à trente-quatre pour cent de leurs poids, le sésame, dans les mêmes conditions, en rend plus de cinquante.

Voici les opérations de l'extraction de l'huile de sésame :

119 kil. de graine passée au laminoir, et traitée à froid, ont donné à la 1re pression. 42 kil. 56 h.

Les tourteaux passés trois fois sur la meule et traités à chaud, ont donné. 21
____

Total de l'huile. . . . . 63 kil. 56 h.

Ce qui fait un rendement de 53 p. 100.

Les tourteaux pesaient 61 kil.

Il y a donc 5 kil. d'augmentation en poids, qui provenaient de l'eau employée.

Voilà un rendement qu'on ne pourrait pas obtenir dans une fabrication ordinaire, où on ne peut extraire des tourteaux un si grand rendement. Mais il résulte que le sésame est, des trois graines qu'on a épuré, celle qui rend le plus et qui est préférable à celle d'olive de deuxième qualité. Obtenues à chaud (1), ces huiles rancissent promptement ; à froid, elles se conservent au contraire longtemps.

L'huile d'arachidne est presque blanche, celle de madia, tout à fait jaune, et celle de sésame, un peu colorée en jaune.

La pesanteur spécifique de ces huiles, comparée avec l'eau distillée, comptée 1111, est, pour

> L'arachidne, de 0,9068
> Le madia , de   0,9040
> Le sésame , de   0,9066
> La bonne huile d'olive, de   0,9153

Il résulte de cette comparaison, que les huiles de graine sont plus légères que celle de l'huile d'olive. Nous devons à M. Bonnet, zélé agronome, à Marseille, des expériences fort intéressantes sur les huiles et le tableau que voici :

____

(1) C'est avec regret que je dois dire que cette culture ne peut réussir dans le Sud-Ouest. En 1842, je l'ai cultivée, ainsi que d'autres agronomes. La plante a présenté pendant l'été une belle végétation, mais il a fallu un vent du nord froid pour brûler entièrement la plante, et cela en septembre.

TABLEAU DU PRODUIT D'UN HECTARE CULTIVÉ EN PLANTES

OLÉAGINEUSES.

ESPÈCES.	POIDS de la graine obtenue.	POIDS d'un hec. de graine.	POIDS de l'huile obtenue.	RENDE-MENT moyen.	EMPLOI de l'huile.
Colza d'hiver.	1,400 k.	72 kil.	490 kil.	35 p. o/o	à brûler.
Colza d'été. .	900	65	252	28	id.
Lin.	600	72	186	34	industrie.
Navette d'hiv.	1000	63	294	28	à brûler.
Cameline.. .	1000	71	270	27	id.
Moutarde bl.	1200	92	240	27	id.
OEillete. . .	1500	80	450	30	comestible.
Arachidne. .	200	40	60	30	id.
Madia. . . .	1200	50	384	32	id.
Sésame. . .	1000	65	520	52	id.

Je vais donner à présent les résultats des expériences que j'ai faites sur diverses plantes oléagineuses. Toutes ces graines furent semées à planches
sur un terrain défoncé d'après ma méthode ; elles
furent sarclées avec soin et éclaircies. Lors de la récolte, je les laissai exposées au soleil pendant vingt-
quatre heures, pour les empêcher de fermenter, et
puis déposées dans un lieu sec. Dans le mois de décembre, je fis procéder à l'extraction de l'huile de
chaque espèce.

DÉSIGNATION DES GRAINES.	QUANTITÉ.			POIDS de la GRAINE.		PRODUIT en HUILE.	
	hect.	m.	b.				
Noix.	0	0	6	21 k.	54 h.	10 k.	03 h.
Lin.	1	0	0	81	25	16	64
Cameline. . . .	1	0	0	89	58	22	27
Moutarde blanc.	1	0	0	91	54	17	01
Moutarde noire.	1	0	0	90	07	10	77
Colza.	1	0	0	86	15	12	00
Linette.	1	0	0	67	06	12	48
Madia-sativa. .							

C'est au propriétaire qu'il appartient, d'après la connaissance qu'il a de son terrain, de choisir les plantes oléagineuses qui peuvent entrer dans l'assolement qu'il a adopté.

Mais quelle que soit l'espèce qu'il adoptera, l'huile qu'il extraira, contenant beaucoup de mucilage, produira une fumée désagréable; il faut donc la clarifier pour en faire usage. En Flandre, on vend presque toujours l'huile de colza clarifiée. C'est une valeur de cinq francs qu'elle acquiert par 48 kilogr. 95 centigrammes.

Art. 10.

Épuration des huiles.

Les ouvrages d'agriculture ne donnent aucun moyen simple et facile, sans avoir recours aux ma-

chines, qui puisse faciliter aux propriétaires la clarifi-
cation des huiles de graines. J'ai eu recours aux
formules chimiques indiquées par MM. *Chaptal* et
Thénard. L'acide sulfurique en petite dose, est le
moyen qu'ils proposent, sans trop s'attacher à une
dose plus ou moins forte. Cependant, j'ai cru m'a-
percevoir (du moins pour la cameline) que la dose
de 15 milligrammes pour 49 centigrammes d'huile,
indiquée par M. Chaptal, était trop forte; l'acide
sulfurique agissant trop fortement sur l'huile, lui
donne une teinte louche. M. Thénard propose 75
milligr. d'acide pour 11 kilogr. 75 centigrammes
d'huile. Cette différence dans les doses m'a engagé à
faire plusieurs essais qui me mettent en même de
proposer la dose de 75 milligr. d'acide sulfurique
par 11 kilogr. 75 centigrammes d'huile et 17 kilog.
13 centigr. d'eau. Voici le procédé que je suis.

On verse dans 11 kilog. 75 centigrammes d'huile
75 milligr. d'acide sulfurique, on remue bien avec
une spatule de bois, et quand on s'aperçoit que l'huile
a pris une teinte légèrement charbonneuse, on la
verse dans une petite barrique, en y ajoutant 17
kilogr. 13 centigrammes d'eau : on agite fortement, et on laisse reposer dans un endroit chaud.
Quand l'huile est entièrement séparée de l'eau, on
la soutire dans un baquet percé d'un grand nombre
de trous, ayant de diamètre 20 ou 22 millimètres,
et dans lesquels on place de fortes mèches de coton.
L'huile, filtrant à travers les mèches, se dépouille
de toutes les parties étrangères, et tombe claire et
limpide.

En Flandre on a adopté quelques changements qui me paraissent avantageux : quand l'huile a été lavée comme nous l'avons dit, on place une futaille dé- foncée d'un côté, de la contenance de 7 hectolitres, mise sur son fonds, on verse dedans 6 hectolitres de cette huile lavée, encore louche ; on la bat avec 50 kilogr. de tourteaux de colza bien secs et pulvé- risés. Ce battage dure une demi-heure, puis on laisse reposer neuf jours : après ce temps, on décante 4 hectolitres de bonne huile, et on les remplace par autant d'huile louche : on bat de nouveau, et trois jours après on soutire ; et ainsi de suite, jusqu'à ce que les 50 kilogr. de tourteaux aient épuisé leur force clarifiante.

Mais à présent il faut tirer parti de ce dépôt com- posé du mucilage de l'huile et des tourteaux. L'effet extraordinaire que produisent sur les vignes les dé- bris de laine que l'on ramasse dans les établisse- ments de filature et d'apprêts, me fait conjecturer que les débris de tourteaux saturés d'huile produi- raient encore un plus grand effet sur les vignes.

Est-ce l'huile qui agit ou bien la matière de la laine ? Des essais comparatifs peuvent nous éclaircir à ce su- jet. Je dois dire qu'ayant essayé de la poussière de tourteau sur du blé au mois de mai, j'en ai éprouvé un amendement remarquable.

L'introduction du gaz pour l'éclairage de mon usine, nous fournit un moyen de tirer parti de ce mélange des tourteaux avec les huiles.

Il suffit de l'employer avec moitié houille pour la confection du gaz.

L'huile produit le meilleur gaz, et le plus économique ; la résine donne comme 30 à 40, et la houille comme 30 à 100.

D'après ce procédé si simple que je viens d'indiquer, chaque propriétaire peut se procurer à bon marché l'huile nécessaire pour sa consommation et celle des métayers. Mais comme les économies de ménage ont un rapport intime avec celles de l'agriculture, il me paraîtrait utile de se fixer sur le mode d'éclairage qui convient le mieux aux petits propriétaires. Un grand nombre ne veulent pas adopter les lampes, quelque économie qu'ils y puissent trouver. Ils préfèrent la chandelle si désagréable sous tous les rapports. Il est impossible que la première dépense d'achat, le soin qu'exigent les lampes et la difficulté de se procurer de l'huile épurée, sans mélange, soient les causes de cette préférence peu économique.

Quoi qu'il en soit, comme le choix à faire se réduit à une affaire de chiffres, je me suis livré à des essais comparatifs sur un assez grand nombre de lampes.

Nous supposerons le prix de l'huile à 60 centimes le demi-kilogr.

DÉSIGNATION.	HUILE employée pendant cinq heures.	DÉPENSE en argent de l'huile pendant cinq heures.
Lampe astrale. . . .	10 centigr.	10 cent.
Lampe à chapeau. .	074 milligr.	8
Locatelly à 2 becs.	053 milligr.	10
Locatelly - veilleuse.	047 milligr.	4
Calel du peuple. . .		6
Bougie.	une à 4 le demi-kilo.	70
Chandelle.	idem.	11

Ces expériences prouvent que la lampe, même la *Carcel*, donne une économie de moitié, avec une clarté supérieure, à celle d'une bougie ou d'une chandelle. La *Locatelly* à deux becs, convient parfaitement à un individu qui travaille à son bureau ; cette lampe donne constamment la même clarté et fatigue peu la vue, qualité précieuse dans un temps où la forte clarté des lampes occasionne généralement une faiblesse dans la vue de la génération actuelle. Il est même probable que c'est une des causes de la grande quantité de vues courtes que l'on trouve si communes chez les jeunes gens.

Depuis quelques années, un habile horloger de Toulouse, M. Boussard, s'est occupé d'adopter un mécanisme d'horloges aux lampes à la *Carcel*, de manière que la réparation des accidents qui peuvent arriver, fût facile pour le plus simple horlóger. Ce mécanisme fait jouer des pompes aspirantes et foulantes, qui font monter l'huile dans une proportion calculée. Il a eu l'ingénieuse idée de mettre la colonne de la lampe, qui contient le mécanisme, en cristal très épais, de manière qu'on peut le voir facilement, et qu'on s'aperçoit tout de suite du plus léger accident. La lumière est absolument la même que celle des lampes *Carcel*, et on n'a pas l'inconvénient d'être obligé de l'envoyer à Paris pour la faire réparer.

Cette belle lampe, avec colonne de cristal, ornement doré, chapeau, verre, etc, est du prix de 72 francs. (1)

CHAPITRE XXII.

ARTICLE PREMIER.

LABOUR.

C'est du bon travail des terres que dépend en grande partie le succès des récoltes.

Une bonne charrue sans roues, avec le versoir en fer battu, le soc large, d'une grande simplicité et peu coûteuse, est sans nul doute celle qui convient le mieux à notre Sud-Ouest. Sans doute, il est des localités où on peut trouver des avantages dans l'emploi des charrues du Nord, surtout de celle de M. de Dombasle : mais leur prix élevé ne peut convenir à la petite propriété. Ce n'est pas la perfection qu'il faut désirer, mais bien le talent du laboureur,

---

(1) En 1842, a paru, à Paris, une nouvelle lampe, n'ayant d'autre moteur que le courant d'air. On lui a donné le nom de lampe solaire. C'est, sans contredit, celle qui donne la plus grande clarté, et peut-être trop, car elle doit nécessairement affaiblir les yeux.

et surtout son intelligence, du moment qu'on aura une charrue appropriée à la qualité de nos terres : et c'est ce qu'on trouve dans la charrue inventée par M. Lacroix, de Toulouse, un de nos agronomes les plus distingués. Avec cette charrue et deux paires de bœufs, on peut donner un labour profond et bien préparer la terre pour le maïs. Mais ces labours profonds ne conviennent pas à toutes les terres ; il arrive souvent qu'après 16 centimètres de profondeur de bonne terre, on trouve en-dessous, du tuf, ou du gravier marneux, ou de la craie, et quelquefois du sable, couches infertiles qu'il faut bien se garder de porter à la surface par un labour profond. Ce n'est que peu à peu qu'on peut pénétrer dans ce mauvais terrain, le mêler avec le sol supérieur et l'améliorer avec du fumier.

Il est facile de voir qu'un labour profond, pour les céréales, appauvrirait le sol pendant plusieurs années. Les terres légères, sablonneuses, ne demandent pas des labours profonds ; ces sortes de terres étant perméables, l'humus produit par le fumier est entraîné dans cette terre remuée profondément, et ne produit alors que peu d'effet sur le blé. Aussi, pour ces sortes de terres, il faut semer le grain, autant que possible, sur le fumier étendu, et, encore mieux, se servir du semoir-*Hugues*, dont l'engrais enveloppe le grain,

Dans les *terre-forts*, et même dans les boulbènes qui ont du fond, les défoncements produisent une excellente amélioration, surtout le défoncement d'après ma méthode. (Voy. *Défoncement.*) C'est par la culture du maïs, des pommes de terre, des betteraves, enfin, de presque toutes les récoltes, que ce renouvellement du sol est d'une grande importance.

Cinq labours suffisent, quatre avec la charrue à versoir, et un cinquième avec l'araire.

Dans les terres boulbènes que l'on doit semer, la terre bien sèche, j'ai adopté, depuis six ans, un mode de labour préparatoire, qui m'a parfaitement réussi. J'ai été amené à ce résultat par l'observation que, presque toujours, les récoltes étaient fortement endommagées par les mauvaises herbes, telles que la camomille sauvage, le radis et la folle avoine. Ces herbes naissent dans les quinze premiers jours d'octobre, à la première pluie de cette époque. C'est précisément alors que, par crainte de la pluie, nous semons les céréales; il en résulte que ces mauvaises herbes végètent avec le blé, et, excepté un froid de neuf degrés, elles s'emparent du sol au printemps et étouffent le blé. Il serait donc nécessaire de laisser croître ces herbes et de les détruire par un labour avant les semailles; mais on a à redouter la pluie.

J'ai eu alors l'idée de donner à tous mes champs en plaine, le dernier labour avec la charrue à versoir et de former des planches de trois mètres de large. Si l'eau est sujette à rester sur le sol, on trace quelques raies d'écoulement.

Supposons que la pluie survienne, on laisse naître les herbes, et ensuite, par un temps sec, un vent d'autan surtout, on donne un labour avec l'araire dans le sens des planches, de manière à conserver le bombement.

Quand les herbes sont mortes, on passe la herse renversée pour unir les planches, et on sème, soit avec le semoir, soit avec l'araire, dont deux petits bâtons remplacent le versoir.

Enfin, s'il survient, comme en 1839, un automne pluvieux, les mauvaises herbes couvrent bientôt la surface; il faut alors enterrer ces herbes par un labour avec la charrue à versoir, passer la herse à pointes pour remuer les herbes, et laisser sécher quelques jours. Puis, on sème en reformant les planches, et on passe le râteau léger pour soulever les mauvaises herbes. Dans la position que je signale, le semoir-*Hugues* a mieux réussi que la charrue, en ce qu'il n'a pas ramené à la surface les herbes enfouies.

Il est de principe qu'il ne faut pas labourer quand la terre est trop humectée; il paraîtrait, d'après le dire des vieux paysans, que ces labours enlèvent une grande partie de la fertilité de la terre. Je conçois cet effet dans les boulbènes qui se trouvent pétries de manière à former de nombreuses mottes; mais dans les *terre-forts*, j'ai peine à accorder les mauvais résultats que l'on redoute, avec l'obligation de semer le blé dans les *terre-forts* sur une terre bien détrempée; il est vrai de dire que les gelées qui surviennent peu de temps après les semailles, ameublissent le terrain en brisant les mottes.

Art. 2.

Préparation des terres.

Je ne crois pas devoir entrer dans une discussion sur la meilleure charrue à adopter. Il y a une si grande diversité dans la composition des terres, que telle charrue qui remplit la condition que l'on désire dans de certaines terres, opère fort mal dans d'autres sols. Il faut, d'ailleurs, avoir égard à la force de vos bœufs et former de bons laboureurs; c'est au propriétaire à étudier la charrue qui convient le mieux à ses terres. C'est en cela que des expériences comparatives dans les fermes modèles, rendraient un grand service à l'agriculture en fixant leur choix.

Je dois seulement observer que l'on n'a pas adopté dans le Nord le soc large dont nous nous servons depuis vingt ans avec un succès constant. Ce soc consiste en une pelle en fer de 24 à 27 centimètres de long, sur 17 à 19 centimètres de large sur le devant, et plus étroite sur le derrière de 8 millimètres. La queue du soc, qui est au milieu, doit se trouver à 8 centimètres de l'aîle droite et à 11 de la gauche.

Il n'y a aucun inconvénient à ouvrir la *boulbène* dans le courant de l'hiver; les autres labours en mai, juin et septembre. Il faut avoir le soin de passer la herse à couteau après chaque labour. S'il survient quelque orage dans l'été, il faut, quand la terre commence à sécher, passer le rouleau à pointes, ou bien deux pièces de bois séparées l'une de l'autre par trois traverses, et ayant la surface de dessus unie.

Une paire de bœufs traînent ces pièces de bois, que les paysans nomment *rossé*, et brisent toutes les mottes, mais il faut donner un labour de suite, de crainte qu'une pluie d'orage ne vînt resserrer le sol.

Quelques propriétaires éclairés de l'Albigeois assurent que les labours donnés aux *boulbènes* pendant les fortes chaleurs leur étaient préjudiciables, en ce qu'ils ôtaient aux terres une humidité nécessaire. Cette opinion, que j'adopterai d'après mes propres observations, me paraît demander d'être examinée et soumise à l'expérience.

Les *terre-forts* devraient, s'il est possible, du mois les terres destinées au maïs, être ouvertes avant l'hiver, afin que les gelées ameublissent la terre. Ainsi, l'expérience a prouvé que la récolte du maïs sur ces terres produisait une semence et souvent deux de plus, que sur les terres ouvertes au printemps.

CHAPITRE XXIII.

Semailles d'automne.

Ce n'est pas tout d'avoir bien préparé ses terres, d'avoir adopté un savant assolement, et d'avoir bien fumé ; tous ces frais sont perdus sans le succès des semailles. Il est assez extraordinaire qu'un grand nombre d'ouvrages sur l'agriculture n'aient pas donné assez d'importance aux semailles, et c'est cependant la base essentielle pour obtenir une bonne récolte. Je vais faire connaître les divers modes que j'ai suivis, après avoir fait un grand nombre d'expériences.

Mais avant, je dois rappeler que j'ai indiqué, au chapitre de la *désignation des terres*, les trois grandes classes qui composent à peu près les diverses natures du Sud-Ouest de la France.

Terres boulbènes, fortes, douces, légères, lisses, terres à seigle ; *terre-forts* plus ou moins calcaires et *terres bâtardes* de diverses qualités.

Chaque espèce de terre comprise dans ces trois grandes classes, demande d'être ensemencée à des époques différentes et avec plus ou moins d'humidité. Elles exigent aussi des qualités particulières de blés qui s'approprient à chaque variété. Le propriétaire soigneux doit étudier ces diverses observations.

Ainsi, les *boulbènes* qui doivent être semées bien sèches, bien ameublies, doivent l'être à partir du huit octobre. On commence par le seigle, ensuite le méteil et puis le blé. Immédiatement après on ensemence les terres bâtardes, et s'il survient une forte pluie vers la fin d'octobre, on se hâte de commencer les semailles des *terre-forts*. Les époques que j'indique ne regardent pas le pays de montagnes. (Voir *Culture de montagne.*)

Nous allons essayer d'indiquer pour les trois principales variétés de terres.

1° L'époque des semailles.

2° Les espèces de blé.

3° Les soins à prendre des semailles.

4° Le chaulage des semences.

5° La forme à donner aux champs.

6° Les précautions à prendre.

7° Les espèces de fourrages.

8° Enfin , l'assolement qui leur convient.

Ce travail, exécuté dans tous ses détails, demanderait plus de connaissances que je n'en possède. Je ne présenterai donc que les méthodes que j'ai adoptées après quarante-un ans d'expérience. Je prierai seulement d'observer que je n'ai désigné que les espèces de terres les plus généralement connues , et cependant il existe un grand nombre de variétés qui se rattachent plus ou moins aux désignations principales.

ARTICLE PREMIER.

FORME A DONNER AUX CHAMPS.

La forme à donner aux champs de boulbène qu'on veut ensemencer est d'une grande importance.

Après nombre d'essais , j'ai adopté depuis quinze ans le mode que je vais décrire.

On commence à rayonner le champ avec *l'ensilladou* (voir *outils*), à la distance de largeur nécessaire pour semer à la main ; le semeur sème le champ, alors un bouvier trace avec l'araire (charrue sans versoir) une raie dans chaque ligne marquée avec *l'ensilladou*, et continue de marquer le reste du champ. Pendant ce temps-là, un autre bouvier se servant de l'araire dont le côté de versoir est garni de deux petits bâtons, de 16 centimètres de long , sur 5 centimètres en carré, placés l'un sur l'autre en remplacement du versoir, trace en tournant autour de la première raie, trois autres de chaque côté. Il continue ainsi la même opération en laissant entre chaque planche une arête de terre très mince. Quand le premier bouvier a fini ses raies , il garnit son araire

avec deux bâtons traversant la charrue de chaque
côté de 15 centimètres ½, faisant l'effet d'un double
versoir, et il fend l'arête sur laquelle une femme a
jeté rapidement des grains de blé bien clair-semés.
Le champ achevé, le dernier bouvier ouvre toutes les
raies traversières pour faire écouler les eaux, et immédiatement après des femmes passent un râteau
qui unit, émotte et abat les petits rebords faits avec
la charrue.

Je vais tâcher de me faire comprendre par un simple tracé.

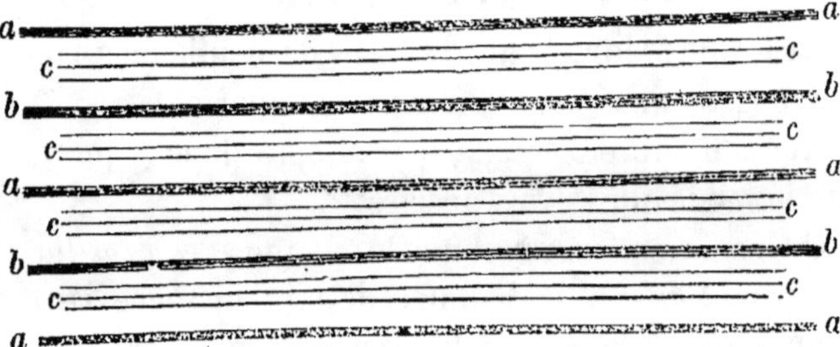

a, représente les arêtes qu'il faut fendre,

b, le sommet de la planche bombée,

c, les labours pour former les planches avec la
charrue et à petits bâtons.

On demandera peut-être pourquoi se servir de
ces petits bâtons, et ne pas les remplacer par le versoir, pour former les planches et le double versoir
pour ouvrir les arêtes? En voici les motifs : en se servant de la charrue à versoir, le grain est trop enterré,
la terre trop ramassée au sommet de la planche et
la partie qui se trouve près de l'arête se trouve appauvrie par la grande quantité de terre que le versoir

transporte. D'ailleurs si la terre est un peu pesante à la suite de quelque légère pluie, le grain a peine à percer la masse de terre qui le recouvre. C'est ce qui explique, pourquoi avec deux tiers de semence en se servant du semoir-*Hugues*, on a des blés aussi épais qu'avec la charrue. Il faut observer que ces deux bâtons étant flexibles, ne relèvent que fort peu la terre, mais cependant assez pour bomber les planches, tamisent pour ainsi dire la terre et recouvrent fort peu le grain : or, il est reconnu que 8 à 10 centimètres sont la profondeur la plus convenable pour enterrer le blé.

C'est à ce mode de semer que je dois, d'avoir obtenu de belles récoltes, et ce qui prouve combien il est avantageux, c'est qu'il est généralement adopté par les métayers, mes voisins, et certes c'est une excellente preuve, car ils n'aiment pas à changer leurs coutumes. On suit le même système pour les *terre-forts*, mais comme il faut que la terre soit humectée, les traits de la charrue ne sont pas si corrects, peu importe, la gelée réduira en poudre toutes les grosses mottes que la charrue a soulevé. Mais dans tous les cas il faut avoir le soin de passer le rouleau pesant au mois de mars, pour tasser le blé que la gelée a soulevé et même faire promener souvent le troupeau en masse serrée. Ce tassement de la terre est d'une grande importance pour éviter la maladie du *gamat*, que j'ai signalé (1).

(1) Un fait assez singulier confirme ce principe. En 1814, la bataille de Toulouse eut lieu le 10 avril, les redoutes avaient été construites sur le haut du coteau calcaire dont la pente peu prononcée se prolongeait jusqu'au

Art. 2.

Semaille des boulbènes.

Sur la fin de septembre, on est dans l'usage de commencer les semailles du seigle, et immédiatement après le méteil ; et vers le 1er octobre, dans la partie du nord, on commence à semer le blé. Dans les départements composés en grande partie de boulbènes, la crainte que les pluies de l'automne, si elles viennent de bonne heure ne contrarient les semailles, a fait adopter les époques dont je viens de parler, et cependant, il en résulte de graves inconvénients. Je vais présenter les raisons pour et contre, et indiquer ensuite le moyen que j'ai adopté.

Art. 3.

Avantage des semailles de boulbène, de bonne heure.

Dans notre Sud-Ouest, nous avons ordinairement un temps sec du 20 septembre au 15 octobre. Les propriétaires de boulbène savent par expérience, que quand ces terres sont ensemencées, le sol bien ameubli, et pour ainsi dire, que la poussière couvre les bœufs, si les grains naissent promptement, on est certain d'avoir une bonne récolte, du moins en paille. Tandis que s'il survient des pluies, la terre n'étant plus en poussière, et se trouvant, pour ainsi dire, légèrement pétrie par la charrue, il n'y a qu'une

canal, tout ce terrain avait été ensemencé en blé à l'automne, le passage de l'artillerie, de la cavalerie et de l'infanterie anglaise qui vinrent attaquer les redoutes, remuèrent tellement le sol, que trois jours après la bataille, ayant été sur les lieux, je n'aperçus que quelques pieds de blé. Quelques jours après, il survint une pluie douce, continue, puis une série de temps doux ; le blé repoussa avec une telle vigueur, que ces terrains (au reste, de bonne qualité) donnèrent une belle récolte.

petite partie des grains qui naissent. Voilà les raisons de l'usage des semailles de boulbène de bonne heure.

ART. 4.

INCONVÉNIENTS DES SEMAILLES DE BOULBÈNE DE BONNE HEURE.

Il arrive souvent qus la sécheresse de nos contrées se prolonge jusqu'à la Toussaint, sans la plus légère pluie : dans ce cas, si on a semé le blé dans les premiers jours d'octobre, une partie des grains qui trouve un peu d'humidité, naît; l'autre reste dans la terre sans végéter, le germe qui avait commencé à pousser périt entièrement, et vous aurez des blés très clairs qui seront envahis par la folle avoine, le coquelicot et le radis sauvage. J'ai même éprouvé deux fois qu'après avoir semé parfaitement les boulbènes, une pluie forte accompagnée d'un grand vent avaient tassé le sol, de manière que le beau temps étant revenu, le blé semé ne pouvait percer la croûte, et périssait. J'essayai la seconde fois de remédier à cet inconvénient, en faisant passer sur les planches une herse bien légère, bombée et garnie de clous assez rapprochés. Cette espèce de râteau souleva la croûte, et le blé poussa rapidement.

Mais le plus grave inconvénient dés semailles hâtives, c'est que les mauvaises herbes, telles que la folle avoine, le radis sauvage, le coquelicot, naissent à cette époque, végètent en même teme temps que le blé, et au printemps ces plantes croissant avec force, étouffent une partie du blé, et le reste mûrit à peine.

Le seul moyen de parer à ce grave inconvénient serait de cultiver plusieurs années consécutives des récoltes sarclées, afin de détruire les graines de ces plantes ; encore même avec ce soin, on n'est pas sûr de réussir, d'ailleurs on éprouve une perte de revenu en retardant le retour du blé.

Quant au seigle, en le semant de bonne heure dans des terres bien ameublies, il végète rapidement, forme ses épis en avril, et comme il fleurit quarante jours, il est exposé aux coups de vent d'autan, qui causent de grands dommages. Cet inconvénient souvent répété avait restreint la culture du seigle, et engagé un grand nombre de propriétaires à ne le semer que vers la fin d'octobre.

En ne semant aussi le blé qu'après les premiers jours de novembre, on détruit les jeunes plantes que j'ai signalées, et on obtient des blés parfaitement nets. Mais comment espérer, si on a une assez grande quantité de blé à semer, qu'il ne surviendra pas quelque pluie qui s'opposera à la réussite des semailles. Il faut encore observer, que d'après l'usage de préparer les champs destinés aux semailles, en surface unie et bien ameublis, si on éprouve quelque orage et une forte pluie, la terre étant tassée finit par conserver l'eau à la surface ; elle se réunit d'ailleurs dans les parties les plus basses, et alors il faut attendre qu'une série assez longue de beau temps fasse évaporer l'eau et dessèche la couche inférieure. Ces huit ou dix jours de beau temps à obtenir sont rares à cette époque, et s'il survient la moindre

pluie, c'est à recommencer et les semailles sont per-
dues : il vaut mieux attendre au printemps.

Ces inconvénients que j'avais si souvent éprouvés
m'ont fait adopter la méthode dont je vais rendre
compte.

ART. 5.

MOYENS DE POUVOIR RETARDER LES SEMAILLES DES TERRES BOULBÈNES.

Lors de la dernière façon à donner à ces sortes de
terres, je fais former des planches avec la charrue à
oreille en observant d'ouvrir une raie avec l'araire
sur la crête de la planche. C'est autour de cette raie
que les charrues à versoir tournent pour former les
planches bombées ; on ouvre la raie d'écoulement
pour les eaux. Si en effet il survient de fortes pluies,
les eaux sont vîte écoulées et la terre séchée promptement.

Quand le moment des semailles est venu, il suffit
de passer une herse légère sur les planches, on sème
et puis on recouvre avec l'araire, dont on garnit le
côté où se place le versoir, avec deux petits bâtons de
chêne de 14 à 16 centimètres, ressortant seulement du
côté du versoir. De cette manière, la terre est légèrement remuée, les planches sont plus bombées,
et il ne faut plus que passer des râteaux en reculant.
Si les planches sont assez bombées, on sème avec l'a-
raire simple, sans y mettre des bâtons. Mais si l'automne est très pluvieux, il ne faut pas désespérer
des semailles : on attend le retour du vent d'autan

qui a bientôt séché la surface : si ce vent a l'apparence
de durer, on attend au troisième jour, on sème, on
recouvre avec l'araire et on passe le râteau. Ce mode
a toujours l'inconvénient de semer le blé dans une
terre encore humide et pesante, et si la pluie survient immédiatement après, il ne faut pas s'attendre
à une bonne récolte.

Depuis que j'avais adopté cette manière de semer
les boulbènes, manière qui me permettait de ne pas
trop hâter les semailles, la découverte du semoir-
Hugues, m'a fourni les moyens de réussir les semailles des boulbènes, même en ne les semant que
dans le courant de novembre. Le moyen est bien
simple.

Les semailles ont été retardées par des pluies fréquentes jusqu'au 15 novembre. Les champs qui
devaient être ensemencés ayant été préparés à la dernière façon en planches bombées, les eaux se sont
bien écoulées. Enfin, un vent d'autan du sud-est,
que nous appelons vent blanc, nous a ramené le
beau temps. La surface des planches commence à
blanchir, on attend encore si rien n'annonce la pluie;
enfin, on s'aperçoit que la couche supérieure est un
peu sèche à 8 ou 10 centimètres d'épaisseur. Si les
planches sont garnies d'herbes, on passe une herse
légère, bombée, garnie de clous, qui arrache ces
mauvaises herbes, dont les racines n'ont pas eu le
temps de s'enfoncer; cette opération faite, on sème
avec le semoir à trois quarts de semence et avec une
bonne dose d'engrais. Le grain n'étant semé qu'à 8
centimètres de profondeur dans une couche presque

sèche, et enveloppé de la poudre pulvurulente est à l'abri du tassement de la terre, s'il survient des pluies. J'ai parfaitement réussi de cette manière et obtenu une belle récolte, sans aucune graine. C'est un grand service que le semoir-*Hugues* aura rendu à l'agriculture. (Voir l'art *Semoir-Hugues.*)

Un autre avantage de retarder la semaille des boulbènes, c'est d'obtenir la destruction de la folle avoine. On a vu plus haut que la folle avoine a deux grains qui naissent un chaque année, que la bonne manière de détruire cette plante, est de faire deux récoltes sarclées. Cela a l'inconvénient de retarder le retour du blé, mais on peut y remédier, en ne semant le blé, après le maïs, que vers le 15 ou 20 novembre ; alors la folle avoine qui naît en octobre, périt par le labour tardif.

Si j'ai insisté sur les moyens de faire réussir les semailles de boulbènes, c'est que ce sont les terres qui donnent les plus belles récoltes, quand la naissance des grains a bien réussi.

Je dois, en terminant cet article des semailles des boulbènes, recommander aux agronomes de ne jamais semer ces sortes de terres, même un peu humectées : s'il survient la moindre pluie, on est à peu près certain d'avoir une mauvaise récolte. En 1834, on a observé que tous les champs semés après les premières pluies d'octobre, n'ont que très peu donné.

Une autre observation importante, c'est que dans les méteils semés avec un $\frac{1}{4}$ de seigle et $\frac{3}{4}$ de blé, le seigle semé avec la terre humide a péri presque

en entier, preuve qu'il ne faut semer le seigle qu'a-
vec la terre bien sèche.

Art. 6.

Espèces de grains qui conviennent aux boulbènes.

Je crois avantageux de semer du seigle dans les
boulbènes légères, parce que ce grain se défend
mieux que tout autre des herbes auxquelles ces
sortes de terres sont fort sujettes.

Dans les bonnes terres de cette classe boulbène
sablonneuse, on sème du méteil, mélangé d'un tiers
de seigle et de deux tiers de blé. J'ai été pendant
longtemps très opposé à ce mélange que je trouvais
dangereux dans un pays où l'on a tant à redouter
le vent d'autan. Il me semblait que le seigle venant
en maturité huit jours avant le blé, il serait égrainé
avant la maturité du blé.

Le hasard m'a fait changer d'opinion, et je me
félicite d'une découverte qui nous a mis à même
d'introduire le méteil dans notre culture, en évitant
l'inconvénient que je viens de signaler.

En 1816, en observant combien la maturité du seigle semé au haut de la Montagne-Noire, était retardée
comparativement avec notre seigle, j'eus l'idée qu'il
serait possible que ce seigle semé dans nos plaines,
ne vint pas en même temps que celui que nous
cultivions. J'en fis un essai, et à ma grande satis-
faction, le seigle de montagne ne vint en épis

que quinze jours après celui de la plaine : et à la maturité, il y eut huit jours de retard. Je fus alors certain que la culture du méteil pourrait nous convenir.

Le mélange de blé et de seigle a le grand avantage de défendre les récoltes des herbes qui leur nuisent infiniment.

J'ai eu toujours pour principe de me rendre compte des effets extraordinaires qui se présentent souvent dans notre culture.

Par exemple :

Nous n'avons que des aperçus savants sur la manière dont les grains prennent leur nourriture dans le sol. Nous croyons savoir que l'oxigène et l'acide carbonique jouent un rôle dans la végétation. Nous savons aussi que si nous semons les blés trop épais, nous n'obtenons que des récoltes médiocres ; que si nous semons à la main cinq ou six grains de blé qui se touchent presque, ils se dévoreront entre eux et donneront peu de produit. Eh bien, j'ai observé dans des champs de méteil semés à la volée, que lorsque quelques grains de blé étaient très rapprochés, les tiges étaient faibles et n'étalaient pas, tandis que lorsque c'était des grains de blé rapprochés des grains de seigle, les uns et les autres végétaient parfaitement.

J'ai dû en conclure que chaque grain devait trouver dans le sol une nourriture qui lui était appropriée, et que c'était là la cause de la supériorité de production du méteil sur le blé et le seigle semés séparément. C'est cette observation, que des plantes d'espèce différente végètent fort bien ensemble, qui m'a amené au mélange des plantes de prés avec les fourrages artificiels pour la formation de bonnes prairies (Voir Art. *Prairie naturelle*), et au mélange de la luzerne, esparcette et trèfle pour former les prairies artificielles.

Le seul inconvénient de cette culture du méteil, qui fait qu'elle n'est pas plus générale, c'est la difficulté de se défaire du produit en grain, et cela contrarie le propriétaire.

J'ai essayé alors de remédier, au moins en grande partie, à cet inconvénient, au moyen de deux cylindres en fil d'archal renfermés l'un dans l'autre sur un plan incliné ayant une trémie en haut. Une femme au moyen d'une manivelle, fait tourner les deux cylindres : celui qui est à l'extérieur laisse passer les grains de seigle et ceux du blé qui ont été retraits par la chaleur ; l'autre cylindre ne laissant pas passer les grains de blé ils arrivent au fond dans un conduit. Il arrive quelquefois que le seigle étant bien nourri, quelques grains acquièrent la grosseur du blé et se mêlent avec ce dernier : ce mélange qui est peu de chose, suffit pour opérer une légère diminution sur la vente.

Je ne saurais trop recommander la culture du méteil sur les boulbènes ni trop fortes ni trop sablonneuses ; c'est d'ailleurs un moyen d'augmenter les ressources en paille. La raison en est bien simple. La tige du seigle s'élève au-dessus de celle du blé, et cependant par la tendance qu'ont toutes les plantes de chercher le soleil, il arrive que dans le méteil les tiges de blé parviennent presque à la même hauteur que celles du seigle.

Les boulbènes plus fortes et de bonne qualité doivent être destinées au blé. L'espèce qui y réussit le mieux est la *moussole*, blé sans barbe, et le blé du Roussillon dans les meilleurs fonds.

Ces espèces de grains, surtout la *moussole*, bladette, blé sans barbe, ont l'avantage de pouvoir être coupés avant leur parfaite maturité. Le blé du Roussillon a le grand avantage de mûrir, s'il a été couché par de fortes pluies.

En principe, les boulbènes demandent d'être ensemencées un peu épais. Si l'usage du semoir devient général pour ces sortes de terres, il faudra cependant ne pas faire l'économie de la moitié de la semence, mais se contenter du quart.

Les boulbènes *bâtardes* sont sans contredit les qualités de terres qu'il est le plus avantageux de posséder. Les huit derniers jours d'octobre et les huit premiers jours de novembre sont les époques qui conviennent le mieux aux semailles de ces sortes de terres, elles n'exigent que peu d'humidité. Les prés écobués doivent être semés, au plus tard, du 15 au 25 novembre, et toujours avec une forte humidité.

Les blés forts, le pet-d'agnel, le gros blé rouge du Castrais, conviennent aux terres bâtardes ; je préfère le Roussillon pour les terres écobuées.

Dans les cantons sujets aux ravages du vent d'autan, on doit semer plusieurs variétés de blé, et les combiner de manière qu'ils ne viennent en maturité que les uns après les autres. C'est ainsi que je coupe ma récolte successivement et dans cet ordre : le seigle des boulbènes, le seigle des terres écobuées, le méteil, la moussole, la bladette, la bladette sur les terre-forts, le blé fin de Graulhet, le Roussillon, le blé rouge du Castrais et le pet-d'agnel sur les défrichements. En 1849, si je n'avais semé qu'une seule espèce de grains, j'aurais perdu la moitié de ma récolte, par l'effet d'un vent d'autan, qui régna trois jours.

ART. 7.

LE SEIGLE. TERRES QUI LUI CONVIENNENT.

Le prix du seigle étant inférieur à celui du blé, on ne doit le cultiver que dans les terres légères, sablonneuses, désignées sous le nom de *lisses*. Ces sortes de terres sont sujettes à produire de mauvaises herbes qui étoufferaient le blé, tandis que le seigle se défend par une végétation rapide. Cette culture, quand elle est bien soignée et fumée, donnerait autant que le blé, si elle n'était pas plus exposée que le blé aux accidents de divers genres. Le seigle fleurit pendant quarante jours et à une époque où les vents sont violents. S'il survient un vent d'autan, comme nous en éprouvons dans les départements de la Haute-Garonne, de l'Aude et du Tarn, les épis battus les uns contre les autres perdent une partie des grains. Dans les localités sujettes à l'inconvénient du vent d'autan, comme à Hauterive,

j'ai essayé de retarder l'époque des semailles , afin
que le seigle évitât les coups de vent de la Pentecôte ;
mais alors on est exposé à ne pas réussir les semailles , si les pluies surviennent. Les terres où le
seigle réussit étant de leur nature très friables,
l'emploi du semoir-*Hugues* est très avantageux , et
j'en ai éprouvé le meilleur effet.

Dans la vaste étendue de nos montagnes, on ne
peut semer que du seigle : c'est le seul grain qui
puisse résister aux grands froids. On le sème dans le
mois d'août.

ART. 8.

Culture.

Les terres destinées au seigle doivent être travaillées comme celles pour le blé. Il faut avoir le soin de
les ameublir. Quand on a le projet de se servir du
semoir-*Hugues*, il faut , avant de semer , former des
planches de la largeur de trois semoirs ; de cette manière les eaux s'écoulent mieux , et l'opération du
semoir est plus facile.

ART. 9.

Assolement du seigle.

Dans les cantons qui cultivent le seigle , il y a une
année de jachère. Quelques personnes sèment des
pommes de terre la deuxième année. Voici la manière dont je cultive ces sortes de terre dont on peut
tirer un grand parti , quand on les cultive bien , et
qu'on a des engrais : la première année du seigle

22

fumé, la seconde année des pommes de terre ; les pommes de terre arrachées dans le mois de septembre, on laboure, on herse et on sème le lupin. Cette plante, destinée à être enfouie, réussit merveilleusement dans ces sortes de terre. Sur le lupin enfoui on sème du seigle dont on est sûr d'obtenir une belle récolte. On a le soin de semer au printemps du trèfle qui réussit, si le sol ne produit pas trop de mauvaises herbes.

On laisse le trèfle deux ans, et on continue l'assolement sur une partie du chaume du seigle. On sème au mois de septembre du trèfle de Roussillon : dans les intervalles de cet assolement, si on s'aperçoit que le radis sauvage, la folle avoine et le chiendent se sont emparés du sol, il faut faire succéder au seigle, du maïs qui réussit parfaitement dans les terres fraîches, mais qui épuise le sol. Après le maïs, jachère, avec le soin de donner des labours fréquents au fort de la chaleur. On obtient ainsi un sol net.

ART. 10.

FOURRAGES QUI CONVIENNENT AUX BOULBÈNES.

Le trèfle est le fourrage le plus approprié à ces espèces de terre, sa réussite est en raison de la qualité du sol, (Voyez *Trèfle*.)

Dans les bonnes boulbènes, même graveleuses, la luzerne réussit parfaitement en défonçant le sol, d'après ma nouvelle méthode.

Dans les boulbènes bâtardes, on mêle avec avantage, à la luzerne, seize litres de trèfle par demi-hectare. De cette manière les deux premières années sont très productives.

Dans les boulbènes douces et sablonneuses, le trèfle est dévoré par les mauvaises herbes; il vaut mieux y semer du trèfle de Roussillon, *farouch.* Ce fourrage a le grand avantage de pouvoir être fauché de bonne heure.

ART. 11.

SEMAILLES DES TERRE-FORTS.

Les diverses variétés de terre-forts, indiquées au chapitre de la *désignation des terres,* exigent, pour être semées convenablement, que la terre soit bien humectée. Il faut, s'il est vrai que les adages du peuple soient des principes, *que l'eau suive le pied des bœufs.* C'est sans doute un peu exagéré, mais ce qu'il y a de certain, c'est qu'on doit éviter de semer quand la terre est trop sèche. (1)

Depuis quelques années, dans le Lauragais, généralement composé de terre-forts, l'expérience avait fait adopter la méthode de semer ces sortes de terres fortement détrempées. On s'était aperçu, qu'en semant sur la terre sèche, la récolte avait la plus belle

---

(1) Il m'est arrivé plusieurs fois, qu'en semant des terre-forts bien humectées, de fortes pluies m'obligèrent à abandonner le champ, des parties formaient un étang. Le temps devint favorable, ce blé naquit fort bien. Au printemps, à ma grande surprise, il n'y avait aucune différence avec le reste du champ.

En 1842 le résultat a été marquant.

apparence dàns l'hiver ; mais au printemps, il arrivait souvent qu'après des gelées tardives qui soulevaient la terre, le vent d'autan pénétrant facilement aux racines du blé, les faisait périr. Quand cet accident arrive, on s'aperçoit, au moment où le blé va monter en tuyaux, que les tiges jaunissent, et périssent promptement. C'est cette maladie qu'on appelle *gamat*, que j'ai déjà signalée. Cet accident exige une sorte de fermeté de la part des propriétáires, pour résister aux sollicitations des paysans, qui s'effraient de ne pas semer quand ils ont atteint le 15 novembre.

En agriculture, les faits valent mieux que les raisonnements. Je vais donc citer un fait à l'appui. Dans une année de sécheresse, les mois de septembre, octobre et novembre se passèrent sans pluie. Les propriétaires du Lauragais, parvenus au 15 novembre, se décidèrent à faire semer. M. le marquis Davessens, grand propriétaire dans les environs de Puylaurens, défendit à tous ses métayers de semer. Cependant la sécheresse continue, et on est au 10 décembre. Les semailles étaient terminées partout, et lui seul n'avait pas semé un seul sac sur 280 qu'il semait. Les métayers désolés viennent le prier de les laisser commencer : il cède en partie à leurs prières, et leur permet de faire une seule jointée par jour. Ce fut donc le 10 décembre que l'on commença à semer dans une métairie appelée *Prat-Bonet*. On sema trois hectolitres sur un champ de 3 hectares 41 ares 40 centiares. Dans la nuit du 10 au 11 la pluie survint. Le lendemain M. Davessens ordonna de semer partout avec le supplément de paires de ses voisins. Les trois hectolitres furent semés le 11. Voici les résultats : la moitié de la pièce semée le 10 donna trois semences, et celle semée le 11 donna dix semences. Tout le pays eut une mauvaise récolte, et M. Davessens dut à sa fermeté d'en avoir une superbe.

Tels étaient les principes qu'une longue expérience avait fait adopter dans le Lauragais. L'introduction du semoir-*Hugues*, chez quelques propriétaires, a amené un changement qu'il est important de signaler.

L'emploi de ce semoir exige une terre meuble et sèche; il a donc fallu avancer les semailles des *terreforts*. Depuis trois années, M. Houlès, agronome distingué, que j'ai l'avantage d'avoir pour voisin, ne possédant que des *terre-forts*, a essayé de se servir du semoir, en semant de bonne heure. Voilà plusieurs années qu'il sème ainsi, et jusqu'à présent, 1843, il n'a pas vu ses récoltes attaquées par le *gamat*. Moins hardi que M. Houlès, je n'ai semé chaque année que quelques hectares de *terre-forts* au semoir, pour servir de terme de comparaison. Jusqu'à présent, je n'ai pas observé de différence de produit, et aucune apparence de *gamat*. Serait-ce que la gelée peu forte n'ait pas favorisé le soulèvement de la terre, ou bien que l'opération du semoir, agissant sur une terre qui n'a pas été remuée et n'agissant qu'à 8 ou 11 centimètres, laisse la couche en dessous, moins susceptible d'être soulevée par les gelées tardives?

Ou bien est-ce l'effet de l'usage que nous avons adopté généralement de passer au mois de mars un rouleau pesant sur les blés ? La terre étant soulevée et ameublie par les gelées, se tasse de nouveau, et empêche peut-être cette maladie du *gamat*.

Quelle qu'en soit la cause, il serait bien avantageux de pouvoir ensemencer les *terre-forts*, avec la terre sèche et de faire usage du semoir. Il serait à désirer que des agronomes zélés voulussent bien faire des essais comparatifs. Au reste, si ces expériences confirmaient ce fait, il ne faudrait pas ensemencer les *terre-forts* avant les derniers jours d'octobre. En semant plutôt, le blé végète vigoureusement pendant l'automne. Si l'hiver n'est pas rigoureux, les récoltes ont au printemps un luxe de végétation qui épuise la plante et qui fait qu'elle manque de force, quand la plante doit monter en tuyaux et former ses rejetons ou pages. En 1842, malgré le soin de passer le rouleau, j'ai vu ma récolte endommagée par le *gamat*.

C'est ce qui explique ce dire des paysans, qu'il faut, pour avoir une bonne récolte dans les *terre-forts*, que l'on puisse voir courir au mois d'avril, un rat dans les blés. Dans les boulbènes, c'est le contraire, il faut que par la forte végétation les tiges de blé étouffent les mauvaises herbes.

La quantité de semence dans les *terre-forts*, doit être moindre que pour les boulbènes ; il faudrait une économie d'un cinquième dans les bons fonds. En vitriolant et chaulant 24 heures à l'avance, on obtient par le gonflement des grains une bonne économie avec le semoir de moitié. Depuis 20 ans, on est dans l'usage dans le Lauragais, de ne semer que du blé sans barbe ou bladette. Le grain un peu rouge ressemble au Roussillon et est fort recherché par les minotiers. Ce blé produit beaucoup et n'a d'inconvénient que d'être plus sujet que les autres blés aux ravages du vent d'autan. (1)

Dans les environs de Toulouse, et une partie de la Gascogne on sème une espèce de blé que l'on désigne sous le nom de *mitadin*, sorte de mélange de blé gros et de blé fin. Il est facile de voir que le blé fin venant en maturité plusieurs jours avant le blé gros, il est sujet à s'égrainer si le vent d'autan survient. Mais on doit présumer que des usages généralement adoptés dans quelques localités, et depuis longtemps, n'ont pu l'être qu'après que l'expérience en a démontré les avantages. Nous devons toujours faire la part des exceptions. Ainsi, en Gascogne, où le vent d'autan est peu nuisible, la culture du *mitadin* a de l'avantage, et dans les contrées où ce vent se fait sentir, il faut se donner le plus de chances possibles, d'en éviter les ravages.

ART. 12.

SOINS A PRENDRE DES SEMENCES.

On ne saurait apporter trop de soins au choix des

(1) Le 15 et le 16 juin 1839, nous avons eu une tempête de vent d'autan qui a bien endommagé les récoltes quoiqu'elles fussent vertes. Lorsque le vent a cessé, j'ai été examiner les pertes. La bladette, sur un côteau exposé au vent, quoique verte, a perdu un quart ; le Roussillon pur et le blé gros, presque rien. Les seigles ont bien souffert.

grains qu'on veut semer ; la terre se fatigue de porter toujours les mêmes. Ainsi si votre terre est de bonne qualité, choisissez un grain venu sur des côteaux maigres. Dans les fonds médiocres, semez des espèces de blé qui fatiguent moins la terre, le seigle dans les terres douces, et semez un peu épais. Cet usage de semer clair dans les bons fonds et non pas dans les mauvais, est fondé sur le principe, que lorsque la terre a de la vigueur, chaque grain de blé pousse un grand nombre de rejetons, et c'est le plus ou le moins qui forme les belles récoltes.

Des observations faites pendant plusieurs années m'ont convaincu, qu'on ne peut donner de règle positive pour semer clair ou épais. Dans le premier cas, s'il survient des pluies au printemps, le blé poussera des rejetons et donnera une belle récolte ; on aura réussi à semer clair. Mais si le printemps est sec, il n'y aura pas de rejetons et alors la récolte sera médiocre, c'est un jeu à jouer. Voici un fait assez curieux : En 1817, lors du grand froid, j'avais donné ordre de semer 2 hectares et demi en vesces noires et un dixième d'avoine ; le semeur faisant le mélange dans le grenier se trompa et mêla au lieu d'avoine des criblures de seigle (un demi-hectolitre.) : la gelée detruisit la vesce noire. Après l'hiver on ne voyait que des pieds de seigle très clairs ; des pluies survinrent et ces deux hectares et demi donnèrent 30 hectolitres de seigle.

Art. 13.

Sarclage des céréales.

Le sarclage des blés est absolument nécessaire. Avant que le blé monte en épis, il faut faire un premier sarclage, et le second, quand l'épi est bien formé et que les mauvaises plantes sont en fleur.

Il ne faut pas se contenter de ce soin. Si on *dé-pique* sur l'aire, il faut, quand les gerbes sont étendues, faire passer dessus un homme qui enlève les mauvaises plantes qui ont échappé au sarclage. Avec ce soin, on peut espérer de vendre son blé pour semence, et dans ce cas, c'est un bénéfice de 1 fr. à 1 fr. 50 c. par hectolitre.

Chaque année, je fais trier par des femmes, sur la table, 6 hectolitres de blé. Le produit de ce blé, jeté dans un sol qui aura été en jachère, donnera pour l'année suivante un blé bien net.

J'ai aussi le soin de faire mettre à part tous les liens des gerbes. On les bat à part, et on obtient un blé de semence net et de bonne qualité, en ce que les liens sont en grande partie formés des plus beaux épis.

Ayant observé que du blé semé pendant plusieurs années dans la même terre, éprouvait une sorte de dégénérescence dans la longueur des épis, de manière que les grains provenant d'un épi de dix rangs, n'en produisirent que huit l'année d'après, et même six, j'ai conclu de ce fait qu'en semant des grains provenant des épis de douze rangs, j'obtiendrais un plus grand produit. En conséquence, quand les gerbes sont au sol et qu'il survient un temps couvert qui ne permet pas de *dépiquer*, je prends un grand nombre de femmes qui s'assoient en rond dans l'aire ; des hommes leur portent au fur et à mesure des gerbes ; elles choisissent les plus beaux épis qu'elles ramassent dans la main et les séparent des tiges en les coupant avec de gros ciseaux. On bat ces épis sur des toiles, et on a ainsi un blé de première qualité qui sert à renouveler la semence.

Les frais sont à peu près de 3 fr. par hectolitre.

CHAPITRE XXIV.

Semoir.

Voici un chapitre d'un grand intérêt, et dont les conséquences peuvent avoir un résultat immense : c'est du semoir-*Hugues* dont il s'agit.

Depuis longtemps les agronomes sentaient l'avantage d'un bon semoir pour les céréales. Les Anglais avaient inventé plusieurs semoirs dont plusieurs sont en usage chez les grands propriétaires. Dans le nombre, on a distingué celui de M. Cook et celui dit de Norfolk. Tous les deux sont d'un prix élevé. M. de Fillemberg se sert aussi d'un semoir.

Article premier.

Semoir-Hugues.

L'usage du semoir a donné lieu à une controverse sur ses avantages et ses inconvénients. MM. de Dombasle et de Volcamt ne le croient pas utile pour les céréales, et leur opinion a été appuyée par celle de M. de Vogt, qui a fixé par des expériences nombreuses que la distance la plus convenable à laisser entre chaque tige de blé doit être de 2 centimètres $\frac{1}{2}$ dans tous les sens. En 1831, M. *Hugues*, avocat à Bordeaux, entraîné par la noble pensée d'être utile à son pays, eut l'idée d'un semoir qui donnerait le moyen d'économiser la quantité de semence et produirait plus qu'avec une semence entière. Après un grand nombre d'essais et de perfectionnements, il a exposé, en 1839, un semoir qui paraît réunir tous les avantages qu'on peut désirer.

L'usage du semoir devant produire une sorte de révolution dans notre agriculture, je vais entrer dans tous les détails nécessaires, afin que les propriétaires puissent en adopter l'usage en connaissance de cause.

Lorsque M. Hugues publia sa découverte, il n'était pas dans mon caractère de retarder l'adoption d'une machine qui présentait de grands avantages et que je croyais susceptible d'amélioration. Je fus donc des premiers à faire des expériences en grand sur le semoir que les uns dépréciaient et les autres vantaient avec exagération.

Mes premières expériences prouvaient que pour les terres boulbènes, terres qu'on doit semer très ameublies et sèches, le semoir leur convenait parfaitement. Il y avait bien quelques inconvénients, mais ils ne venaient que de l'imperfection de la machine. Les essais comparatifs entre les produits furent à l'avantage du semoir. Il fut alors prouvé que nous devrions au génie de M. Hugues une belle découverte.

Un grand nombre d'observations lui furent faites. Je me permis de réclamer moins de distance entre les raies et un moyen d'éviter l'engorgement des tuyaux. Ce dernier inconvénient nuisait beaucoup à la récolte. Après bien de petits changements, M. Hugues est parvenu à présenter à l'exposition, un semoir qui donne les plus grandes espérances.

M. Hugues a trouvé des inconvénients à la proposition que je lui faisais de placer des tuyaux séparés, afin que celui de l'engrais fût seul exposé à s'engorger. Il a cru remédier à cet inconvénient en augmentant le diamètre du tuyau ; je crains que ce moyen ne soit pas aussi certain que le croit M. Hugues.

Examinons maintenant, cet ingénieux instrument sous le point de vue de son utilité pour l'agriculture.

Voici les inconvénients que de savants agriculteurs ont signalé. Ils trouvent cette machine trop pesante, facile à se déranger entre les mains des valets peu soigneux. Le travail est pénible, le sol doit être ameubli, deux chevaux sont nécessaires pour activer le travail ; une paire de bœufs peut suffire, mais il faut deux hommes, et c'est alors un peu cher. La machine elle-même est d'un prix trop élevé, et c'est pourquoi, sans doute, elle est si peu

répandue. Elle a cependant de grands avantages.
M. Hugues porte l'économie de la semence à moitié. J'oserai croire que l'économie est trop forte, d'après un grand nombre d'observations. J'ai lieu de croire qu'il faut au moins $^3/_4$ d'hectolitre pour demi-hectare. Il faut prévoir que, s'il survenait un hiver rigoureux, le grain n'étant enfoui dans la terre qu'à 8 ou 11 centimètres, il serait à redouter qu'une partie de la semence pérît, même réduite à $^3/_4$, l'économie est considérable.

Je ne regarde pas l'avantage de se servir du petit sarcloir qu'a inventé M. Hugues, comme devant figurer dans l'examen. Si la graine était semée comme avec le plantoir, ce serait possible; mais avec le semoir, il n'y a pas de lignes parfaites, et on endommagerait beaucoup de pieds de blé; au reste, en rapprochant les distances, le sarcloir ne peut opérer.

Le problème à résoudre serait : Y a-t-il plus de blé récolté avec le semoir qu'avec celui semé à la main?

J'ai fait usage du semoir depuis qu'il a paru. J'ai été dans le cas de faire un grand nombre d'expériences et des observations chez mes voisins. Dans certaines qualités de terre, l'avantage a été en faveur du semoir, dans d'autres, le blé semé à la main a eu le dessus. L'année 1842 nous a fourni une expérience importante, quoiqu'elle n'ait pas été faite avec le semoir perfectionné.

Si en effet on obtient plus de récolte et qu'on économise $^1/_4$ de la semence, il serait utile d'introduire l'usage du semoir dans notre culture. Le prix en est malheureusement trop élevé.

Jusqu'à présent, tous les ouvrages qui se sont occupés de cette ingénieuse découverte, ne me paraissent pas avoir envisagé ces avantages sous le point de vue, qui seul doit décider de son adoption générale : c'est le moyen de répandre l'engrais en même temps que le grain, de manière qu'il en soit enveloppé, et il est facile de voir combien l'action végétative acquiert de force par cet engrais qui enveloppe la racine du blé. Cette action doit être bien supérieure à celle que produit une fumaison de dix charretées de bon fumier animal, répandu sur cinquante ares, et cependant quand un champ est bien préparé et fumé fortement, on est à peu près certain d'obtenir une belle récolte.

Je regarde donc la facilité de répandre l'engrais avec le grain, comme la grande découverte du semoir. Elle seule juge la question, et par là la nécessité de son adoption dans les variétés qui lui conviennent. Cette découverte va amener des résultats auxquels personne n'aurait pensé et qu'il est important de signaler.

L'engrais pulvurulent est de première nécessité si on veut se servir du semoir. Cet engrais doit être répandu à doses assez fortes. Si on employait la poudrette, ce serait une dépense considérable et peu à portée des petits propriétaires.

Il faut donc que chaque propriétaire s'occupe de préparer à bon marché cet engrais d'autant plus précieux qu'il assure l'emploi du semoir.

Bien convaincu depuis plusieurs années que la question du semoir était dans l'engrais, j'ai essayé plusieurs moyens que je vais indiquer.

ART. 2.

ENGRAIS EN POUDRE.

On forme sous un hangar un grand tas de fumier de troupeaux, d'une hauteur de 2 mètres environ, bien tassé et les côtés droits. On y place dessus 200 à 300 kilogr. de chaux vive que l'on éteint avec de l'eau ; et mieux encore, s'il y a à côté de votre grand tas de fumier du purin, l'eau de chaux pénétrant dans l'intérieur, active la fermentation du fumier qui dure 12 ou 15 jours. Quand elle est terminée, on coupe ce compost avec une hache et on forme un autre tas à côté : on y éteint de la chaux. Deux opérations semblables suffisent. On étend ce fumier au bout de deux mois au soleil, on le fait sécher, on le pile et on passe le tout à travers un crible en fil de fer, qui ne laisse passer ni les pailles ni les pierres. On obtient ainsi une masse d'engrais considérable. On l'augmente avec la cendrée provenant de quelque gazon qu'on écobue, en ayant le soin que la cendrée ne soit pas trop rouge : on passe au travers du crible. Si on a des pigeonniers, il faut ramasser avec soin la colombine, la piler, la faire sécher, la cribler et mêler le tout avec les engrais dont j'ai parlé. Avec ces trois mélanges, on peut espérer un engrais propre au semoir.

Depuis quelques années, pour augmenter l'engrais pulvurulent, j'ai le soin de faire arracher des champs de maïs, après la récolte, tous les pieds restés en terre. On les laisse sécher sur le champ, et après on les transporte sous un hangar; on en fait de petits fourneaux auxquels on met le feu et on les recouvre de terre, de manière à modérer le feu. Toutes ces tiges avec les racines et la terre procurent une cendrée considérable et à bon marché.

Dans des positions telles que la mienne on peut se procurer beaucoup plus d'engrais, et de meilleure qualité. J'ai dans ma grande usine une fosse d'aisance établie sous un hangar. Chaque quinze jours on y jette trois tombereaux de terre d'alluvion, que je fais enlever de la rivière; on y ajoute de la bonne terre et les balayures qui contiennent des débris de laines. Après quinze jours on retire cet engrais et on le dépose en tas, sous un hangar, en carrés bien pressés. Là, s'établit une fermentation qui achève la cuison de toutes les matières. Au mois d'août, on fait sécher l'engrais, on le pile et on le passe au crible. On obtient ainsi un engrais pulvurulent bien supérieur à la poudrette.

Je fais encore usage d'un moyen de donner à cet engrais une plus grande force. C'est de recueillir l'eau savonneuse que l'on exprime en tordant les draps qui viennent d'être dégraissés dans les fouloirs.

Cette eau contient de la soude et de l'huile, et l'un et l'autre sont un excellent engrais. On peut en juger par l'effet que produit sur les vignes un peu de tonte de drap que l'on dépose au pied de la souche. J'en ai obtenu des effets extraordinaires.

Quels que soient les moyens que les agronomes prennent pour se procurer cet engrais en poudre absolument nécessaire , si on veut semer avec le semoir, nous aurons pour résultat de nous procurer tout le fumier nécessaire pour fumer non seulement toutes les cultures annuelles, mais encore pour retirer quelquefois un double produit d'un sol de bonne qualité. Le grand problème en agriculture, c'est de se procurer une abondance d'engrais. Dans notre culture ordinaire , il est rare de pouvoir fumer tout le sol du blé. On réserve tout celui que l'on a pour le blé, et à peine en a-t-on assez. Maintenant, si on adopte de semer avec le semoir, le fumier animal fait dans la métairie, devient inutile pour le blé; on peut l'employer pour les récoltes secondaires et améliorer ainsi la qualité du sol. Le problème est alors résolu, puisque toutes les récoltes seront fumées , et celles du blé préservées des mauvaises herbes. C'est là le grand avantage que procure le semoir, et qui doit le faire adopter généralement.

Mais il existe une question importante à résoudre. Le semoir convient-il à toutes les espèces de terres du Sud-Ouest? Pour les *boulbènes*, terres qu'on doit semer avec le sec et de bonne heure , l'usage du semoir ne peut qu'être très utile. On peut retarder les semailles, afin de laisser naître les mauvaises herbes et surtout la folle avoine. Quant aux *terre-forts* , qui ont à craindre la maladie du *ga-*

mat, nous avons besoin de quelques années d'expérience pour nous fixer. Jusqu'à présent les expériences de M. Houlès et les miennes paraissent toutes en faveur du semoir. Mon honorable voisin n'a pas craint de semer 35 hectares entièrement au semoir, et il a, pendant deux années consécutives, obtenu des récoltes supérieures à celles qu'il avait auparavant. Moins hardi que lui, j'ai semé moins de *terre-forts* avec le semoir; je n'ai point éprouvé l'inconvénient du *gamat*, et la récolte, quoique avec une économie de semence, a été aussi belle que celle semée avec la charrue. J'ose croire cependant, qu'en se réduisant à un quart d'économie dans la semence, on obtiendrait plus de produit. En effet, les rejetons ou pages du blé sont-ils favorisés par de légères pluies, le blé tale, et on obtient une magnifique récolte, en courant cependant le danger du versement; on aura alors eu raison de semer clair. Mais si les pages ne montent pas, on aura une récolte médiocre; il eût fallu avoir semé épais.

CHAPITRE XXV.

Fourrages qui conviennent aux Terre-forts.

Le fourrage qui convient le mieux à ces sortes de terres calcaires, est sans nul doute, l'esparcette. Depuis quelques années nous sommes dans l'usage de semer deux hectolitres d'esparcette et seize litres de trèfle. Nous obtenons ainsi plus de fourrage et une forte amélioration du sol (voir art. *Esparcette*).

Les vesces noires, pour fourrage conviennent à
merveille à ces sortes de terres. On les sème après
la récolte du maïs, avec le moins de retard possible ;
on est alors certain du succès. Le farouch ou trèfle
de Roussillon convient aussi à ces terres, mais n'y
réussit pas aussi bien que sur les boulbènes. Je
suis dans l'usage de semer au mois dé septembre,
sur le maïs, de la graine de farouch, dépouillée de
sa gousse, à raison de 9 kilogrammes ½ par demi
hectare. On obtient ainsi, après l'hiver, une dépaissance excellente pour tous les bestiaux. Le prix
de la graine de farouch épurée se vend communément de 35 à 40 cent. le demi kilog.

ART. 4.

SEMAILLÉS DES TERRES BATARDES.—DÉFRICHEMENT DES PRÉS. TERRES ÉCOBUÉES.

On ne doit pas se presser de semer ces excellentes
terres, on doit les réserver pour les dernières,
afin de pouvoir les semer fortement humectées.
Comme ces sortes de terres ne craignent pas les
pluies, on peut suivre le mode que j'ai indiqué pour
les *terre-forts*.

Faut-il laisser paître les troupeaux sur les blés ?
Beaucoup de propriétaires, mais principalement les
métayers à moitié-fruits, sont dans l'usage de laisser
paître les troupeaux sur leurs blés.

Cet usage a eu chez moi de grands inconvénients
sur les *boulbènes*. Il est facile de voir que le mouton,

coupant la plante jusqu'au collet, la rend plus sensible au froid ; d'ailleurs, les moutons tassant fortement le sol, s'il survient une forte pluie, il se forme une croûte qui empêche la plante de pousser. Le seul moyen d'y remédier serait de faire passer sur les blés une herse à pointes qui soulèverait la croûte et aurait l'avantage de détruire les mauvaises herbes.

Ces inconvénients m'ont engagé à priver le troupeau de paître sur les blés. Il n'y a que les agneaux qui ont le privilége de la dépaissance. Il faut même choisir les parties du champ où le blé est le plus épais et le plus vigoureux. Si on a semé du blé sur de bons défrichements de prés, on a à craindre, malgré qu'on ait eu le soin de semer clair, que cette récolte ne verse à la première pluie : dans ce cas, il est sage de faire passer souvent le troupeau sur ces blés, afin de retarder sa croissance et de serrer la terre aux pieds des plantes, ce qui les rend moins sujettes à verser.

Art. 2.

Sarclage des blés.

Cette opération si importante est trop négligée des métayers ; cependant, depuis quelques années, voyant que les blés achetés pour semence, se vendent deux francs de plus que l'autre blé de consommation, ils sarclent avec plus de soin. Deux sarclages sont nécessaires : le premier, pour arracher les mauvaises herbes qui naissent à la végétation du blé, le second, pour enlever la nielle qui déprécie entièrement le blé , et la folle avoine qui vient en maturité avant le blé.

QUANTITÉ DE BLÉ QU'IL FAUT SEMER PAR DEMI-HECTARE.

Si on consulte les ouvrages d'agriculture qui ont traité cette question , on est surpris de voir proposer une règle générale pour une chose qui doit nécessairement varier selon les diverses qualités de terre et les climats. A entendre plusieurs agronomes , nous jetons en pure perte quatre ou cinq fois trop de semence. C'est donc encore un juste milieu qu'il faut prendre ; mais, pour nous guider , établissons quelques bases résultant de l'expérience.

Si vous semez sur un fonds de première qualité , il faut semer cinq huitièmes d'hectolitre par contenance de demi-hectare ; si c'est sur un bon fonds de boulbène , sept huitièmes sont nécessaires : pour ces sortes de terre , il faut que les blés soient assez fourrés pour se défendre des herbes. Dans les *terreforts* de première qualité, six huitièmes suffisent , et dans les seconds, sept huitièmes.

En principe, si les semailles se font facilement, et que l'automne ne soit pas avancé, on peut économiser la semence. C'est à l'intelligence du semeur à répandre le grain plus clair dans les parties du champ qu'il sait être de meilleure qualité, et plus épais dans les parties médiocres. Si on couvre avec la charrue, il faut semer un peu épais : un grand nombre de grains ne naissent pas, étant trop enfouis.

Mais quelle est la profondeur la plus avantageuse où doit être placé le grain de blé? Cette question est importante et semble être résolue par l'expérience de M. Moreau, agronome distingué du Nord.

Après avoir fait préparer la terre avec soin, M. Moreau forma treize planches égales; elles furent semées le même jour avec 150 grains dans chaque planche, mais à des profondeurs progressives.

Voici les résultats; ils serviront à diriger les agronomes, pour adopter le mode de couvrir le blé qui se rapprochera le plus de 4 à 5 centimètres.

ESSAI SUR LES DIVERSES PROFONDEURS DES SEMAILLES DE BLÉ.

NUMÉROS des planches	PROFONDEUR de 150 grains	GRAINS qui ont levés sur 150.	NOMBRE des épis.	GRAINS RÉCOLTÉS par planches.
1	à 16 cent	5 grains.	53	683
2	15	14	140	2520
3	13 1/2	20	174	3813
4	12	40	400	8000
5	11	72	700	16 560
6	9 1/2	93	992	18.534
7	8	125	1417	35.434
8	6 1/2	130	1560	34.339
9	5	140	1590	36.480
10	4	142	1660	35.825
11	2 1/2	137	1461	35.072
12	1	64	529	10.587
13	»	20	107	1.600

On voit d'après ce tableau que sur 1950 grains semés, il n'y en a eu que 1002 qui ont levé. Il résulte de cette expérience, que les blés semés à une profondeur depuis 2 centimètres jusqu'à 8, sont ceux qui ont le plus produit, et que les grains semés à la surface ont presque tous péri.

Ainsi tout mode de semer qui placera le grain à cette profondeur est le plus avantageux.

Le semoir-*Hugues* donnant la facilité de couvrir le grain à la profondeur que l'on veut et avec une grande régularité, peut contribuer à la réussite des semailles.

L'expérience intéressante de M. Moreau laisse à désirer qu'il veuille bien la renouveler sur diverses qualités de terre, et surtout que ses épreuves aient supporté nos hivers rigoureux. Nous avons vu dans l'hiver de 1829, la gelée pénétrer à seize centimètres, dans les terres semées en blé, tous les grains peu enfouis n'ont pas résisté au froid.

Comme je viens de le dire, la quantité de blé qu'il faut semer par hectare doit varier selon le pays et les expositions.

Un de nos meilleurs agronomes, M. Perrault de Jotemp, dans son système de culture à Fouillase, département de l'Oise, sème trois hectolitres de blé par hectare; il commence ses semailles le 20 août. Cet usage si contraire à ceux du reste de la France, doit nécessairement avoir pour cause une exposition très froide. C'est ainsi que dans la Montagne-Noire, dans le département du Tarn, on sème le seigle au commencement d'août. Mais ce qui est difficile à expliquer c'est la quantité de semence, puisque en semant au 20 août, à la première pluie, la chaleur de la terre fait germer le blé, la végétation doit être rapide, et au mois d'octobre ces blés doivent être très épais et ressembler à des fourragères. Dans ce cas, comment peuvent-ils résister à une neige abondante, si elle dure huit à dix jours ? Le pampre du blé serré contre la terre doit se pourrir ? Contre les raisonnements, M. Perrault peut opposer son expérience.

Dans le Léman et aux environs de Genève on sème 312 litres de blé par hectare ; il faut que l'expérience leur en ait démontré la nécessité.

Il serait cependant possible d'indiquer les causes de cette diversité dans le plus ou le moins de grains que l'on sème. Dans notre Sud-Ouest, nous avons pour principe que dans les bonnes terres il faut semer clair, et plus épais dans les mauvaises. En voici les motifs : dans la bonne terre, quand le printemps, si chaud dans notre climat, est pluvieux par intervalle, les tiges du blé poussent des rejetons vigoureux qui donnent un grand nombre d'épis et décident de l'abondance de la récolte. Dans le Jura et dans le canton de Genève, dont le sol s'élève au dessus de la mer, (800 mètres), les froids doivent être rigoureux et les printemps retardés par des gelées blanches : alors les rejetons ne peuvent pas pousser et il n'y a que les premières tiges qui produisent, il faut donc multiplier ces premières tiges, et par conséquent semer épais.

Dans notre Sud-Ouest, on peut avoir de belles récoltes en semant épais un hectolitre par 50 ares, si le printemps est sec, car alors les rejetons ne poussent pas ; c'est ce qui est arrivé en 1839 et 1842.

Mais si le printemps est humide, qu'il n'y ait pas de gelées blanches tardives, alors le blé se garnit et on obtient dix à douze semences par demi-hectare ; pourvu, bien entendu, qu'au moment de la récolte quelque forte pluie d'orage, commune dans le Sud-Ouest, ne vienne coucher les belles récoltes : dans ce cas, si le vent ne relève pas les tiges, le blé, restant couché, est exposé aux rosées abondantes du matin qui se fixant sur les épis, reçoivent les rayons d'un soleil brûlant qui dessèche les grains dans l'épi et réduit la récolte presqu'à rien.

Dans une semblable position, je me suis bien trouvé de faire soulever ce blé couché, d'en former d'espèces de gerbes qu'on lie avec quelques tiges de blé, de manière à ce qu'elles se tiennent soulevées et que le vent, en secouant les épis, puisse faire tomber la rosée fixée sur le grain. Ce mode préservatif m'a fort bien réussi en 1839 sur des parties de champs où le blé était entièrement couché.

ART. 4.

CARIE DES BLÉS.—CHAULAGE.

La carie des blés est un grand fléau pour l'agriculture. Depuis un grand nombre d'années les agronomes avaient adopté le chaulage : ce moyen bien exécuté était un bon préservatif. Depuis, M. Prévost de Montauban, a eu l'idée de substituer le vitriol bleu à la chaux. Ce moyen a parfaitement réussi ; mais il avait le grand inconvénient de mettre entre les mains des paysans un poison dangereux. Dernièrement, M. de Dombasle, avec ce zèle qui le distingue, s'est livré à un grand nombre d'expériences sur la carie des blés. Je vais citer cinq de ses expériences qui seront à même de nous guider.

Neuf litres de froment furent frottés avec de la poussière noire provenant d'une poignée de grains cariés, ces neuf litres furent soumis aux préparatifs que je vais indiquer.

EXPÉRIENCE SUR LA CARIE DU BLÉ.	NOMBRE D'ÉPIS CARIÉS, sur 1000 épis
Blé de 9 litres carié, lavé à l'eau pure, par deux fois avec 5 hectolitres d'eau.......	486 épis.
Blé plongé pendant deux heures dans 3 hectogrammes de vitriol bleu, et 1 kilogramme de sel comme pour 50 litres d'eau.	9
Blé carié plongé pendant une heure dans une solution de 6 hectogr. de vitriol bleu...	8
Blé humecté pendant vingt-quatre heures dans de l'eau de chaux, 4 kilogrammes de chaux par un hectolitre de blé.........	260
Blé plongé pendant vingt-quatre heures dans de l'eau de chaux, à raison de 5 kilogrammes par 50 litres d'eau............	21
Blé plongé pendant vingt-quatre heures dans de l'eau de chaux, à raison de 5 kilogrammes par 50 litres d'eau et avec addition de 8 hectogrammes de sel...............	2

M. de Dombasle considère l'emploi du vitriol comme très efficace ; mais indépendamment des dangers que présente cette substance vénéneuse, il y trouve l'inconvénient, qu'après le vitriolage que l'on fait à l'avance, si le temps se dérange et ne permet pas de semer, on a de la peine à conserver le grain.

D'après ces expériences, il résulte que l'immersion dans de l'eau de chaux est fort bonne, mais que l'aspersion de l'eau de chaux ne réussit pas.

Que le vitriolage seul est fort bon.

Que le chaulage avec une addition de sel est le meilleur préservatif : c'est le moyen que conseille M. de Dombasle.

Voici la méthode que j'ai adopté :

J'ai deux grandes comportes, dans l'une on met de l'eau avec un quart de vitriol bleu que l'on dissout dans un peu d'eau chaude et qu'on met dans la comporte à moitié remplie d'eau, dans laquelle on a fait fondre 4 hectogrammes de sel (1); on y verse un hectolitre de blé et on remue le tout, en ayant le soin d'enlever avec une espèce de passoire en fer-blanc, percé de trous, tous les grains cariés et les mauvais grains qui surnagent. Dans la seconde comporte remplie d'eau, on met 2 kilogrammes de chaux. On enlève le blé de la première comporte dans des paniers, que l'on plonge plusieurs fois dans la comporte où est l'eau de chaux ; de cette

____

(1) J'ai supprimé, en 1841, le mélange du sel, et cela sans observer de différence.

manière, quand même on retarderait de semer de plusieurs jours, le blé serait conservé par l'eau de chaux.

Les frais de ces divers préservatifs sont si peu de chose, que chaque propriétaire peut choisir le mode qui lui conviendra le mieux; puisque avec la chaux seule, on n'a que 10 grains cariés sur 1000; avec le vitriolage, 8; avec la chaux et le sel seulement 2.

M. de Dombasle observe que l'emploi du sel est en usage depuis longtemps en Angleterre, comme préservatif de la carie. Arthur-Young, en parlant de cette méthode, nous apprend qu'elle est due à un évènement extraordinaire. Il cite une année où les récoltes furent très endommagées par la carie, et on observa que les champs semés avec du blé provenant d'un navire naufragé et dont le grain avait été saturé d'eau de mer, n'eut point de carie.

L'expérience de M. de Dombasle a été confirmée par celle faite à Rambouillet par M. Bourgeois, directeur de l'établissement. Il résulte qu'un hectolitre de blé infecté de carie, préparé avec 5 kilo. de sulfate de soude et un demi kilo. de sel de soude, et puis saupoudré de chaux récemment éteinte, semé en novembre, a complètement été préservé de carie.

En agriculture, l'économie doit être en première ligne; ainsi, des deux modes de chaulage de M. de Dombasle ou de M. Bourgeois, on doit nécessairement préférer le premier.

A QUEL POINT DE MATURITÉ FAUT-IT COUPER LES BLÉS.

La méthode nouvelle de couper les blés un peu verts, a été proclamée comme une découverte utile par des agronomes distingués, et signalée par d'autres comme pratique dangereuse. Chacun présentait à l'appui de son opinion, des raisons spécieuses ; il a donc fallu en appeler à l'expérience. M. Desmichel, agronome Provençal, a obtenu de plus grands produits avec des semences d'un blé parfaitement mûr ; il a même trouvé que les produits des blés d'épreuve avaient été en augmentant, ce qui parait contraire à l'expérience qui a consacré les avantages de changer les semences.

Il est impossible de fixer dans notre Sud-Ouest le moment le plus favorable de couper les blés , cela dépend des localités : ainsi les propriétaires des cantons du Lauragais , du Tarn et le long de la Montagne-Noire , si souvent ravagés par le vent d'autan et dont la perte est au moins d'un sixième dans le cours de vingt années , et ceux de la Gascogne si sujets aux ravages de la grêle, doivent couper leurs blés sans attendre cette maturité parfaite que conseille M. Desmichel.

Nous avons d'ailleurs à craindre les ravages du brouillard et des rosées abondantes du matin. En effet, il arrive souvent que lorsque le vent d'autan doit souffler , la nuit étant fraiche, il y a avant le lever du soleil, une rosée d'une grande abondance. Tous les épis de blé sont garnis de gouttes de rosée ;

s'il ne survient pas un peu de vent pour dissiper ces gouttes d'eau , le soleil si ardent dans les premiers jours de juillet , agissant sur ces gouttes comme sur une lentille de verre, dessèche le grain de blé encore mou , et le réduit souvent de moitié. C'est un des plus grands dangers que puissent courir nos récoltes , et souvent un jour de retard dans la coupe des blés peut ruiner un propriétaire. Dans l'année 1839 , tout le blé a été retrait par un vent d'autan excessivement chaud et violent. Il en a été de même en 1841 : on n'a eu que moitié récolte.

Mais, pour revenir à l'époque de la coupe des blés, je vais rendre compte de mes expériences à ce sujet. En 1833 , je fis couper diverses espèces de blé , telles que bladette , Roussillon , Graulhet , huit jours avant leur maturité ; les gerbes furent liées immédiatement et formées en tas. Huit jours après , la même quantité de gerbes fut coupée en parfaite maturité ; ces diverses gerbes furent placées au milieu du gerbier et dépiquées avec soin. Voici les différents résultats.

La bladette récoltée avant la maturité présentait un grain luisant et plein ; mais au poids , la mesure de celui coupé bien mûr pesa davantage, 3 kilogr. par hecto. Les blés de Roussillon et de Graulhet donnèrent plus de différence, elle fut de quatre kilogr. par hect. Il faut observer que dans ces huits jours , il n'y eut ni brouillard ni rosée. Le coup d'œil pour la vente de la bladette était en faveur du blé coupé un peu vert. La bladette a la propriété de se nourrir dans les gerbiers , pourvu qu'on ait eu le soin de lier les gerbes au fur et à mesure que l'on coupe le blé. Le Roussillon a l'avantage de se nourrir couché sur le sol , sa tige est flexible, et cela fait que le vent d'autan l'endommage moins que les autres blés.

J'oserais croire qu'il y aurait un signe qui pourrait nous indiquer le moment propice pour couper le blé. Ce serait quand la paille du bas de la tige est jaune : cette couleur indique que la sève a interrompu son cours : c'est le moment de couper , quoique le haut de la tige soit encore un peu d'un vert jaune. On lie desuite les gerbes , alors la sève qui est dans les tuyaux de la paille, continue à monter , et achève de nourrir l'épi. Si cette observation est exacte , nous aurons un moyen de connaître parfaitement le moment où il faut couper nos blés. (1)

D'après cet exposé, voici la marche que je suis : je sème la bladette sur les champs les moins exposés au vent d'autan , le Roussillon dans les grands fonds, quand même il aurait à craindre le vent. Le blé fin sur les côteaux, ainsi que le blé Castrais.

Avec la nécessité d'activer la récolte , il faut nécessairement faire usage de la grande faulx. Un faucheur coupe autant de récolte que trois hommes avec la faucille; mais pour cette opération il faut avoir le soin de semer le blé en planches plus ou moins larges , et c'est en travers que l'on doit opérer. Si les faucheurs sont habiles, les épis sont parfaite-

---

(1) C'est en observant la floraison et la formation de la graine des plantes d'esparcette et des passeroses que j'ai conçu cette idée. En effet, dans ces deux plantes, la floraison commence par le bas, et à mesure qu'elle monte, on aperçoit le bas se flétrir, et la graine se former.

ment couchés en ligne. Pour faciliter l'opération de lier les gerbes, des femmes, quand le blé est fauché, forment de fortes javelles, de manière que le lieur a bientôt formé sa gerbe. Quand il n'y a pas d'herbe, il faut presque former les gerbes à mesure que l'on fauche.

En résumant ces observations, il paraîtrait qu'il y a eu exagération dans l'exposé des deux systèmes.

J'en conclurai qu'il ne faut couper ni trop tôt, ni trop tard, et agir d'après la localité et surtout d'après l'expérience, le grand régulateur de l'agriculture.

M. Rodat, agronome distingué de l'Aveyron, nous indique d'après de nombreuses expériences le moyen de fixer le moment le plus avantageux de couper la récolte.

L'instant précis de la maturité des blés, nous dit cet agronome, est quelquefois difficile à saisir ; on marche entre deux dangers également redoutables. Si l'on prévient la maturité, le grain se ride et la récolte est réduite à presque rien. Si, au contraire, on laisse trop mûrir le grain, et que le vent que nous appelons vent d'autan, vienne à souffler, la récolte est en partie égrainée.

On court encore le danger du brouillard et de la rosée, et au-dessus de tout de la grêle.

Voici, nous dit M. Rodat, à quels signes on peut reconnaître que les blés peuvent être coupés.

Quoique la paille ait encore une teinte verte sur la majeure partie de la tige, si les nœuds sont devenus blanchâtres, transparents, si le grain partagé sous l'ongle ne laisse pas suinter une matière liquide et que son intérieur montre une substance coagulée, analogue au blanc d'œuf durci, si le grain écrasé et roulé entre les doigts forme une boulette, on doit procéder à la moisson sans hésiter. Voilà des indications précieuses dues au zèle éclairé de M. Rodat, et qui prouvent que l'agriculture est la science de l'observation.

Art. 6.

Effets des fortes gelées sur les récoltes.

En 1820, une gelée de onze degrés, très rare dans le Midi, vint porter la désolation dans nos campagnes. Une grande partie des fourrages artificiels et les avoines périrent. Je crus utile d'en observer les effets.

Quelques jours après la gelée je constatai les pertes éprouvées par chaque espèce de blé. En conséquence, je fis placer dans chaque champ un cadre léger, en bois, d'un mètre carré ; je fis compter le nombre de pieds de blé enfermé dans le cadre, en tenant compte de ceux que le froid avait fait périr ; j'eus de cette manière la proportion exacte de la perte.

Voici le résultat de mes observations : le blé *terminé de Sicile* avait péri en entier, tandis que les autres n'avaient perdu que les proportions indiquées par la table.

24

Bladette semée à billons étroits a perdu...	$\frac{1}{7}^e$
Le blé de miracle, Rambouillet et pet-d'agnel.	$\frac{1}{11}$
Les bladettes à planches larges...........	$\frac{1}{20}$
Le blé castrais rouge.................	$\frac{1}{7}$
Touzelle blanche à billons étroits semée tard.	$\frac{1}{5}$
Touzelle à planches semée le 15 octobre...	$\frac{1}{13}$
Blé lammas..................	$\frac{1}{8}$
Blé de Roussillon à planches.............	$\frac{1}{19}$
Blé de Graulhet fin.................	$\frac{1}{14}$

Ces observations nous prouvent l'importance de supprimer le mode d'ensemencer les terres en billons. Il est en effet aisé de voir que les fortes gelées, pénétrant aisément aux racines par le côté du billon, les blés doivent geler plus facilement que quand c'est une surface plane. Il y a d'ailleurs perte en grains par la multiplicité des creux de billons où le blé ne naît pas.

Les pertes que je viens de signaler dans ce tableau, ne sont pas considérables, mais elles pouvaient le devenir ; car, en examinant avec soin les pieds des blés qui avaient résisté à la gelée, je m'aperçus que dans les *terre-forts* calcaires, les racines latérales étaient desséchées et que la racine pivotante conservait encore un peu de vie. Je jugeai qu'il était urgent de prévenir le mal que pourrait produire sur cette terre soulevée par la gelée, le vent chaud du midi. En conséquence, je fis passer sur tous les blés un rouleau pesant, et après le troupeau en masse serrée.

Dans les boulbènes, au lieu du rouleau, je fis

passer dessus une herse légère à dents de fer rapprochées, pour enlever la croûte que la gelée avait formée. J'oserais croire que c'est à ces soins que j'ai dû la magnifique récolte que j'ai eue. Des pluies légères par intervalle, et le vent du nord-ouest qui régna régulièrement quand le blé monta en épi, favorisèrent la croissance des rejetons de chaque pied : toutes les herbes avaient péri par l'effet de la gelée. Au moment de la récolte, le temps fut chaud sans rosée le matin, de manière que la maturité fut parfaite.

Je crus alors important de constater le produit en gerbes de chaque variété de blé et la quantité d'hectolitres que les gerbes produiraient. C'était la meilleure manière de se fixer sur les espèces de blé qu'il serait avantageux de cultiver dans notre Sud-Ouest, et j'espérais ainsi éviter aux agriculteurs des essais inutiles, souvent dispendieux.

Dans le cours de quarante ans de travaux agricoles, c'est la seule année où j'ai vu les gerbes produire autant de grain par 100 gerbes.

PRODUIT D'UN DEMI-HECTARE.	EN GERBES.	en semence par demi-hect.	PRODUIT EN grain par 100 gerbes.
		semences.	
La bladette.	148	10 1/4	7 h. 4
Lammas.	160	8 1/4	6 5
Castrais rouge.	132	7 3/4	6 5
Le roussillon.	134	8 1/2	6 7
Le pet-d'agnel.	135	11 1/2	9 0
Rambouillet.	174	11 1/3	8 1
Graulhet.	136	6 3/4	6 0
Miracle.	96	5 1/4	5 6
Touzeille blanche.	133	8 1/2	5 7
Méteil.	165	13 1/4	8 6
Seigle.	148	9 1/3	6 7
Avoine sur écobuage. . . .	»	35	13

Le blé de Rambouillet me paraît mériter l'attention des agronomes ; il donne beaucoup de paille, est peu sujet à verser et ses épis résistent plus que ceux des autres blés à la violence du vent d'autan.

Je concluerai de ces essais, qu'on peut cultiver avec avantage, la bladette, le Roussillon, le Graulhet dans les *terre-forts* de bonne qualité, la bladette dans les *boulbènes*, le méteil dans les bonnes *boulbènes*, et le seigle dans les *boulbènes* sablonneuses sujettes aux herbes.

CHAPITRE XXVI.

Maïs ou blé de turquie.

L'introduction de cette plante précieuse a rendu un grand service à l'agriculture du Midi ; nous lui devons l'usage du tiercement, qui, nous procurant ces blés de meilleure qualité, avec plus de produit, a fourni le moyen de détruire la folle avoine. Le maïs est, pour la classe pauvre, une nourriture saine, abondante, et moins coûteuse que celle du blé; aussi la culture en est-elle d'un grand intérêt pour les métayers et les ouvriers employés aux récoltes, à qui l'on donne une certaine quantité de terres à cultiver en maïs à moitié fruits.

Article premier.

Terres qui conviennent au maïs.

Le maïs, par sa nature, demandant beaucoup à la terre, ne saurait être cultivé impunément sur des terrains médiocres, et même sur ceux de bonne qualité. Si on a le dessein de semer du blé immédiatement après, on a beau fumer ce dernier, on s'aperçoit toujours d'une grande différence dans son produit et sa qualité, en le comparant avec le blé semé sur une jachère. Cultivé dans les terrains médiocres, le maïs ne donne des récoltes passables que dans les années où nous avons des étés pluvieux, ce qui arrive rarement.

Le maïs réussit fort bien dans les bonnes boulbènes, pourvu que le grain puisse naître. Il faut, d'ailleurs observer que ces sortes de terres ne contenant pas, ou presque pas de terre calcaire, la plante les épuise extrêmement; aussi me paraîtrait-il plus avantageux de ne faire entrer le maïs dans l'assolement des boulbènes que de temps en temps, et seulement quand il faut détruire la folle avoine.

Dans les boulbènes bâtardes, on peut suivre, quant au maïs, le même assolement que pour les *terre-forts*.

C'est donc les *terre-forts* gras, substantiels, les terres bâtardes de première et seconde qualité, qui conviennent le mieux au maïs Je le cultive aussi, avec succès, dans les boulbènes douces, fraîches et sablonneuses, terres qui ne peuvent produire que du seigle, et qui, au moyen des engrais, donnent de belles récoltes de maïs.

Dans les terres profondes, argileuses en partie, le maïs soutient mieux la sécheresse ; et souvent une forte pluie, au moment qu'il forme ses épis, suffit pour le conserver.

ART. 2.

PRÉPARATION DE LA TERRE.

Le meilleur travail préparatoire pour la culture du maïs se fait avec la bêche à deux pointes, qui, pénétrant à une plus grande profondeur que la charrue, détruit mieux les plantes nuisibles; d'ailleurs, la terre ne se trouve pas pétrie, comme elle l'est souvent avec la charrue ; mais il est essentiel que ce travail à la bêche se fasse avant la fin de l'hiver, afin que les gelées puissent bien préparer la terre en l'ameublissant. Il faut surtout veiller à ce que les journaliers, auxquels on donne du terrain à travailler, ne le pelleversent pas, la terre étant trop molle, et surtout quand il a neigé. Il en est de même du travail avec la charrue ; on a vu des labours, donnés avec trop d'humidité, appauvrir le sol pour plusieurs années, et cette terre ne redevenir fertile que par le séjour du sainfoin pendant quatre ans.

Dans les métairies à moitié fruits, il faut que les métayers profitent des pluies, avant les semailles, pour labourer un tiers ou moitié des chaumes destinés au maïs. Des expériences, suivies avec exactitude, m'ont prouvé que les terres labourées à cette époque produisaient presque toujours un hectolitre et demi de plus que celles qui ne sont travaillées que dans l'hiver. Il y a des années où l'on pourrait labourer tous les chaumes avant cette saison ; mais ce mieux aurait l'inconvénient de priver les troupeaux d'une dépaissance nécessaire. Dans les métairies dont le tiers des terres est cultivé annuellement en maïs, je regarderais comme très avantageux d'exiger des métayers, qu'ils pelleversassent chaque année le cinquième du terrain qu'ils destinent à ce grain.

Mais de tous les moyens de bien préparer les terres pour la culture du maïs, je n'en connais pas de meilleur que celui du défoncement d'après ma nouvelle méthode. (*Voy. Défoncement.*) Il y a vingt ans que je la suis avec un succès admirable, qui ne s'est pas démenti un instant.

Art. 3.

Semailles du maïs.

Parmi plusieurs variétés de maïs qu'on cultive dans nos départements, les deux espèces les plus généralement répandues, sont celle à grains blancs et celle à grains jaunes. Ces deux qualités ont de dix à quatorze rangées de grains, et le papeton ou charbon blanc est plus ou moins gros. Depuis quelques années, on a adopté, aux environs de Puylaurens et dans le Castrais, un maïs dont l'épi, beaucoup plus mince, est seulement de huit rangs ; le grain en est plus mince, plus fin, et d'un jaune tirant sur le rouge, et le charbon blanc très petit. A en juger par l'apparence, on ne croirait pas que ce maïs rendît plus que l'autre, et cependant c'est le résultat qu'on a obtenu dans ces contrées ; la farine en est d'ailleurs plus délicate, et la plante ne montant pas si haut que le gros maïs, exige moins de substance nutritive, et par conséquent réussit mieux sur les terres médiocres. Son seul inconvénient, c'est que la dépouille, pour fourrage, est moins considérable.

Quelques personnes ont cité, avec éloge, une variété de maïs quarantain, d'une petite espèce, que l'on cultive avec succès à Grisolles. Les essais comparatifs que j'ai faits, à cet égard, n'ont pas présenté un résultat assez avantageux pour m'engager à la préférer. Les expériences qui se font au Jardin des Plantes, à Toulouse, nous feront connaître si nous pouvons cultiver le maïs de l'île Bourbon et celui de la Nouvelle-Angleterre. Dans les environs de Toulouse, et dans la partie du Lauragais, située sur le cours du canal, on préfère le gros maïs blanc et jaune, à douze et quatorze rangées de grains.

Au mois de mars, on donne une seconde façon aux champs destinés pour le maïs. Au mois d'avril, avant de semer, on donne une autre façon, en formant des billons à la distance nécessaire à cette plante. C'est ensuite sur le milieu de l'ados de ces billons qu'on ouvre les raies qui doivent recevoir la semence.

Depuis longtemps, on était dans l'usage de semer du maïs rous dans le Lauragais et le Castrais, tandis qu'à Toulouse on préférait le maïs blanc. Depuis plusieurs années, le maïs blanc est plus cultivé. On s'est aperçu que sur la terre boulbène, il produit davantage; d'ailleurs, depuis que dans un grand nombre de minoteries, on trouve un grand bénéfice à mélanger $^1/_5$ de farine de maïs blanc à $^4/_5$ de minot, les demandes de maïs blanc ont été considérables, et on s'est empressé d'en semer. Un grand nombre de propriétaires sont dans l'usage de faire cultiver leur maïs à moitié fruits par des journaliers. Si cette opération était faite avant l'hiver, ce serait parfait; mais si elle se fait pendant l'hiver, et que la terre soit molle, il vaut mieux faire labourer le champ par ses bœufs, et donner les autres travaux à faire par les journaliers.

L'usage des paysans, pour les distances à donner aux raies, n'est pas le même partout; ils ont, pour la plupart, un grand penchant à les laisser trop rapprochées. Cet usage présente un fpeu moins d'inconvénient dans les cantons sujets aux ravages du vent d'autan , parce qu'on a la crainte que la plante étant trop élevée, ne soit brisée plus facilement par le vent. Cette même crainte engage à butter forte-ment le maïs. Mais en mettant de côté ces divers motifs, qui sont de quelque poids dans quelques localités, nous établirons, en principe, d'après l'expé-rience, que la distance la plus avantageuse des raies de maïs doit être de 81 centimètres, et celle des plantes de 54 à 65 centimètres les unes des autres.

Les distances que je viens d'indiquer devraient être encore plus considérables, à en juger par une expérience faite à Castres , par un zélé agronome , M. Lanous. Dans une lettre qu'il m'a fait l'honneur de m'écrire, il me dit qu'après plusieurs expériences, il a adopté le mode d'espacer les raies du maïs à 1 mètre 80 cent. Que, de cette manière, il peut donner plusieurs labours dans l'intervalle des raies , et tenir le sol parfaitement net des mauvaises herbes. Il est résulté de cet essai, que le maïs semé à cette dis-tance a donné, contenance égale, $\frac{1}{5}$ de plus que celui semé à 90 centimètres, et le grain mieux nourri. Il ajoute que, d'après ce résultat, les ouvriers auxquels il donne du maïs à cultiver à moitié-fruit, lui ont demandé de l'espacer à la distance de 1 mètre 80 cen-timètres. Il est intéressant de connaître l'effet qu'au-raient produit sur le blé les deux modes de culture. Voici le résultat.

10 hectolitres de blé, semé sur une terre ayant produit du maïs , à 1 mètre 80 centimètres de dis-

tance , a donné 3200 gerbes , ou. . . . 161 h. 4 l.

10 hectolitres de blé , semé sur une terre ayant produit du maïs, cultivée à 90 centimètres , n'a donné que 2600 gerbes , ou. . . . . 90 h. 6 l.

Il y a donc eu de différence. . . . . 70 h. de blé.

Comme il serait possible que quelque cause particulière eut donné ce grand résultat, il serait à désirer que des agronomes voulussent bien répéter cette expérience, et si elle se trouve conforme à celle de M. Lanous, il n'y a pas à hésiter, puisqu'on y trouve le double avantage, d'avoir plus de maïs, et ensuite plus de blé. On conçoit fort bien cette augmentation de récolte pour le blé, puisque la terre est beaucoup moins épuisée ; mais il reste à constater, si la diminution par moitié des plants de maïs, est compensée par un plus grand nombre d'épis, et par leur qualité supérieure. Cet objet qui me paraît d'une grande importance, a donné lieu en 1842, à des expériences exactes qu'a fait le comice de Castres, dont on rendra compte.

Ces expériences ont eu lieu en 1842. Le produit du maïs à grande distance, a été absolument égal à celui fait à la distance ordinaire, reste à savoir le produit en blé. Il est probable que le maïs à grande distance aura moins épuisé le sol, et que le fréquent sarclage avec le cultivateur, laissera la terre pour le blé, à peu près aussi fertile qu'une jachère, surtout si en semant le maïs, on le recouvre légèrement de l'engrais en poudre.

Art. 4.

CULTURE DU MAÏS.

La culture du maïs exige deux façons ou sarclages. La première est destinée à nettoyer le terrain des herbes, et à enlever les plants surnuméraires qui se trouvent entre les distances que nous venons d'indiquer. Quand la tige a acquis plus de force, on profite du moment où la terre est encore fraîche, après quelque petite pluie, et on donne la seconde façon à la houe, en observant de travailler la terre de manière à la ramener au pied de la plante, et par ce moyen, la garantir des effets du vent. Ce second travail s'exécute plus promptement avec la charrue, mais pas aussi bien qu'avec la houe. Dans les endroits où l'on ne craint pas l'effet du vent, je croirais plus avantageux de ne butter le maïs que très-légèrement, en travaillant cependant la terre profondément entre les plantes ; alors la pluie pénètre plus aisément aux racines, et la sécheresse fait moins du mal au maïs.

Art. 5.

RÉCOLTE DES PANNICULES DU MAÏS.

Vers le 15 ou le 20 août, peu de jours après que la floraison du maïs est terminée, on peut commencer de cueillir les pannicules, qui sont une nourriture excellente pour les bestiaux, en les coupant au-dessus, et tout près du nœud supérieur, à l'épi le plus élevé.C'est dans les intervalles des attelées que j'emploie les maîtres-valets à ramasser la quantité nécessaire de ce fourrage.

Mais quand on a une grande quantité de maïs sur pied, et qu'il est impossible de faire consommer en vert tous les pannicules, on en fait couper une partie par des femmes, qui les transportent, au fur et à mesure, dans quelque pré, chaume ou prairie artificielle, où on les fait sécher, jusqu'à ce que l'on reconnaisse que la moëlle des tiges l'est entièrement : on conserve cet excellent fourrage, pour les travaux les plus pénibles que peuvent avoir à faire les bœufs. Quelques personnes se contentent de laisser les pannicules de maïs dans les raies, en les dressant contre les tiges : mais de cette manière, il faut beaucoup plus de temps pour les sécher, et s'il survient de la pluie, il se mêle quelque peu de terre à ce fourrage, qui n'est plus aussi sain. Je donne la préférence à la première méthode, quoiqu'elle soit un peu plus dispendieuse.

Je répéterai, au sujet des pannicules, l'observation que j'ai faite sur les précautions à prendre pour donner en vert la luzerne et le trèfle aux bestiaux. J'ai perdu un bœuf par l'effet de la tympanite occasionnée par les pannicules verts du maïs. (Voy. *Tympanite.*)

ART. 6.

RÉCOLTE DU MAÏS.

Lorsqu'on veut faire succéder, sur le même champ, le blé au maïs, il faut préparer la terre par un sarclage à la houe, qui détruise les mauvaises herbes, en aplanissant le sol. Le maïs parvenu à sa parfaite maturité, on en coupe les tiges, soit avec la faucille, soit avec la houe tranchante ; aussi rez-terre que possible. On commence par les champs destinés à recevoir des vesces noires, on continue par ceux qui seront semés en blé, et l'on ne finit que par ceux qui doivent rester en jachère l'hiver suivant.

Dans les années où la récolte du maïs se fait à la fin de septembre ou au commencement d'octobre, si le temps est sec, je fais donner deux labours croisés aux champs qui avaient porté du maïs, et qui sont destinés à être semés en blé ou en vesces noires. Si l'on rencontre pour ce travail un temps favorable, on peut espérer d'obtenir une belle récolte de blé, en ayant le soin de fumer fortement. Le maïs est transporté sur l'aire où on le dépouille de son enveloppe, en en faisant trois tas différents. Les plus beaux épis sont mis à part pour la vente : les petits et ceux dont la fusée est peu garnie de grains forment le second triage, et on le garde pour l'engrais des cochons et de la volaille : le troisième triage comprend les épis viciés dont les grains n'ont pas mûri suffisamment. On fait consommer ensuite ces derniers par les cochons.

Dans les métairies du Lauragais cultivées à moitié-fruits, on est dans l'usage de laisser aux métayers le second et le troisième triage, à la charge par eux de faire l'engrais de deux, trois ou quatre gros cochons. Quand ces animaux sont engraissés, on les

vend. On se procure ainsi une branche de revenu,
d'autant plus importante, que cette vente se faisant
argent comptant, le propriétaire peut retirer la portion qui reviendrait à ses métayers, pour acquitter
leur part des impositions et les dettes qu'ils peuvent
avoir contractées envers lui pendant l'année. On
sent que pour ce partage du maïs et la séparation
des épis de diverses qualités, les intérêts des propriétaires ne sont ménagés que selon le plus ou le
moins de probité des métayers. Toutefois, il ne faut
pas oublier que le mode de culture à moitié-fruits
n'est fondé que sur une confiance réciproque, et
qu'en recherchant trop un mieux, difficile à saisir,
on n'éprouve que des mécomptes : aussi est-il sage,
aux propriétaires qui ont été assez heureux pour
placer dans leurs métairies des familles probes, de
ne pas leur imposer des conditions onéreuses. En
dernier résultat, ce mode de culture donne une augmentation de revenu, et c'est là l'objet principal.

Les tiges et les enveloppes ou bourses des épis de
maïs doivent être ramassées avec soin, et formées
en grand tas relevés en forme de toit, comme pour
les gerbiers allongés, ou en meules pointues.

Le fourrage se conserve parfaitement en plein air,
et même le gout de moisissure n'a pas d'inconvénient pour les bestiaux.

ART. 7.

DES GRENIERS, ET DES SOINS A PRENDRE DES ÉPIS DE MAÏS.

Les épis enfermés dans nos greniers demandent

des soins, il faut les remuer souvent et profiter du temps où la pluie empêche de travailler en dehors, pour faire enlever par des maîtres-valets les extrémités où l'on aperçoit des grains moisis.

Plusieurs propriétaires ont fait construire de grandes cages à maïs, fort bien entendues, qui sont composées de cinq, six et même sept étages à claire-voie. J'ai adopté pour les remplacer un moyen dont je vais rendre compte. Il consiste à se pourvoir d'un certain nombre de claies d'environ 3 mètres 89 centimètres de long, sur 1 mètre 94 centimètres de large, formées de liteaux de peuplier d'Italie espacés de 3 centimètres les uns des autres, et ayant sur un des côtés un rebord de 12 à 16 centimètres de haut. On place trois de ces claies à côté les unes des autres et successivement dans la longueur du grenier autant qu'il en peut contenir. Elles sont soutenues par de légers trétaux, ou mieux encore par des tringles de fer attachées à la toiture. Les épis de maïs, recevant sur ces claies l'air en tout sens, peuvent être mis plus épais, et ont à peine besoin d'être remués une seule fois. Quand on a enlevé le maïs de dessus les claies, on les détache et on les ramasse en tas pour l'année suivante, et le grenier reste libre pour le blé. On observera que ces claies étant suspendues assez haut, on peut placer au dessous la même quantité de maïs que le grenier aurait contenu auparavant.

La maladie du charbon qu'on aperçoit sur quelques tiges de maïs, n'a aucun rapport avec la carie du blé, et ne se communique pas ; elle n'est d'ailleurs produite que par une surabondance de sève sur les terrains gras et dans les années pluvieuses. Le charbon, loin d'alarmer le cultivateur, est ordinairement l'annonce d'une belle récolte.

Les propriétaires attentifs mettent de côté les épis les plus beaux, et dont tous les grains sont parfaitement mûrs ; ils laissent attachées à chaque épi les dernières feuilles de l'enveloppe, au moyen desquelles les liant deux à deux, ils les suspendent à des perches dans leurs greniers, afin de se procurer une belle semence.

Art. 8.

ÉGRAINAGE DU PAPETON OU CHARBON BLANC.

Il y a deux manières d'extraire le maïs du charbon blanc ou papeton. Les uns frappent les épis avec des bâtons sur une grande claie à liteaux de chêne, espacés de 29 cent. et d'une dimension qui permette à cinq ou six hommes de travailler de front : cette claie est élevée de 89 centimètres au dessus du plancher. Quand les épis ont été bien battus, on ôte les papetons, en les examinant un à un, pour enlever les grains qui y seraient encore attachés : on vanne le grain et on le met en tas sur un plancher.

L'autre manière est de faire râcler contre une barre de fer placée sur une comporte, les épis de maïs l'un après l'autre : des femmes peuvent faire ce travail, soit à la journée, soit à prix fait. Cette seconde manière est plus lente que celle de l'égrainer avec des bâtons ; mais elle est plus avantageuse, non seulement en ce que le maïs n'étant pas meurtri pré-

25

sente un plus beau coup-d'œil, mais encore parce
qu'il rend à peu près un litre et demi de plus par
hectolitre, que celui qui a été battu sur une claie.
Cette différence tient à une petite substance ligneus e
qui reste attachée aux grains quand on l'égraine sur
une barre de fer. Il est vrai que cette augmentation
tourne au désavantage de l'acheteur, puisque cette
substance ne rend pas de farine.

Le papeton est très bon pour brûler, c'est le
charbon du pauvre. On l'emploie aussi pour le rem-
plissage des cloisons sourdes ou des plafonds noyés.

100 hectolitres de maïs en épis, qui en ont donné
45 de grains, donnent 80 hectolitr es de papetons.
Quand on est à portée d'une ville, on peut les vendre
chacun de 40 à 50 centimes : dans les campagnes,
on n'en a guères que de 25 à 30. Chez moi, je distribue le charbon blanc aux pauvres du village qui
n'ont pas le moyen de se procurer du bois.

J'ai tenté deux fois sans succès l'engrais du plâtre
sur le maïs; il est vrai que les années ne furent pas
favorables. M. de Villèle qui en a fait l'essai a trouvé
qu'il avait produit quelque effet; mais comme il en
fallut 750 kilogrammes, le bénéfice ne couvrit pas
les frais.

Art. 9.

ÉPOQUE LA PLUS AVANTAGEUSE DE VENDRE LE MAIS.

Il est assez important pour les propriétaires de
connaître l'époque la plus avantageuse pour vendre
leur maïs. D'après des expériences faites avec soin,
il est démontré que le maïs en épis, renfermé dans

un sac de toile qui contiendrait un hectolitre de blé, donne :

Égrainé dans le mois de novembre . 45 lit. 98 cent.

Égrainé en mars 37   78

Égrainé en août 35   70

Pour donner la facilité aux propriétaires de se décider pour leurs ventes, je vais présenter le calcul tout fait du produit en argent.

LORSQUE LE MAÏS est vendu en novembre.	L'on en tire le même prix que s'il était vendu	
	en mars.	en août.
5 fr.	6 fr. 13 c.	6 fr. 44 c.
6	7 36	7 73
7	8 58	9 01
8	9 81	10 30
9	11 04	11 59
10	12 27	12 88
11	13 49	14 16
12	14 72	15 45
13	15 94	16 71
14	17 17	18 03
15	18 40	19 32
16	19 62	20 60
17	20 85	21 89
18	22 08	23 18
19	23 30	24 47
20	24 53	25 75

ART. 10.

CONSOMMATION DU MAÏS POUR L'ENGRAIS DES COCHONS, VOLAILLES, OIES, CANARDS ET DINDONS.

On peut voir à l'article *Cochons*, l'avantage qu'il y a de faire consommer par ces animaux le maïs de seconde qualité. L'usage de l'employer à l'engrais des oies, volailles, canards et dindons est aussi d'un grand avantage, quand le prix du maïs est médiocre, comme de 8, 10 et 15 fr. Quand il dépasse cette dernière somme, ce serait un mauvais calcul que d'en disposer ainsi. Quelques exemples des profits qu'on peut faire en ce genre sont trop utiles pour que je me dispense d'entrer dans quelques détails.

Vingt-quatre oies, achetées le 31 octobre, à 14 fr. la paire, consommèrent jusqu'au 1er décembre, 4 hectolitres de maïs; elles furent ensuite gorgées jusqu'au 21 du même mois, avec 5 hectolitres; ce qui fait 9 en tout. Chaque oie pesait à cette époque 8 kilog. et demi, et les 24 furent vendues 277 fr. Il y a donc eu de profit 109 fr. pour représenter 9 hect. de maïs, qui, de cette manière, en a été vendu 12 : il ne valait alors que 6 fr. au marché. Il est aisé de voir que si le prix du maïs eût été de 13, 14 ou 15 fr., il n'y aurait pas eu d'avantage à engraisser des oies, leur valeur, lorsqu'elles sont grasses, n'augmentant pas en proportion de celle du maïs.

Quarante canards, dont le prix d'achat est ordinairement de 60 fr., consomment, quand ils sont à haute graisse, au moins 5 hectolitres de maïs, et peuvent être vendus 150 fr.; ce qui porte la vente de l'hect. de maïs à 18 fr.

Les dindons achetés de bonne heure, que l'on fait conduire dans les chaumes et dans les vignes immédiatement après les vendanges, s'engraissent insensiblement. Aux approches de l'hiver, on leur donne des pommes de terre avec un peu de farine de maïs, et on les fait conduire dans les champs de seigle déjà verts, où ils mangent les limaçons qui font tant de tort aux récoltes. Avec ces soins, il n'est pas rare de doubler la première mise d'achat. Si l'on préfère choisir les dindes les plus fines, pour les gorger pendant quelques jours avec des boules de farine de maïs cuite et en pâte, on a l'avantage de se procurer un manger excellent et une provision de graisse très délicate. J'ai vu, dans le duché de Brunswick, des dindons, qui d'après ces procédés d'engrais, avaient atteint le poids de 18 kilog.

Les chapons engraissés offrent le même avantage, surtout quand on est à portée des grandes villes.

Tableau de ce que peuvent consommer, par jour,

En grains.	LES ANIMAUX et volailles.	Si on les gorge.	S'ils mangent tant qu'ils veulent.	S'ils ne mangent que pour vivre.
		litre.	litre.	litre.
	Cochon, 18 à 20 mois.		6, 000	3, 600
	Cochon, 15 à 18 mois.		4, 000	2, 400
	L'oie.	1, 000	0, 500	0, 300
En	Le coq d'Inde. . . .	0, 500	0, 350	0, 210
maïs.	Le canard.	0, 500	0; 250	0, 150
	Le chapon.	0, 225	0, 150	0, 090
	La poule.	0, 180	0, 120	0, 072
	Le poulet.	0, 135	0, 090	0, 054
en maïs	Pigeon de volière. .	0, 150	0, 080	0, 048
et vesces.	Pigeon fuyard. . . .	0, 120	0, 070	0, 042

NOTICE

SUR LE VENT D'AUTAN.

—

Dans le Nord on n'a pas à craindre le vent d'autan, on ne conçoit pas les craintes et les dommages que ce vent nous occasionne dans une partie du Sud-Ouest de la France. Une explication est donc nécessaire. La chaîne de montagnes désignée sous le nom de Montagne-Noire, commence aux environs de Castelnaudary et se dirigeant du sud-ouest au nord-est va se réunir aux montagnes des Cévennes. Cette longue chaîne très élevée sépare l'ancien Languedoc en deux parties. Quand le vent d'est règne dans le Bas-Languedoc, il amène souvent la pluie qui ne dépasse pas la montagne Noire. Sur la crête se forme un amas de nuages d'où sort le vent désigné sous le nom d'autan. En se précipitant dans les gorges de la montagne dans la direction est-et-ouest, ce vent acquiert une violence extraordinaire, qui, en sortant des gorges, produit des rafales semblables à celles que les marins éprouvent en mer sous le vent d'une île, où si on s'éloigne de terre, on n'a plus qu'un vent réglé qui n'a pas d'inconvénient. Ainsi les terres qui sont rapprochées de la Montagne-Noire éprouvent de plus grandes pertes que celles qui en sont éloignées. L'effet

de ce vent s'étend jusqu'à six ou sept lieues dans
la Gascogne, dans la direction d'Auch ; mais à ce point
les nombreux côteaux en diminuent la force et il ne
produit plus aucun mal. Les ravages de ce vent tiennent sans doute à sa violence, mais encore aussi à la
forte chaleur qu'il porte avec lui, et qui cause l'égrai-
nage des épis, même de ceux qui ne sont pas parfaitement mûrs. On dit communément que le vent d'autan
n'est ni bon chasseur ni bon pêcheur, qu'il énerve la
force de l'homme, et porte sur le genre nerveux des
femmes ; mais en compensation, il préserve, dit-on,
des épidémies.

TABLE DES MATIÈRES

CONTENUES DANS LE PREMIER VOLUME

pages.

Fin du premier Volume.